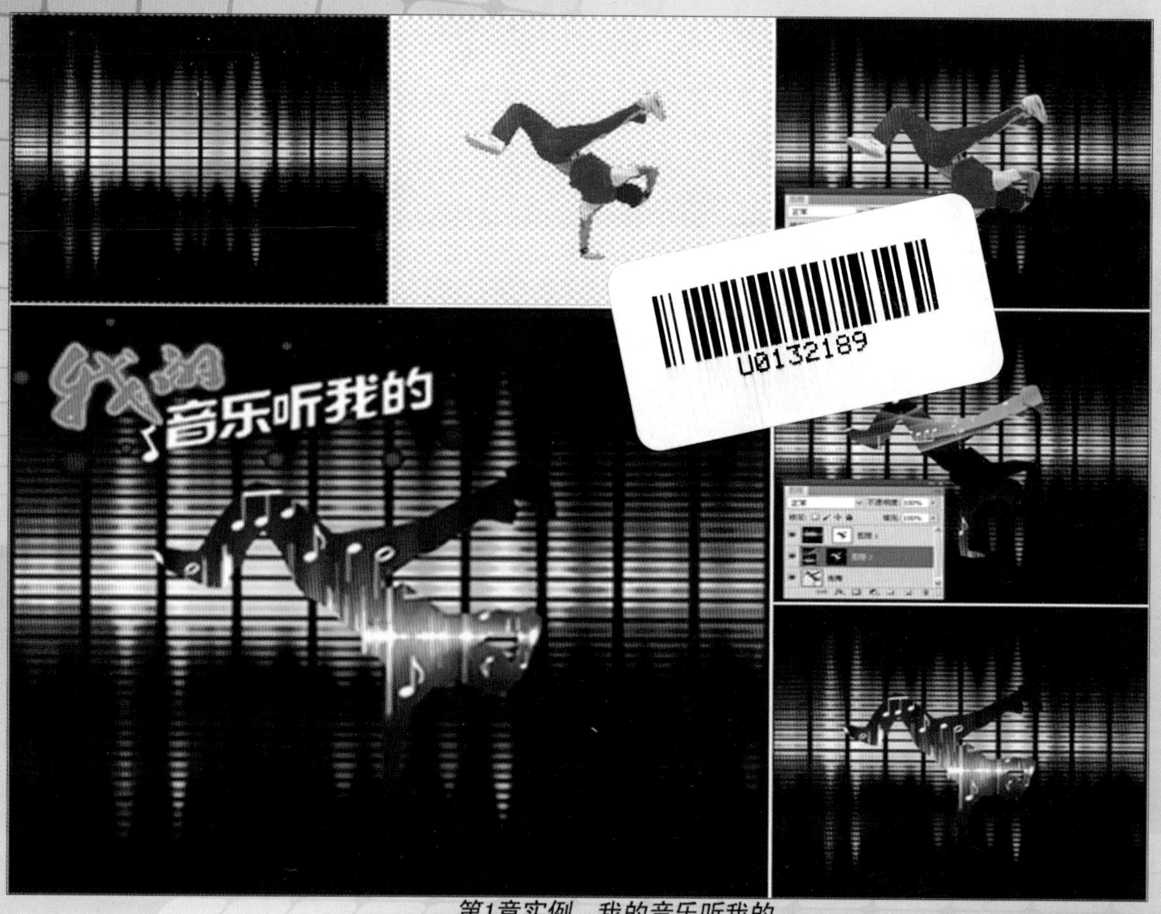

第1章实例　我的音乐听我的

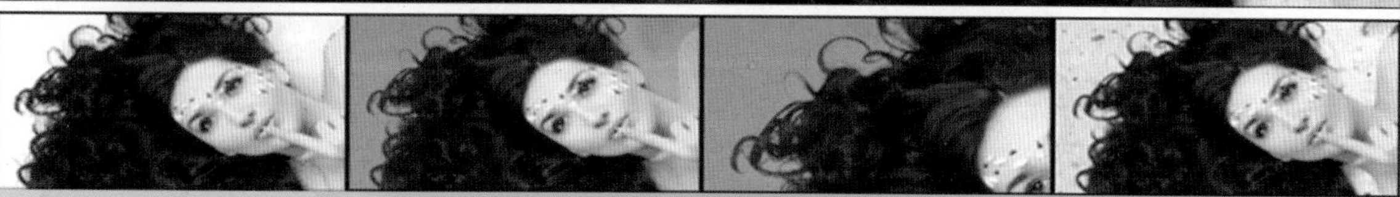

第1章实例　智能选区

第1章实例　Flower

第3章实例　选区

第1章实例　蓝海豚

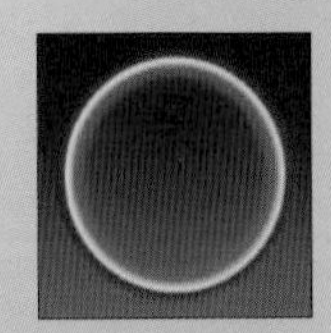

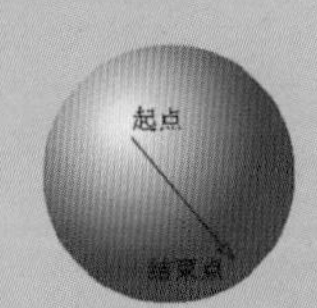

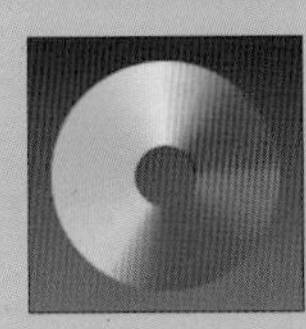

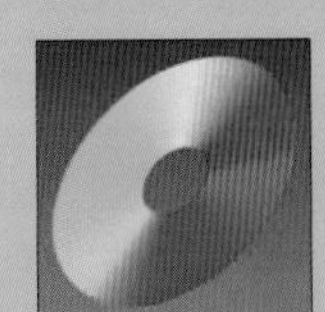

第4章实例　渐变

第5章实例　蝴蝶

第7章实例　卡通人物

第5章实例　Love

第8章实例　浓夏

第10章实例　爱情诗

第8章实例　蒲公英

第9章实例　蝴蝶

第9章实例　许愿瓶

第10章实例　Music

第10章实例　Photoshop

左图：

第11章实例

童年1

左下图：

第12章实例

房地产广告

右下图：

第10章实例

海报

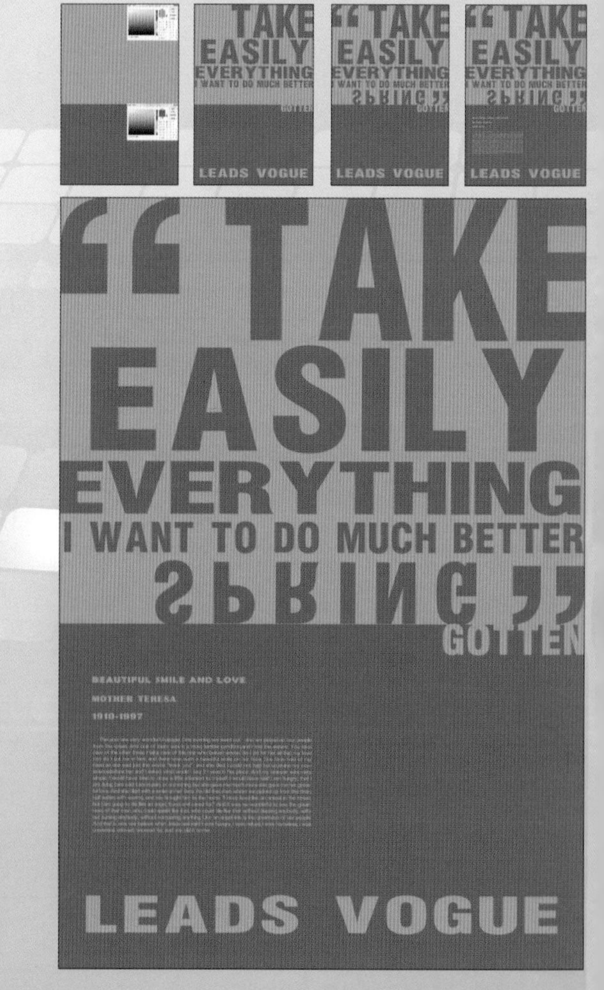

第12章实例　招贴画制作

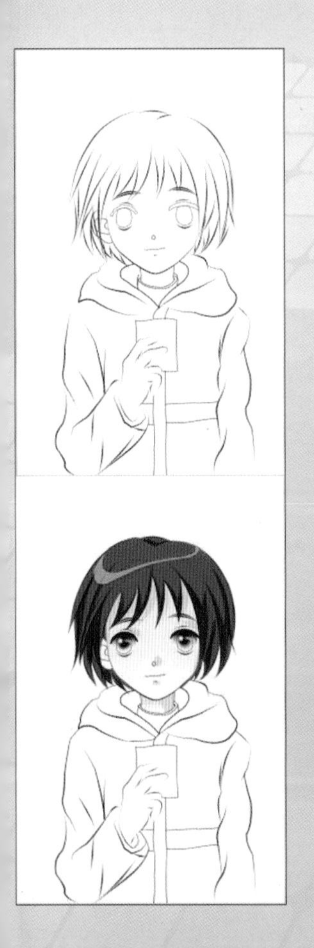

第12章实例　卡通人物上色

第8章实例　幸运星

第11章实例　童年2

第11章实例　童年3

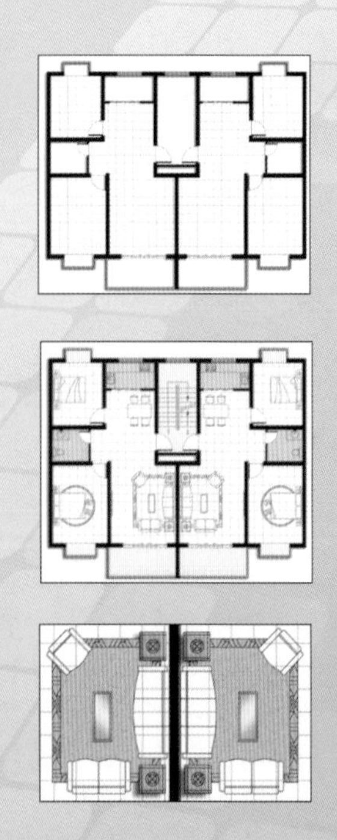

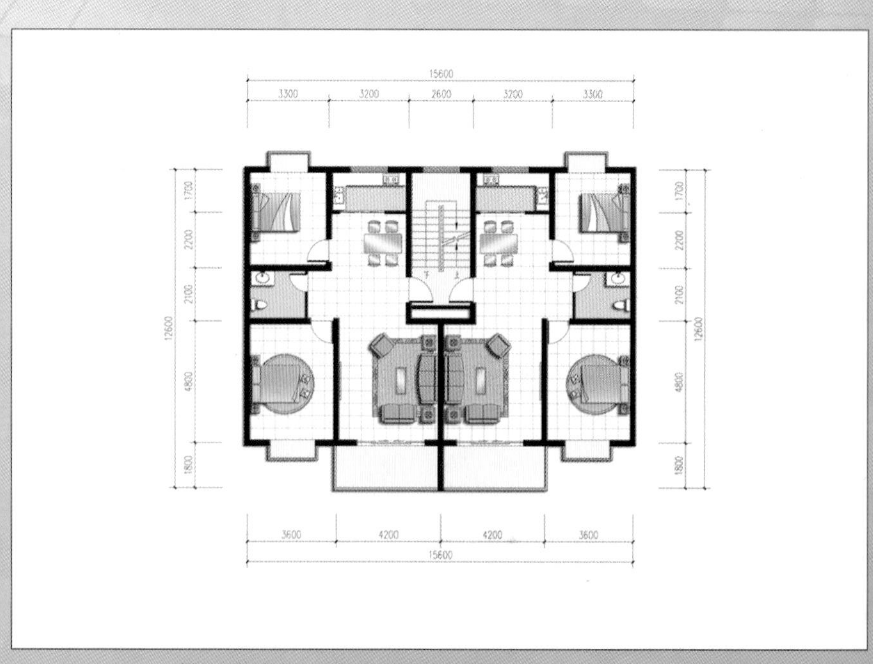

第12章实例　住宅平面效果图

Photoshop CS5 图像处理实例教程

——从入门到精通

主　编　赵　武　霍拥军

副主编　陈江林　伊卫东

　　　　符繁荣　濮　丽

参　编　李　妮　张玫玫　李　雨

　　　　王秀丽　姚继美

机 械 工 业 出 版 社

本书以通俗易懂的语言、生动翔实的实例，全面介绍中文版 Photoshop CS5 的使用方法和技巧。本书共分 12 章，内容涵盖了图像基础知识，Photoshop CS5 的工作区基本操作和辅助工具的使用方法，图像文件的基本操作，选区操作，图像的编辑，图层的操作，蒙版的应用，通道的编辑操作，绘画与修饰工具，矢量工具与路径的应用，文字的应用，调整图像文件的颜色和色调，滤镜的应用以及综合应用等内容。本书采用了大量生动可爱的卡通图像素材作为实例，以便让读者轻轻松松学习。

本书主要以实例为主线，通过生动的实例讲解具体的命令操作，让初学者更容易理解学会命令的应用。本书可作为大中专院校图像处理、动漫设计、平面设计等专业的初、中级读者教材，也可作为各类培训机构的教学用书。

图书在版编目(CIP)数据

Photoshop CS5 图像处理实例教程：从入门到精通/赵武，霍拥军主编. —北京：机械工业出版社，2011.9
ISBN 978-7-111-35727-8

Ⅰ.①P… Ⅱ.①赵…②霍… Ⅲ.①图像处理软件，Photoshop CS5—高等学校—教材 Ⅳ.①TP391.41

中国版本图书馆 CIP 数据核字（2011）第 175595 号

机械工业出版社（北京市百万庄大街 22 号 邮政编码 100037）
策划编辑：罗 筱 责任编辑：罗 筱
版式设计：霍永明 责任校对：陈立辉
封面设计：张 静 责任印制：杨 曦
北京圣夫亚美印刷有限公司印刷
2011 年 10 月第 1 版第 1 次印刷
184mm×260mm · 14.5 印张 · 4 插页 · 354 千字
标准书号：ISBN 978-7-111-35727-8
ISBN 978-7-89433-159-5(光盘)
定价：39.00 元（含 1CD）

前　言

Photoshop 是 Adobe 公司旗下最为出名的图像处理软件之一，集图像编辑、修改、制作、广告创意，图像输入与输出于一体的图形图像处理软件，深受广大平面设计人员和计算机美术爱好者的喜爱。

自 1990 年 2 月发行 1.0 版本后，版本不断更新，2000 年 9 月发行的版本 6.0 主要改进了其他 Adobe 工具交换的流畅，但真正的重大改进是 2002 年 3 月的版本 7.0。在此之前，Photoshop 处理的图片绝大部分还是来自于扫描，实际上 Photoshop 上面大部分功能基本与从 20 世纪 90 年代末开始流行的数码相机没有什么关系。版本 7.0 增加了 Healing Brush 等图片修改工具，还有一些基本的数码相机功能如 EXIF 数据、文件浏览器等。

Photoshop 在享受了巨大商业成功之后，在 21 世纪才开始感到威胁，特别是专门处理数码相机原始文件的软件，包括各厂家提供的软件和其他竞争对手如 Phase One（Capture One)。已经退为二线的 Thomas Knoll 亲自负责带领一个小组开发了 PS RAW（7.0）插件。在其后的发展历程中 Photoshop 8.0 的官方版本号是 CS、9.0 的版本号则变成了 CS2、10.0 的版本号则变成 CS3，以此类推，最新版本是 Adobe Photoshop CS5。

Photoshop CS5 拥有多项全新功能，自动镜头校正、支持 HDR（High Dynamic Range，即高动态范围）调节、区域删除、先进的选择工具、Puppet Warp（新功能）、64 位 Mac OS X 支持、全新笔刷系统、处理相机中的 RAW 文件。

本书以 Photoshop CS5 版本为基础，运用大量实例，全面讲述了 Photoshop 处理图像的方法和步骤。全书共分为 12 章，主要包括：第 1 章入门基础知识，第 2 章 Photoshop CS5 基本操作，第 3 章 Photoshop CS5 选区创建，第 4 章 Photoshop CS5 图层基础，第 5 章 Photoshop CS5 图层进阶，第 6 章画笔与修饰工具，第 7 章 Photoshop 路径，第 8 章通道的应用，第 9 章蒙版的应用，第 10 章 Photoshop 文字工具，第 11 章图像色彩和色调的调整，第 12 章综合实例制作。

本书适合艺术设计、平面设计、动画专业、视觉传达、建筑、园林、景观等专业的学生和设计人员学习使用，同时更适用于职业院校相关培训课程的学习使用，对于初、中级读者的学习和工作有很大的帮助。

全书由山东农业大学赵武、霍拥军任主编，山东农业大学陈江林、山东交通学院伊卫东、重庆正大软件职业技术学院符繁荣、泰山管委天烛峰景区濮丽任副主编，中国海洋大学李妮，山东农业大学张玫玫、李雨、王秀丽、姚继美任参编。在本书的创作和编写过程中得到了很多专家和同行的支持，同时山东农业大学刘康、赵欣、陈也、孙福东等同学对稿件的审核和校对做出了重要贡献，在此一并表示感谢。

由于时间紧迫，加之作者水平有限，书中难免出现错误，敬请读者给予批评指正，有问题请邮件 wuzi5233@163.com。

赵武

2011 年 7 月

目　录

第1章　入门基础知识

【学习要点】

1. 理解两种图像格式位图图像和矢量图像。
2. 理解像素、分辨率的概念。
3. 掌握图像颜色模式。
4. 学会图像尺寸的调整。
5. 认识图像文件格式。
6. 熟悉 Photoshop CS5 的新增功能。

【学习目标】

通过本章的学习，初学者需要了解和认识 Photoshop 的用途、理解处理图像的基本常识，以此为基础逐步展开对 Photoshop 的学习。

1.1　图像格式

图像格式分为两大类，一是位图，二是矢量图。

1.1.1　位图格式图像

位图图像（也称栅格图像）是使用图片元素的矩形网格（像素）表现图像。每个像素都分配有特定的位置和颜色值。Photoshop 在处理位图图像时，所编辑的是像素，而不是对象或形状。位图图像是常用的电子媒介，因为它们可以更有效地表现阴影和颜色的细微层次。

位图图像与分辨率有关，也就是说，它们包含固定数量的像素。因此，如果在屏幕上以高缩放比率对它们进行缩放或以低于创建时的分辨率来打印它们，则将丢失其中的细节，并会呈现出锯齿现象。

打开本书附带光盘\第1章\“蜗牛.jpg”文件，如图1-1所示，然后按〖Ctrl++〗快捷键放大图像，就会看到像素点被放大了，持续放大到一定程度，就会出现所谓的马赛克现象，如图1-2所示。

图1-1

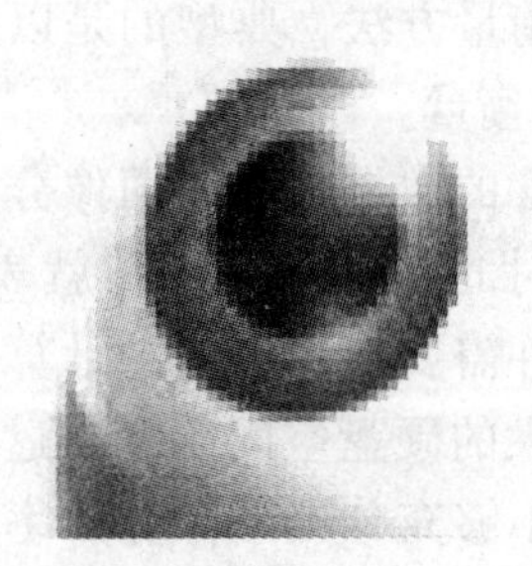

图1-2

从一般情况来说，图像的像素越多，记录的信息也越详细，图像的局部就越细致，表现的细节越多。因而位图图像有时需要占用大量的存储空间。

1.1.2 矢量格式图像

矢量图形是由称作矢量的数学对象定义的直线和曲线构成的，根据图像的几何特征对图像进行描述。

在矢量图形软件中，可以任意移动或修改图形，而不会丢失细节或影响清晰度，因为矢量图形是与分辨率无关的。调整矢量图形的大小、将矢量图形传送到 PostScript 打印机、在 PDF 文件中保存矢量图形时，矢量图形都将保持清晰的边缘。

由于矢量图形可通过数学计算获得，所以矢量图形文件一般较小。

矢量图形最大的优点是无论放大、缩小或旋转等都不会失真；最大的缺点是难以表现色彩层次丰富的逼真图像效果。Adobe 公司的 Illustrator、Corel 公司的 CorelDRAW 是众多矢量图形设计软件中的佼佼者，Flash MX 制作的动画也是矢量图形动画，当然 AutoCAD 的图形格式也是矢量图形。

1.2 像素

在 Photoshop 中，像素（Pixel）是组成位图图像的最基本单位，它是一个小矩形颜色块。一个图像通常由许多像素组成，这些像素纵横排列，利用缩放工具将图像放大到足够大时，就可以看到类似马赛克的效果，如图 1-2 所示。每一个矩形颜色块是一个像素，每个像素都有不同的颜色值。单位长度的像素越多，该图像的分辨率（PPI，像素/英寸）越高，图像的显示效果越好。

1.3 分辨率

位图图像的像素大小是指沿图像的宽度和高度测量出的像素数目。分辨率是指位图图像中的细节精细度，测量单位是像素/英寸（PPI）。每英寸的像素越多，分辨率越高。一般来说，图像的分辨率越高，得到的印刷图像的质量就越好。

1.3.1 图像分辨率（PPI）

图像分辨率指图像中存储的信息量。这种分辨率有多种衡量方法，典型的是以每英寸的像素数（PPI）来衡量。

图像包含的数据越多，图像分辨率就高，图形文件的尺寸也就越大，细节就表现得更丰富。但更大的文件需要耗用更多的计算机资源，更多的内存，更大的硬盘空间等。反过来，假如图像包含的数据不够充分则图像分辨率较低，就会显得相当粗糙，特别是把图像放大观看的时候。

图像分辨率设置原则

1. 图像仅用于屏幕显示时，分辨率设置为 72PPI。
2. 图像用于报纸印刷插图时，可设置分辨率为 150PPI。
3. 图像用于高档彩色印刷时，可设置分辨率为 300PPI。

300PPI 以上的图像可以满足任何输出要求。

因而创建新文件时，必须根据图像最终的用途决定正确的分辨率。这里的技巧是要首先保证图像包含足够多的数据，能满足最终输出的需要。同时也要适量，尽量少占用一些计算机的资源。

1.3.2　设备分辨率（DPI）

设备分辨率又称输出分辨率，指的是各类输出设备每英寸上可产生的点数，如显示器、喷墨打印机、激光打印机、绘图仪的分辨率。这种分辨率通过 DPI 来衡量，目前，PC 显示器的设备分辨率在 60 ~ 120dpi，而打印设备的分辨率则在 360 ~ 1440dpi。

1.4　图像颜色模式

颜色是人眼可以观察到的色彩表现。通常根据色相、饱和度和明度来描述一种色彩。

色相即各类色彩的相貌称谓，如大红、普蓝、柠檬黄等。色相是色彩的首要特征，是区别各种不同色彩最准确的标准。事实上任何除黑、白、灰以外的颜色都有色相的属性。在 0 到 360°的标准色谱上，按位置度量色相。在日常生活中，色相由颜色名称标识，如红色、橙色、绿色。

饱和度是指色彩的鲜艳程度，也称色彩的纯度。饱和度取决于该颜色中含色成分和消色成分（灰色）的比例。含色成分越大，饱和度就越大；消色成分越大，饱和度就越小。饱和度颜色的强度或纯度（也称为色度）。灰色分量所占的比例，从 0%（灰色）至 100%（完全饱和）。在标准色轮上，饱和度从中心到边缘递增。

亮度是颜色的相对明暗程度，通常使用从 0%（黑色）至 100%（白色）的百分比来度量。

在 Photoshop 中，颜色模式是图像设计的最基本知识，它决定了如何描述和重现图像的色彩。常用的颜色模式有 RGB、CMYK、Lab、位图模式、灰度模式、索引模式、双色调模式、多通道模式等。各种色彩模式之间存在一定的通性，可以很方便地相互转换。但它们也有自己的特点，下面介绍几种常用的颜色模式。

1.4.1　RGB 模式

RGB 颜色模式利用红（RED）、绿（GREEN）和蓝（BLUE）3 种基本颜色进行颜色加法来表现图像效果。在 Photoshop 中，24 位 RGB 图像可以看做由 3 个颜色通道组成。这 3 个颜色通道分别为：红色通道、绿色通道和蓝色通道。其中每个通道使用 8 位颜色信息，该信息是用 0 到 255 的亮度值来表示。这 3 个通道通过组合，可以产生 1670 余万种不同的颜色。在 8 位/通道的图像中，彩色图像中的每个 RGB（红色、绿色、蓝色）分量的强度值为 0（黑色）到 255（白色）。例如，亮红色使用 R 值 246、G 值 20 和 B 值 50。当所有这 3 个分量的值相等时，结果是中性灰度级。当所有分量的值均为 255 时，结果是纯白色；当这些值都为 0 时，结果是纯黑色。

在 Photoshop 中打开本书附带光盘\第 1 章\“彩色气球.jpg” 文件。打开的方法是通过菜单【文件→打开】或按〖Ctrl + O〗快捷键。

按〖F8〗键或从菜单【窗口→信息】调出信息调板，如图 1-3 所示。然后试着在图像中移动鼠标，会看到其中的数值在不断地变化。注意移动到蓝色区域的时候，会看到 B 的数值高一些；移动到红色区域的时候则 R 的数值高一些。

如果需纯红、纯绿、纯蓝等色彩，对应的 RGB 值各是多少呢？

在 Photoshop 中，按〖F6〗键调出颜色调板，如图 1-4 所示，左上角的色块代表前景色，位于其右下方的色块代表背景色。Photoshop 默认是前景色黑色，背景色白色。按快捷键〖D〗可设为默认颜色。

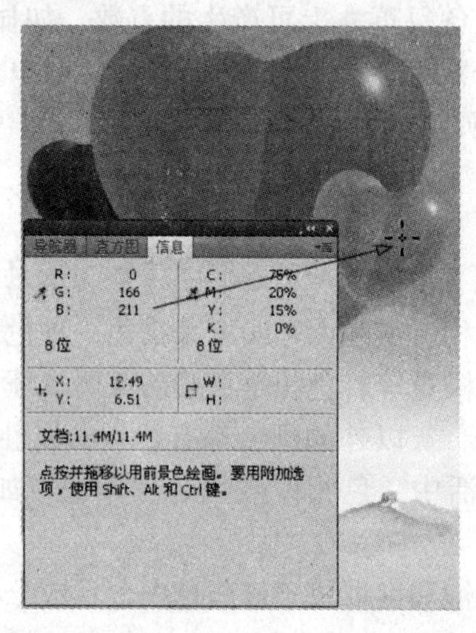

图 1-3

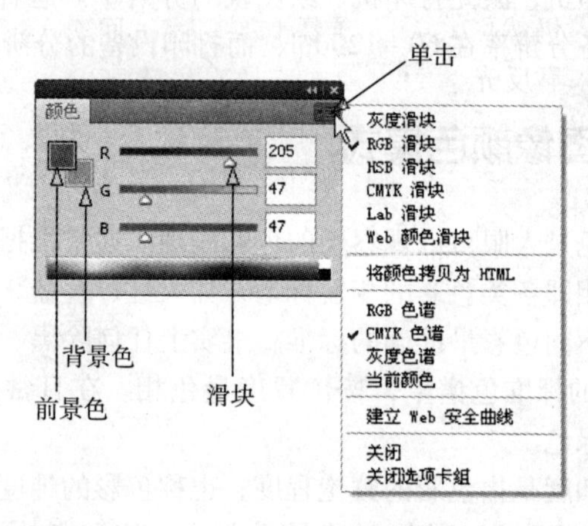

图 1-4

如果颜色调板中不是 RGB 方式，可以左键单击颜色调板右上角图标，在弹出的菜单中选择“RGB 滑块”，如图 1-4 所示。

纯红色，意味着只有红色存在，且亮度最强，绿色和蓝色都不发光。因此纯红色的数值是 255，0，0，如图 1-5a 所示。

同理，纯绿色，如图 1-5b 所示。纯蓝色，如图 1-5c 所示。

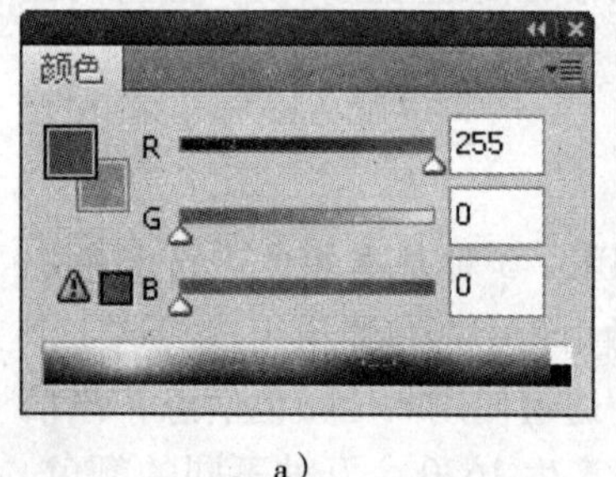

a）

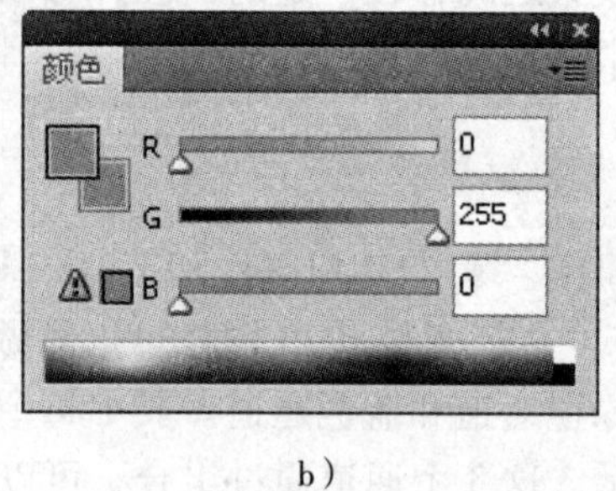

b）

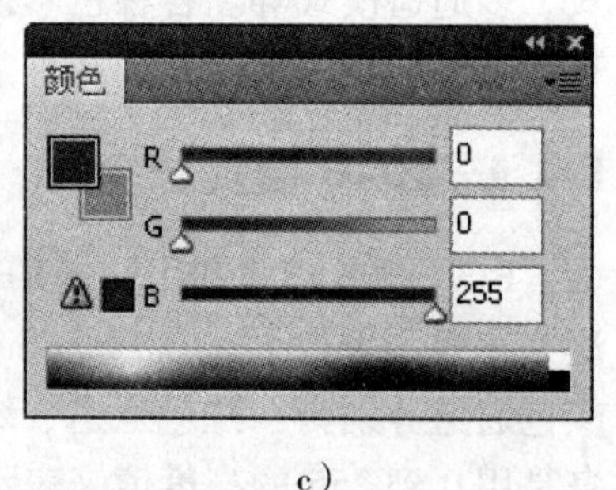

c）

图 1-5

RGB 模式是显示器的物理色彩模式。这就意味着无论在软件中使用何种颜色模式，只要是在显示器上显示的，图像最终是以 RGB 方式出现的。因此使用 RGB 模式进行操作是最快的，因为计算机不需要处理额外的色彩转换工作。当然这种速度差异很难察觉，只是理论上的。

1.4.2　CMYK 模式

CMYK 色彩模式，是一种印刷色彩模式。它包括四种颜色：青色（Cyan）、洋红色（Magenta）、黄色（Yellow）、黑色（Black）。而 K 取的是 Black 最后一个字母。

在制作要用印刷色打印的图像时，应使用 CMYK 模式。将 RGB 图像转换为 CMYK 会产生分色。如果从 RGB 图像开始，则最好先在 RGB 模式下编辑，然后在编辑结束时转换为 CMYK。在 RGB 模式下，可以使用"校样设置"命令模拟 CMYK 转换后的效果，而无需更改图像数据。

RGB 模式是一种发光的色彩模式，如果在一间暗房内仍然可以看见屏幕上的内容。而 CMYK 是一种依靠反光的色彩模式，如果在暗房中是无法阅读报纸杂志的内容的。当阳光或灯光照射到报纸上，再反射到眼中，才能看到内容，可见它需要外界光源。

只要是在屏幕上显示的图像，就是 RGB 模式表现的。也可以说，只要在印刷品上看到的图像，就是 CMYK 模式表现的。比如期刊、杂志、报纸、宣传画等，都是印刷出来的，那就是 CMYK 模式。

左键单击颜色调板右上角图标，选择"CMYK 滑块"。在 CMYK 模式下，可以为每个像素的每种印刷油墨指定一个百分比值。为最亮（高光）颜色指定的印刷油墨颜色百分比较低；而为较暗（阴影）颜色指定的百分比较高。例如，亮红色可能包含 5% 青色、98% 洋红、93% 黄色和 0% 黑，如图 1-6 所示。在 CMYK 图像中，当四种分量的值均为 0% 时，就会产生纯白色。

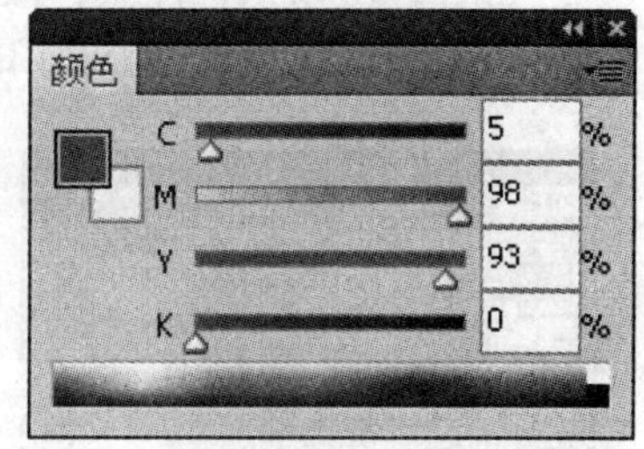

图 1-6

1.4.3　灰度模式

灰度模式在图像中使用不同的灰度级。在 8 位图像中，最多有 256 级灰度。灰度图像中的每个像素都有一个 0（黑色）到 255（白色）之间的亮度值。在颜色调板选取颜色时，如果 RGB 值相等，那就是一个灰度色，如图 1-7 所示。

灰度值也可以用黑色油墨覆盖的百分比来度量（0% 等于白色，100% 等于黑色），Photoshop 中只能输入整数。将颜色调板切换到灰度方式，可看到灰度色谱，如图 1-8 所示。注意这个百分比是以纯黑为基准的百分比。与 RGB 正好相反，百分比越高，颜色越偏黑，百分比越低，颜色越偏白。灰度最高相当于最高的黑，就是纯黑。灰度最低相当于最低的黑，那就是纯白。

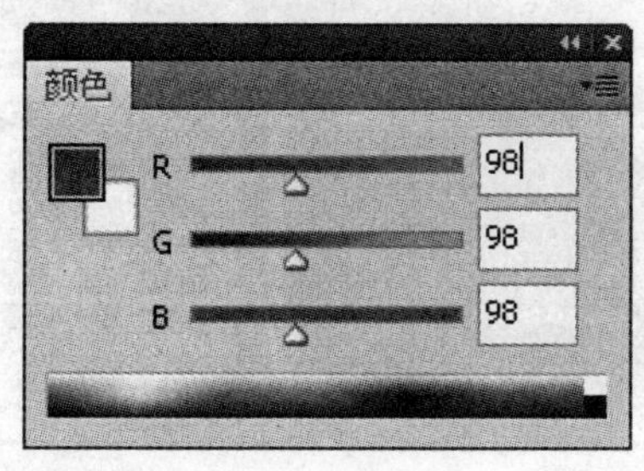

图 1-7

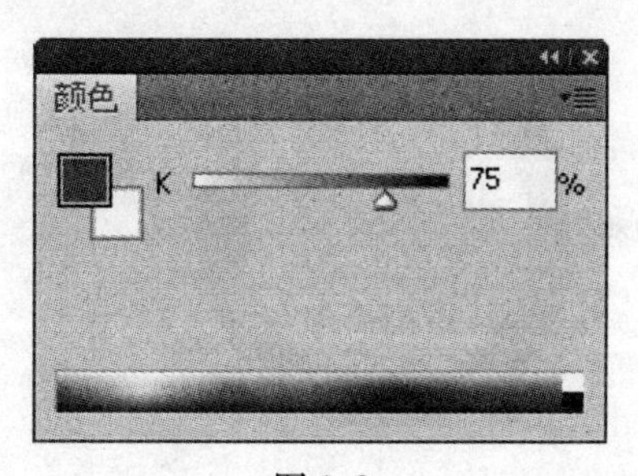

图 1-8

1.4.4 HSB 色彩模式

色彩模式有很多种，但 RGB 和 CMYK 这两种是最重要和最基础的。其余的色彩模式，实际上在显示器显示时都需要转换为 RGB，在打印或印刷时则需要转为 CMYK。虽然如此，但这两种色彩模式都比较抽象，不符合对色彩的习惯性描述。

人脑对色彩的直觉感知，首先是色相，即红色、橙色、黄色、绿色、青色、蓝色、紫色之一，然后是它的深浅度。HSB 色彩模式就是由这种概念而来的，它把颜色分为色相、饱和度、明度三个因素，将人脑的“深浅”概念扩展为饱和度（S）和明度（B），用百分比来表示。

如果需要一个淡红色，那么先将 H 拉到红色，再调整 S 和 B 到合适的位置，如图 1-9a 所示。一般浅色的饱和度较低，亮度较高。如果需要一个深绿色，就将 H 拉到绿色，再调整 S 和 B 到合适的位置，如图 1-9b 所示。一般深色的饱和度高而亮度低。这种方式选取的颜色修改方便，比如要将深绿色加亮，只需要移动 B 就可以了，既方便又直观。

如果要选择灰度，只需要将 S 放在 0%，然后拉动 B 滑杆就可以如同灰度模式那样选择了，如图 1-9c 所示。注意，HSB 方式得到的灰度，与灰度滑块 K 的数值是不同的。在 Photoshop 中选择灰度时，应以灰度滑块为准。

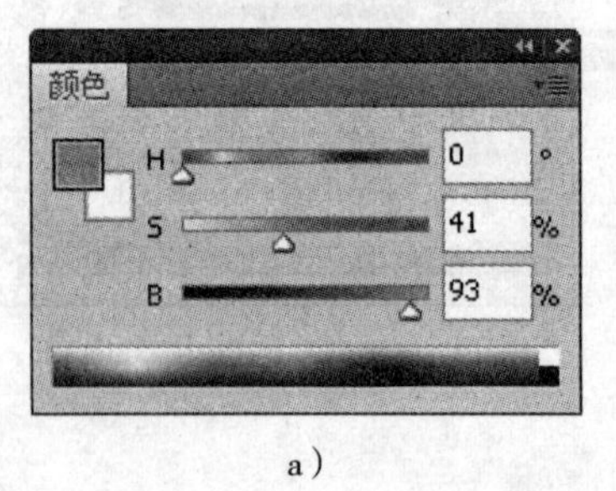

a）

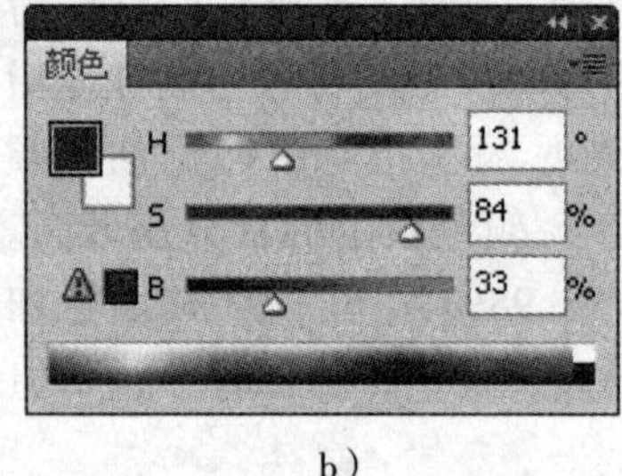

b）

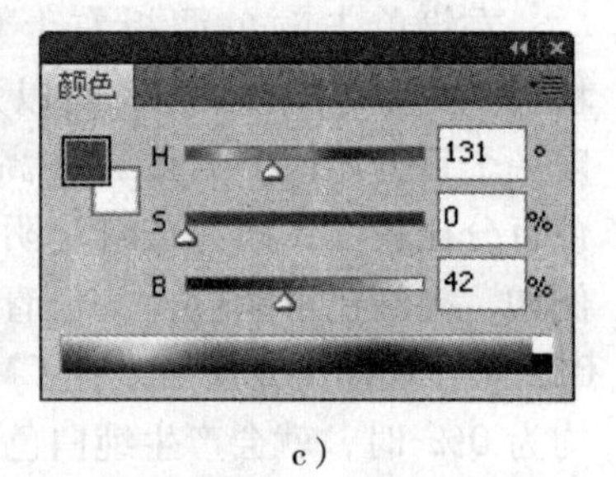

c）

图 1-9

在 HSB 模式中，S 和 B 的取值是百分比，而 H 的取值单位是度。这个度是角度，表示色相位于色相环上的位置，在色相环加上角度标志就容易明白了，如图 1-10 所示。从 0°的红色开始，逆时针方向增加角度，60°是黄色，180°是青色等，360°又回到红色。

单击工具箱下方的“前景色/背景色”图标，可以打开 Photoshop 的“拾色器”面板，拾色器的 H 方式其实就是 HSB 取色方式。色谱就是色相，而左侧矩形框内就包含了饱和度和明度（横方向是饱和度，竖方向是明度），如图 1-11 所示。

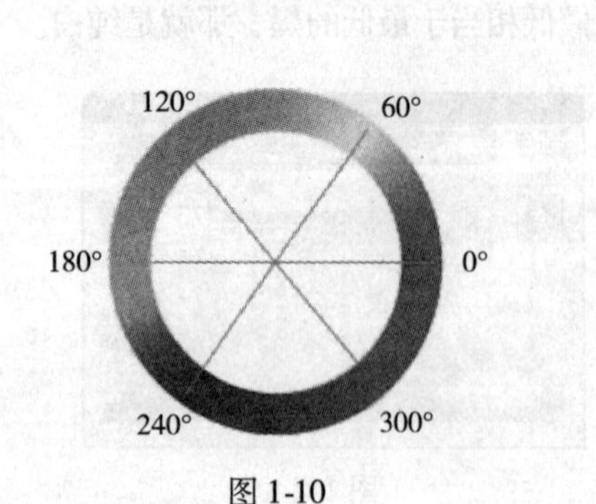

图 1-10

图 1-11

1.5　色彩模式的选择

处理图像时，如何选择色彩模式呢？那首先需要明确 RGB 与 CMYK 这两大色彩模式的区别：

1. RGB 色彩模式是发光的，存在于屏幕等显示设备中，而不存在于印刷品中。CMYK 色彩模式是反光的，需要外界辅助光源才能被感知，它是印刷品唯一的色彩模式。

2. 色彩数量上 RGB 色域的颜色数比 CMYK 多出许多。但两者各有部分色彩是互相独立（即不可转换）的，如图 1-12 所示。

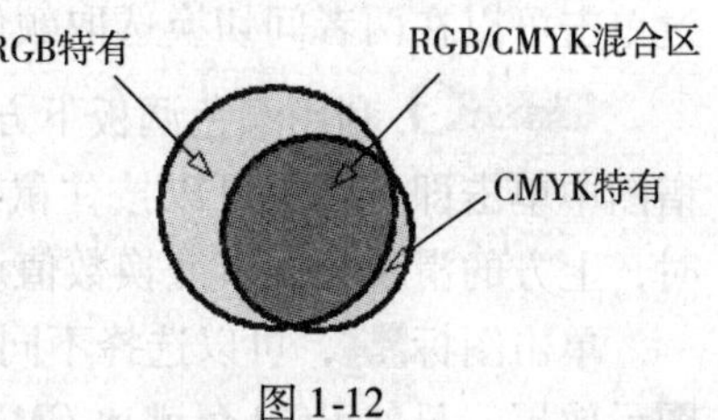

图 1-12

3. RGB 通道灰度图中偏白表示发光程度高；CMYK 通道灰度图中偏白表示油墨含量低。

那么如果用 RGB 模式去制作印刷用的图像，某些色彩是无法被打印出来的。一般来说，RGB 中一些较为明亮的色彩无法被打印，如艳红色、亮绿色等。如果不做修改地直接印刷，印出来的颜色可能和原先有很大差异。

打开本书附带光盘 \ 第 1 章 \ “RGB. jpg” 文件，这是 RGB 模式下制作的图像，单击【图像→模式→CMYK 颜色】执行转换，转换为 CMYK 模式后的结果比较如图 1-13 和图 1-14 所示。

图 1-13

图 1-14

通过比较可以看出，原先较为鲜亮的一些颜色都变黯淡了，这就是因为 CMYK 的色域要小于 RGB，因此在转换后有些颜色丢失了。

虽然理论上 RGB 与 CMYK 的互转都会损失一些颜色，不过从 CMYK 转 RGB 时损失的颜色较少，在视觉上有时很难看出区别。而从RGB转CMYK 颜色将损失较多，从视觉上大部分都可以明显分辨出来。

> 请注意：RGB 模式转为 CMYK 模式后，如果再把 CMYK 模式转为 RGB 模式，丢失掉的颜色也找不回来了。因此，不要频繁地转换色彩模式。

根据以上道理，就可以比较容易选择色彩模式了。如果图像只在计算机上显示，就用 RGB 模式，这样可以得到较广的色域。而需要打印或者印刷，就必须使用 CMYK 模式，才可确保印刷品颜色与设计时一致。所以在开始新图像制作的时候，首先就要确定好色彩模式。

1.6 颜色的选取

Photoshop 中提供了三种调整颜色的方法。

方法① 按【F6】键打开颜色调板，拉动滑块确定颜色。Photoshop 中颜色分为前景色和背景色，如图 1-4 所示。位于左上的色块代表前景色，位于其右下方的色块代表背景色。通过单击可以在两者间切换选取颜色。

方法② 利用颜色调板下方的色谱图，将鼠标移动到色谱图中，变为吸管工具，在色谱图中单击即可。也可以按住鼠标在色谱中拖动，松开鼠标即可确定颜色。选中颜色的同时，上方的滑块会跟着变换数值。色谱最右方是一个纯白和纯黑。

单击图标，可以选择不同的色谱，分为 RGB、CMYK、灰度，顺序如图 1-15 中三个图示效果，显然 RGB 色谱比 CMYK 明亮。

图 1-15

色谱中还有一种“当前颜色”，是指从已选颜色到纯白的过渡，效果类似灰度。一般用于制作印刷图像时选取淡色。

方法③ 利用 Photoshop 的拾色器，单击工具箱中的前景色或背景色色块，如图 1-16 所示位置，就会弹出“拾色器”。

图 1-16

拾色器功能强大，调色方法也很多，如图 1-11 所示的是最通常的用法。左边区域可以调整饱和度和明度，通过鼠标单击位置即可。中间竖向区域是色谱，注意右边 HSB 方式的 H 目前被选择，那么现在这个色谱就是色相色谱，即红色、橙色、黄色、绿色、青色、蓝色、紫色。

如果要选择一个深紫色，就先把色相移动到紫色区域，然后在左侧区域移动鼠标到较深的位置即可。而要得到纯白色，就要选择最左上角的那个点，鼠标的小圆需要 3/4 在左侧区域以外才可以。因为选色的小圆的圆心才是选中的颜色。

请注意：有时在拾色器中会出现一个⚠标志，这是在警告该颜色不在 CMYK 色域，单击⚠右边的色块就会切换到离目前颜色最接近的 CMYK 可打印色。

色谱右上方的方框，从中间一分为二，表示本次调整新色彩与当前颜色的对比。

当然，调色也可以在如图 1-11 所示的数字区域直接输入相应数值。

1.7 图像尺寸

虽然了解了像素的概念，但要明白一点：像素作为图像的一种尺寸，只存在于计算机中，像素是一种虚拟的单位，现实生活中是没有像素这个单位的。在现实中看到一个人，不能说他有多少像素高。通常会说他有 1.70m 高。所用的都是传统长度单位，就是毫米、厘米、分米、英寸等这样的单位。

打开本书附带光盘\第 1 章\“flower. jpg”文件，如图 1-17 所示。这幅图片的尺寸是 640×456 像素，它在打印出来以后，在打印纸上的大小是多少厘米或者毫米或者分米？

执行【图像→图像大小】命令或按〖Ctrl + Alt + I〗快捷键，弹出如图 1-18 所示的对话框信息。

图 1-17

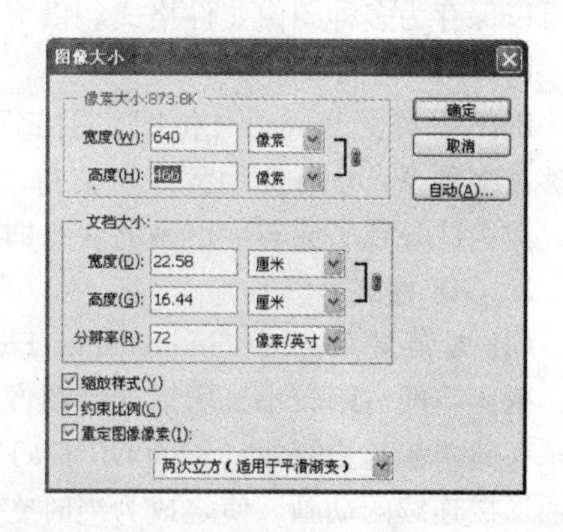

图 1-18

如图 1-18 所示的像素大小指的就是图像在计算机中的大小。而文档大小，实际上就是打印大小，指的就是这幅图像打印出来的尺寸。可以看到打印大小为 22. 58cm×16. 44cm。它可以被打印在一张 A4 大小的纸上。

那是否就是说 640 像素等同于 22. 58cm 呢？那么 1200 像素打印大小是否就是 22. 58×2 = 45. 06cm 呢？很显然不是，计算机中的像素和传统长度不能直接换算，因为一个是虚拟的，一个是现实的，二者需要一个桥梁也就是分辨率才能够互相转换。注意这里的分辨率是打印分辨率。

本图的分辨率为 72，后面的单位是像素/英寸，表示在 1 英寸的长度中打印多少个像素。现在取值是 72，那么在纸张上 1 英寸的距离就分布 72 个像素，2 英寸就是 144 像素，以此类推。

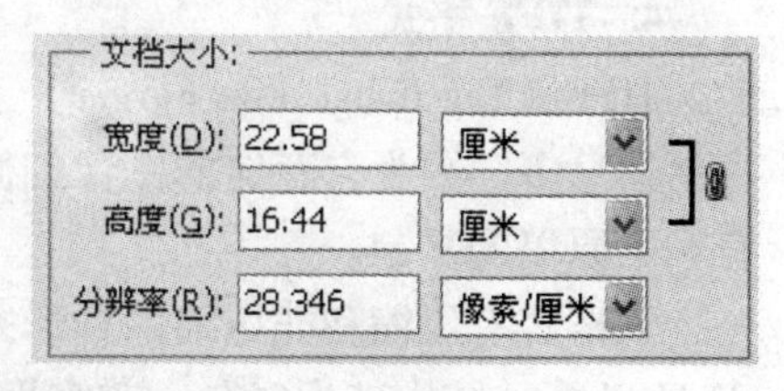

图 1-19

当然也可以把分辨率单位换成符合我们习惯的“像素每厘米”，如图 1-19 所示。但是通常情况下不调整这个单位，以默认的“像素/英寸”为准。

一般对于打印分辨率，印刷行业有一个标准为 300dpi。就是指用来印刷的图像分辨率，至少要为 300dpi 才可以，低于这个数值印刷出来的图像不够清晰。如果普通打印，只需要 72dpi ，而喷绘不低于 30dpi 就可以。

现在来明确一下图像的两种尺寸和换算关系。

一是像素尺寸，也称显示大小或显示尺寸，等同于图像的像素值。二是打印尺寸，也称打印大小。需要同时参考像素尺寸和打印分辨率才能确定。

在分辨率和打印尺寸的长度单位一致的前提下（如像素/英寸和英寸），像素尺寸÷分辨率 = 打印尺寸。

1.8 图像文件格式

Photoshop 支持的图像文件格式非常多，几乎可以打开所有的位图格式和部分矢量格式，也可以保存为多种图像文件格式。以下列举常用的图像文件格式。

1. BMP 格式

BMP 是英文 Bitmap（位图）的简写，它是 Windows 操作系统中的标准图像文件格式，能够被多种 Windows 应用程序所支持。它的特点是包含的图像信息较丰富，几乎不进行压缩，但由此导致了它与生俱来的缺点即占用磁盘空间过大。

2. GIF 格式

GIF 是英文 Graphics Interchange Format（图形交换格式）的缩写。它的特点是压缩比高，磁盘空间占用较小，所以这种图像格式迅速得到了广泛的应用。最初的 GIF 只是简单地用来存储单幅静止图像（称为 GIF87a），后来随着技术发展，可以同时存储若干幅静止图像进而形成连续的动画，使之成为当时支持 2D 动画为数不多的格式之一（称为 GIF89a），而且在 GIF89a 图像中可包含透明区域，使图像具有非同一般的显示效果。

但 GIF 有个缺点，即不能存储超过 256 色的图像。

3. JPEG 格式

JPEG 也是常见的一种图像格式，是一种有损压缩的格式。JPEG 文件的扩展名为 .jpg 或 .jpeg，其压缩技术十分先进，它用有损压缩方式去除冗余的图像和彩色数据，在获取极高的压缩率的同时能展现十分丰富生动的图像，也就是可以用最小的磁盘空间得到较好的图像质量。同时 JPEG 还是一种很灵活的格式，具有调节图像质量的功能，允许用不同的压缩比例对文件压缩。

4. TIFF 格式

TIFF（Tag Image File Format）是一种无损压缩图像格式。它的特点是图像格式复杂、存储信息多。因为它存储的图像细微层次的信息非常多，图像的质量也得以提高，故而非常有利于原稿的复制。

该格式有压缩和非压缩两种形式，其中压缩可采用 LZW 无损压缩方案存储。不过，由于 TIFF 格式结构较为复杂，兼容性较差，因此有时软件可能不能正确识别 TIFF 文件。

5. PSD 格式

PSD（Photoshop Document）是 Photoshop 的专用格式。它可以存储各种图层、通道、遮罩等多种信息，以便下次打开文件时继续修改。在 Photoshop 所支持的各种图像格式中，PSD 的存取速度比其他格式快很多，功能也很强大。

6. PNG 格式

PNG（Portable Network Graphics）是一种无损压缩的网页图像格式。它汲取了 GIF 和 JPEG 二者的优点，存储形式丰富，兼有 GIF 和 JPEG 的色彩模式；它的第二个特点是能把图像文件压缩到极限以利于网络传输，但又能保留所有与图像品质有关的信息，因为 PNG 是采用无损压缩方式来减小文件，这一点与牺牲图像品质以换取高压缩率的 JPEG 有所不同；它的第三个特点是显示速度很快，只需下载 1/64 的图像信息就可以显示出低分辨率的预览图像；第四，PNG 同样支持透明图像的制作，透明图像在制作网页图像的时候很有用，可以把图像背景设为透明，用网页本身的颜色信息来代替设为透明的色彩，这样可让图像和网页背景很和谐地融合在一起。

PNG的缺点是不支持动画应用效果，如果在这方面能有所加强，就可以完全替代GIF和JPEG了。

7. 其他图像格式：

（1）PCX格式

PCX格式是ZSOFT公司在开发图像处理软件Paintbrush时用的一种格式，它是经过压缩的格式，占用磁盘空间较小。

（2）WMF格式

WMF（Windows Metafile Format）是Windows中常见的一种图元文件格式，属于矢量文件格式。它具有文件短小、图案造型化的特点，整个图形常由各个独立的组成部分拼接而成，其图形往往较粗糙。

（3）EPS格式

EPS（Encapsulated PostScript）是PC用户较少见的一种格式，而苹果Mac的用户则用得较多。

（4）TGA格式

TGA（Tagged Graphics）格式的结构比较简单，属于一种图形、图像数据的通用格式，在多媒体领域有着很大影响，是计算机生成图像向电视转换的一种首选格式。

1.9 Photoshop CS5新增功能简介

在Photoshop CS5版本中，软件的界面与功能的结合更加趋于完美，各种命令与功能不仅得到了很好的扩展，还最大限度地为用户的操作提供了简捷、有效的途径。

1.9.1 新功能简介

在Photoshop CS5中新增了三十多种功能，下面对比较重要的功能改变做简要介绍。

1. 智能选区

先进的智能选择工具，可以轻松地把某些对象从背景中隔离出来。先前，Photoshop使用者必须花费大量时间做这项繁琐的事，有时还必须购买附加程序来协助完成任务，现在的智能选区工具可以将细致的毛发轻松选择出来。

2. 选择性粘贴

使用“选择性粘贴”中的“贴入”、“外部粘贴”和“原位粘贴”命令，可以根据需要在复制图像的原位置粘贴图像，或者有所选择地粘贴复制图像的某一部分。

3. 内容识别填充和修复

此功能可删除图片中某个区域（例如不想要的对象），遗留的空白区块由Photoshop自动填充，即使是复杂的背景也没问题。此功能也适用于填补相片四角的空白。

4. 合并到HDR Pro

运用“合并到HDR Pro”命令，可以创建写实的或超现实的“HDR”图像。借助自动消除叠影及对色调映射，可以更好地调控图像，以获得更好的效果，甚至可以用于单次曝光的照片“HDR”图像的外观。

5. HDR Pro

应用更强大的色调映射功能，从而创建从逼真照片到超现实照片的高动态范围图像。或者通过 HDR 色调调整，将一种 HDR 外观应用于多个标准图像。

6. 完美的绘画效果

画家工具箱新增符合物理定律的画笔与调色盘，包括像是墨水流动、细部笔刷形状等的属性。这个过程靠计算机的绘图处理器（GPU）加速。借用混色器画笔和毛刷笔尖，创建逼真、带纹理的笔触，从而绘制出逼真的独特的艺术效果。

7. 操控变形

对任何图像元素进行精确的重新定位，创建出视觉上更具吸引力的照片。例如，轻松伸直一个弯曲角度不舒服的手臂。

8. 自动进行镜头改正

根据 Adobe 对各种相机与镜头的测量自动校正，可更轻易地消除桶状和枕状变型、相片周边暗角，以及造成边缘出现彩色光晕的色像差。此功能把先前必须手动调整的校正自动化。使用已安装的常见镜头的配置文件快速修复扭曲问题，或自定义其他型号的配置文件。

9. 使用 3D 凸纹轻松实现凸出

将 2D 文本和图稿转换为 3D 对象，然后凸出并膨胀其表面，绘制出透视精确的三维效果图像。

10. Mini Bridge 中浏览

使用“Mini Bridge 中浏览”命令，可以更快、更方便地在工作环境中访问资源。

1.9.2 新功能实例详解

下面对智能选区、内容识别填充与修复、选择性粘贴功能进行重点实例讲解。

1. 智能选区实例

选择毛发突出的人物，这是以前处理起来比较复杂的命令，但是通过智能选区可以轻松实现。

下面的实例主要的思路是利用“魔棒”工具，选择一个图像中的特定区域，选择复杂的图像元素，再使用“调整边缘”命令，就可以消除选区边缘周围的背景色，为选区创建蒙版输出，即可以选出精确的图像。

步骤 1 在空白处双击鼠标左键，打开本书附带光盘\第1章\“人物.jpg”文件。

步骤 2 选择工具箱中“魔棒”工具，设置选项栏容差值、连续等，用鼠标左键在白色背景上单击，选择出背景图像，如图 1-20 所示。

步骤 3 按下快捷键〖Ctrl+Shift+I〗，反转选区选择人物如图 1-21 所示。并使用“矩形选区”或其他选区工具，按住〖Shift〗键加选人物部分选区，如图 1-22 所示。

步骤 4 在选区内部单击鼠标右键，选择“调整边缘”，打开“调整边缘”对话框，如图 1-23 所示。

图 1-20

图 1-21

图 1-22

步骤 5　在对话框中，单击“视图”右侧的三角按钮，弹出其下拉列表，可看到默认状态下以“白底”选项为选择状态。

按〖F〗键，可循环切换视图，选择更加清晰的选项来观察选取的图像，如图 1-24 所示。

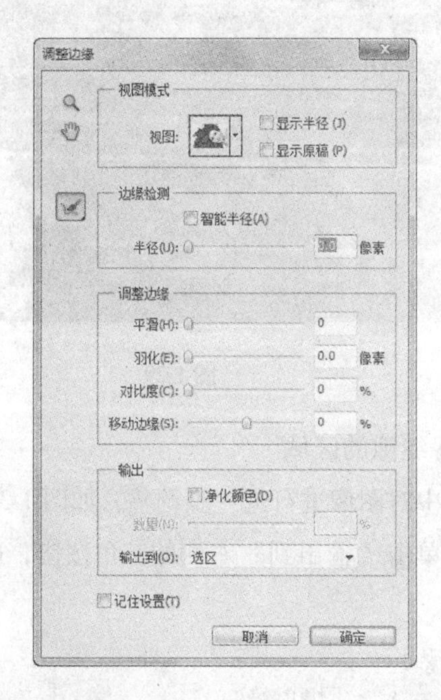

图 1-23

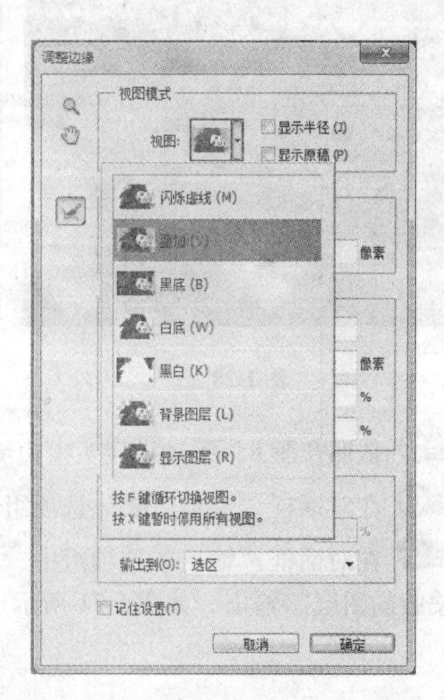

图 1-24

步骤 6　在“边缘检测”选项组中，将半径分别设置为 2 和 70，观察图像边缘宽展区域由小变大，如图 1-25 和图 1-26 所示。本例采用选择半径为 2，如图 1-25 所示。

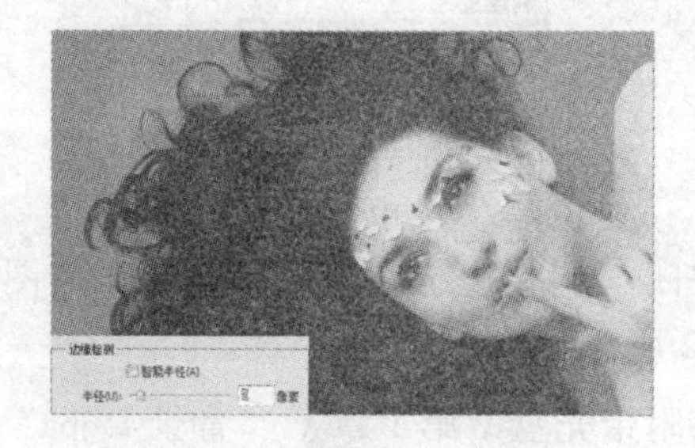

图 1-25

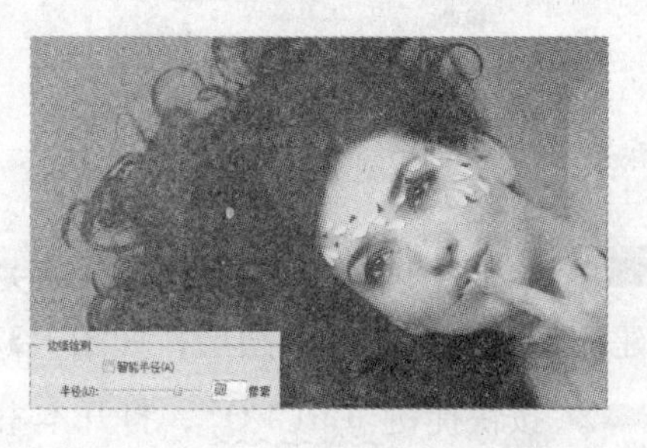

图 1-26

步骤 7 在对话框中选择缩放工具，然后鼠标左键单击图像，将其放大到合适大小以方便观察头发细微部分；然后选择平移工具将其平移，方便查看头发部分图像，如图 1-27 所示。

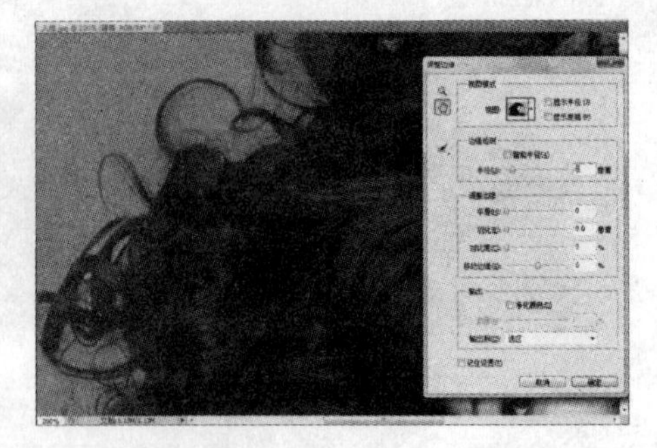

图 1-27

在选择缩放工具的同时，按住〖Alt〗键鼠标左键单击图像可进行缩小。

步骤 8 在对话框中选择调整半径工具，在图像中未去除背景的位置单击，手动扩展区域，如图 1-28和图 1-29 所示。

图 1-28

图 1-29

步骤 9 依照步骤 8，手动扩展头发边缘缝隙的区域。

步骤 10 在对话框“调整边缘”选项组中对图像进行进一步调整，如图 1-30 所示。

步骤 11 在对话框“输出”选项组中，单击“输出到”右侧的三角按钮，选择“新建带有图层蒙版的图层”输出，如图 1-31 所示。

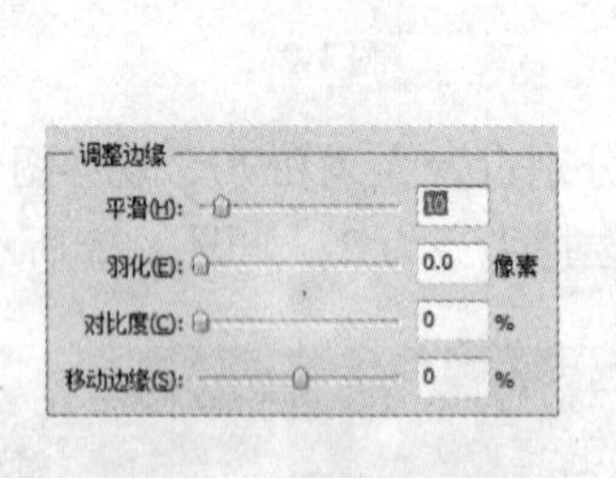

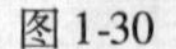

图 1-30

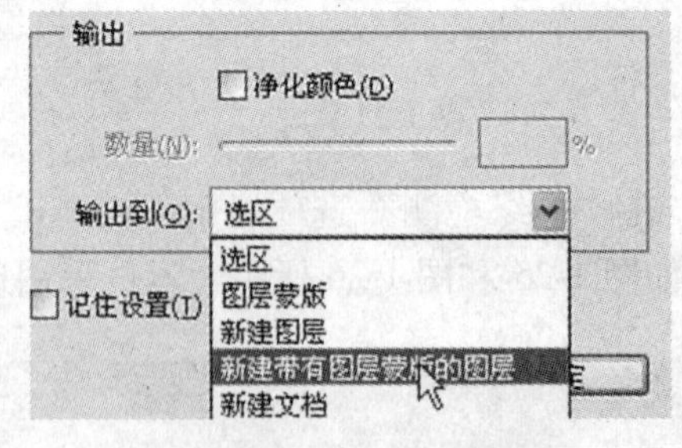

图 1-31

步骤 12 单击“确定”按钮后，自动关闭“调整边缘”对话框，并在“图层”调板中出现新建的带有图层蒙版的图层，如图 1-32 所示。

步骤 13 按快捷键〖Ctrl + O〗，打开本书附带光盘 \ 第 1 章 \ “背景 1. jpg”文件，将其拖动到“人物”文档中，并将其移到图层“背景副本”的下面，重命名为“人物背景”，如图 1-33 所示。

图 1-32

步骤 14 通过快捷键〖Ctrl + T〗调整图层“人物背景”的大小，使之与人物大小匹配合适，如图 1-34 所示。打开本书附带光盘 \ 第 1 章 \“智能选区 . psd”文件进行对照。

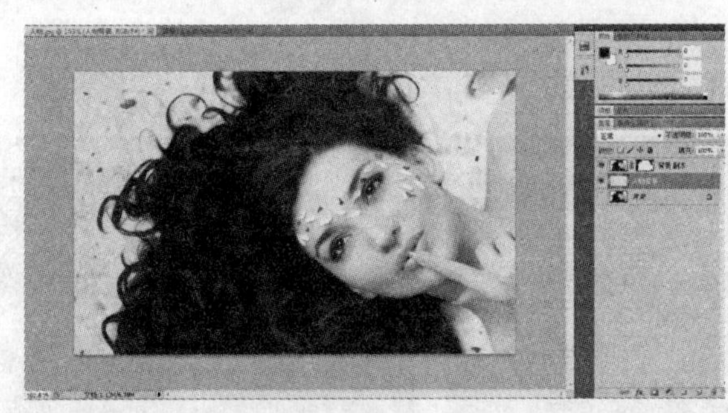

图 1-33

图 1-34

2. 选择性粘贴实例

通过“选择性粘贴”工具中的“原位粘贴”、“贴入”和“外部贴入”可轻松实现图像按照原位置贴入、带蒙版贴入到选区内部及外部。

步骤 1 在空白处双击鼠标左键，打开本书附带光盘 \ 第 1 章 \ “街舞 . psd”、“背景 2. jpg”、“艺术字 1. psd” 和 “街舞贴图 . jpg” 文件。

步骤 2 选择“背景 2”文档，按快捷键〖Ctrl + A〗，选择全部对象，再按快捷键〖Ctrl + C〗,将其复制到粘贴板上，如图 1-35 所示。

步骤 3 选择“街舞”文档，按住〖Ctrl〗键的同时，鼠标左键单击“街舞”图层前的缩览图，将图像载入选区，如图 1-36 所示；然后执行【编辑→选择性粘贴→外部粘贴】命令，结果如图 1-37 所示。此时查看图层面板，发现增加了一个带有蒙版的背景图层。

步骤 4 选择“街舞贴图”文档，按快捷键〖Ctrl + A〗，选择全部对象，再按快捷键〖Ctrl + C〗，将图像复制到粘贴板上。

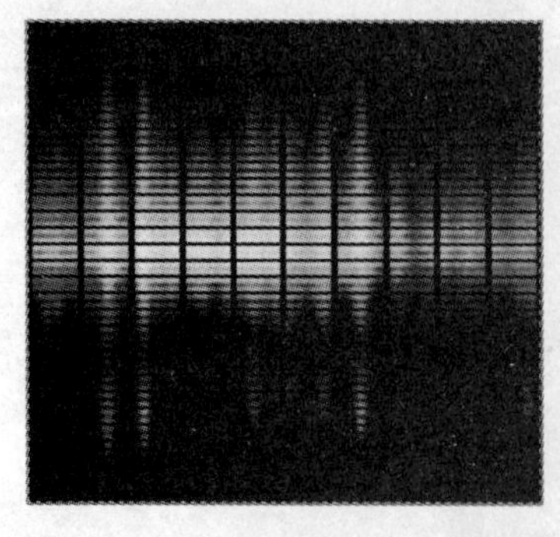
图 1-35

图 1-36

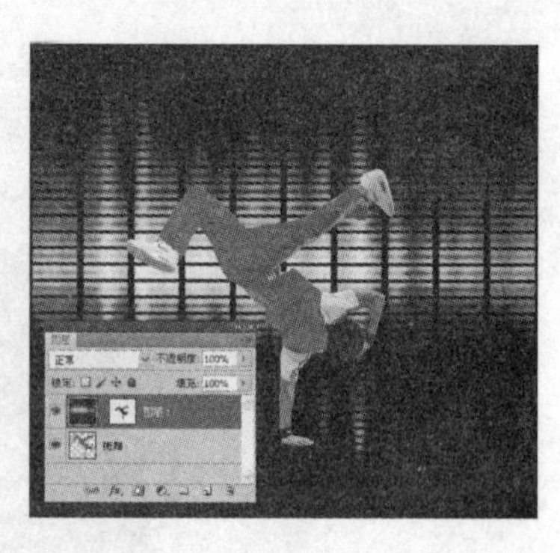
图 1-37

步骤5 选择“街舞”文档，再次将“街舞”图层图像载入选区，然后执行【编辑→选择性粘贴→贴入】命令，按快捷键〖Ctrl + Alt + Shift + V〗，如图 1-38 所示；按〖V〗键选择移动工具，鼠标拖动刚载入的贴图，使其效果如图 1-39 所示。

步骤6 选择“艺术字 1”文档，依然重复步骤 2 操作，将图像全部复制到粘贴板上。

步骤7 选择“街舞”文档，然后执行【编辑→选择性粘贴→原位粘贴】命令，按快捷键〖Ctrl + Shift + V〗，如图 1-40 所示。

打开本书附带光盘 \ 第 1 章 \ “我的音乐听我的 . psd” 文件进行对照。

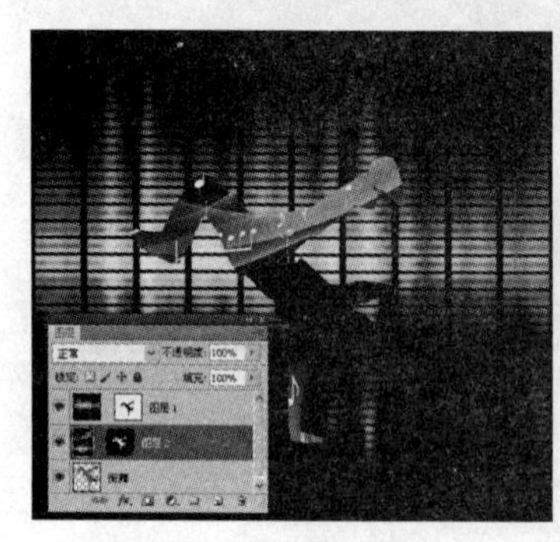
图 1-38

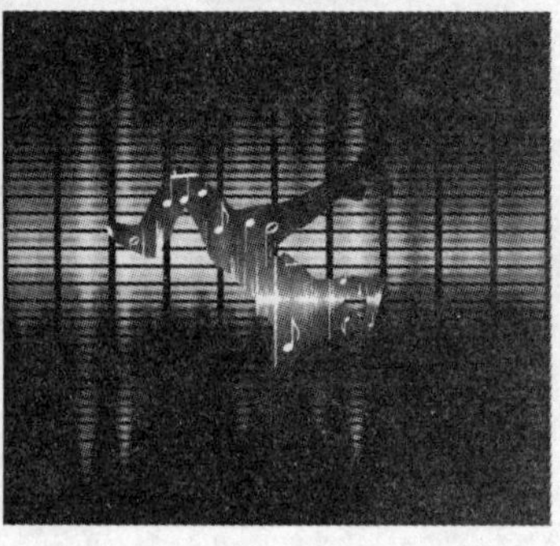
图 1-39

图 1-40

3. 内容识别填充和修复实例

使用“内容识别”命令进行填充，可以使填充区域与周围环境密切结合在一起，丝毫看不出填充痕迹。

步骤1 在空白处双击鼠标左键，打开本书附带光盘 \ 第 1 章 \ “蓝海豚 . jpg”文件。

步骤2 使用 “矩形选框工具”选择图像中的第一只海豚，然后按住〖Shift〗键，继续加选如图 1-41 所示的三只海豚，获得选区。

图 1-41

步骤3 按快捷键〖Shift + F5〗，或者单击鼠标右键，选择“填充…”选项，打开

“填充”对话框，如图1-42所示。

步骤④ 在“填充”对话框中，单击“内容”选项组中的选项，选择使用“内容识别”，单击“确定”按钮，效果如图1-43所示。在删除海豚的同时，原区域内的背景内容自动进行了填充。

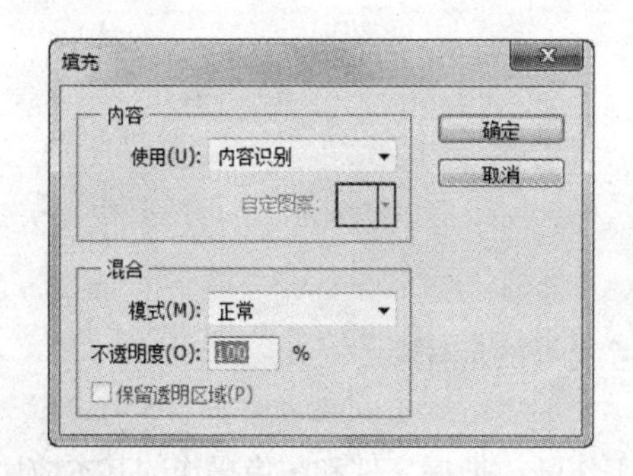

图1-42

图1-43

步骤⑤ 打开本书附带光盘\第1章\“艺术字2.psd”文件，按照上一例子的做法，将该文字原位粘贴到海豚文件中，显示效果如图1-44所示。打开本书附带光盘\第1章\“蓝海豚.psd”文件进行对照。

图1-44

【小结】

本章主要讲述了有关Photoshop处理图像的基础知识和原理性的内容，并初步了解Photoshop CS5版本的新增功能。

常规快捷键

命令名称	快捷键	命令名称	快捷键
帮助	F1	剪切	F2
复制	F3	粘贴	F4
隐藏/显示画笔面板	F5	隐藏/显示颜色面板	F6
隐藏/显示图层面板	F7	隐藏/显示信息面板	F8
隐藏/显示动作面板	F9	恢复	F12
填充	Shift + F5	羽化	Shift + F6
选择→反选	Shift + F7	隐藏选定区域	Ctrl + h
取消选定区域	Ctrl + d	关闭文件	Ctrl + w
取消操作	Esc	退出 Photoshop	Ctrl + Q

第 2 章　Photoshop CS5 基本操作

【学习要点】

1. 熟悉 Photoshop CS5 的工作区。
2. 学习文件的新建、打开、保存等操作。
3. 掌握图像的基本操作，显示技巧等。
4. 掌握图像处理的辅助工具标尺、网格、参考线等的应用。

【学习目标】

通过本章的学习，认识和熟悉 Photoshop CS5 的工作区，把握文件和图像操作的基本应用。

2.1　工作区

启动 Photoshop CS5，打开用户界面，执行鼠标左键双击空白区域或者通过单击菜单栏【文件→打开】命令，打开本书附带光盘 \ 第 2 章 \ “cat. gif” 文件，就可以看到如图 2-1 所示的用户界面，该界面中包括菜单栏、工具栏、控制面板等。

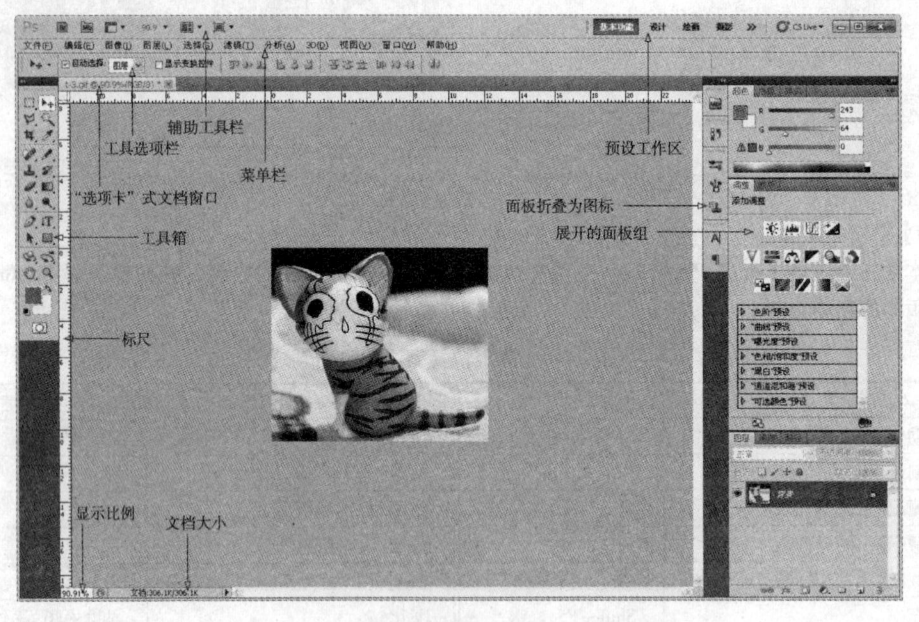

图 2-1

2.1.1　菜单栏

Photoshop CS5 中获取命令有多种方式，分别是菜单栏、快捷键命令、控制面板菜单和工具面板等。

1. 菜单栏

位于 Photoshop CS5 最上方，包括【文件】、【编辑】、【图像】、【图层】、【选择】、【滤镜】、【分析】、【3D】、【视图】、【窗口】、【帮助】等菜单。用户通过鼠标左键单击菜单，找到相应指令即可执行。

2. 快捷键命令

在多数菜单命令的右侧显示有该命令的快捷键，如视图放大命令的快捷键为【Ctrl + + 】组合键。常用的快捷键，必须熟记在心，以便提高作图的效率。

2.1.2 工具面板

启动 Photoshop CS5，工具面板将显示在屏幕左侧，通常称为工具箱。工具面板中的某些工具会在上下文相关选项栏中提供一些选项。通过这些工具，可以输入文字，选择、绘画、绘制、编辑、移动、注释和查看图像，或对图像进行取样；还有一些工具可以更改前景色、背景色等；可以展开某些工具以查看它们后面的隐藏工具。工具图标右下角的小三角形表示存在隐藏工具。

将鼠标指针停放在某一工具上，便可以查看有关该工具的信息。工具的名称将出现在指针下面的工具提示中，如图 2-2 所示。

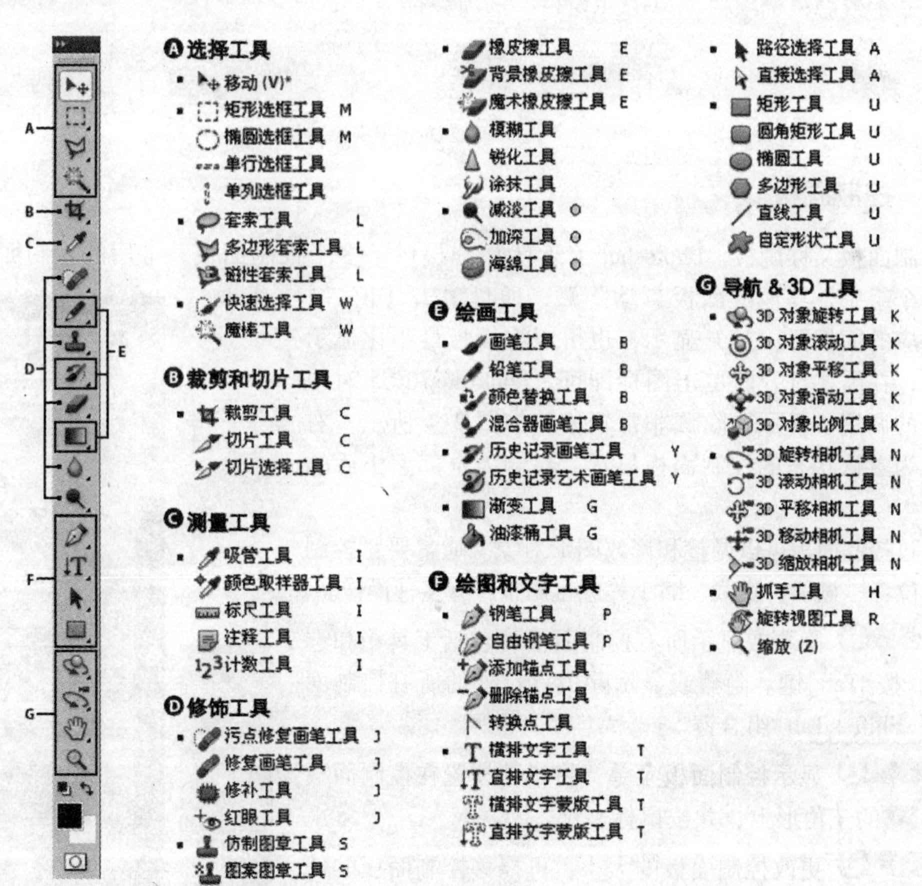

图 2-2

通过鼠标左键单击工具箱的标题栏来改变单列或双列显示工具。而通过单击【窗口→工具】命令，也可以显示或隐藏工具箱。

要执行工具箱中的工具，可以执行下列方式的操作：

方法① 单击工具面板中的某个工具。如果工具的右下角有小三角形，请按住鼠标左键来查看隐藏的工具，然后单击要选择的工具。

方法② 使用键盘快捷键。常用的键盘快捷键需要牢牢记住。例如，可以通过按〖V〗键来选择移动工具。

方法③ 按住键盘快捷键可临时切换到工具。释放快捷键后，Photoshop CS5 会返回到临时切换前所使用的工具。比如按住空格键临时可切换到抓手工具。

2.1.3 工具选项栏

选项栏在 Photoshop CS5 用户界面的菜单栏下方。选项栏是与工具箱中的工具相关的，随用户选择的工具的不同而改变。选项栏中的一些设置（如绘画模式和不透明度）对于许多工具都是通用的，但有些设置（如铅笔工具的“自动抹掉”设置）则专用于某个工具。如图 2-3 所示为椭圆选区的选项。

要显示或隐藏选项栏，单击【窗口→选项】命令。

图 2-3

2.1.4 控制面板

控制面板又称调板，Photoshop CS5 为用户提供了多个控制面板，常用的控制面板被划分到三个组中，其他的面板自动隐藏，通过单击【窗口】选择对应的面板可以打开显示，也可以将面板最小化显示为图标，在需要打开时单击图标即可。Photoshop CS5 对控制面板的调用、显示、隐藏非常轻松，如图 2-4 所示。右侧图形为默认状态的控制面板显示，左侧为全部缩小后的效果。

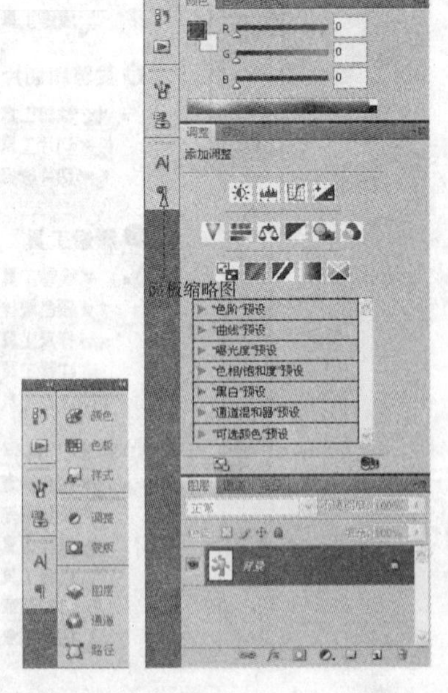

图 2-4

通过控制面板可以调整和修改图形对象。通常要对控制面板的位置、显示、隐藏、缩小等进行调整，有多种操作。

操作① 隐藏或显示所有控制面板（包括工具箱和选项栏），按〖Tab〗键。隐藏或显示除工具箱外的所有控制面板，按〖Shift + Tab〗组合键。

操作② 显示控制面板菜单，将指针放置在控制面板右上角▤的三角形上，并按鼠标左键。

操作③ 更改控制面板的大小，可拖移控制面板的任一角，或者拖移左下角、右下角改变大小框标志。某些控制面板（如“颜色”控制面板）无法通过拖移调整大小。

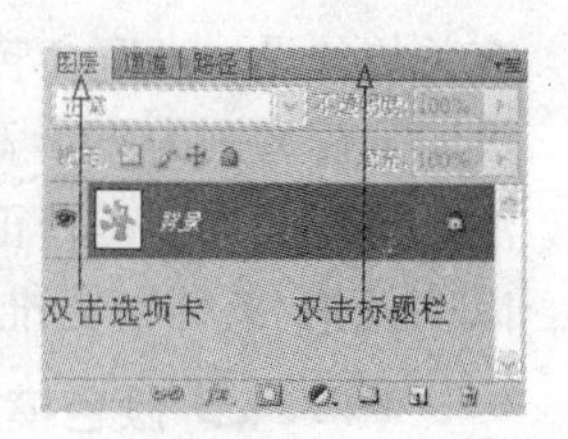

图 2-5

操作4 折叠一组控制面板以便只显示标题，则双击控制面板的选项卡，或者双击控制面板的选项卡空白处，如图 2-5 所示。即使控制面板处于折叠状态，也可以打开控制面板菜单。

操作5 使某个控制面板出现在它所在组的前面，则单击该控制面板的选项卡。

操作6 移动整个控制面板组，拖移其标题栏。

操作7 重新排列或者分开控制面板组，拖移控制面板的选项卡。如果将控制面板拖移到现有组的外面，则会创建一个新的控制面板窗口。

操作8 要将控制面板移到另一个组，可以鼠标左键拖移控制面板的选项卡到该组内。

操作9 移动整个停放的控制面板组，拖移标题栏。

操作10 将控制面板还原到其默认大小和位置，请选取【窗口→工作区→复位基本功能】。

2.2 文件操作

2.2.1 新建文件

要创建一个新的文件，单击【文件→新建】命令，或按快捷键〖Ctrl + N〗。弹出新建文件命令窗口如图 2-6 所示，通常需要以下操作进行设置。

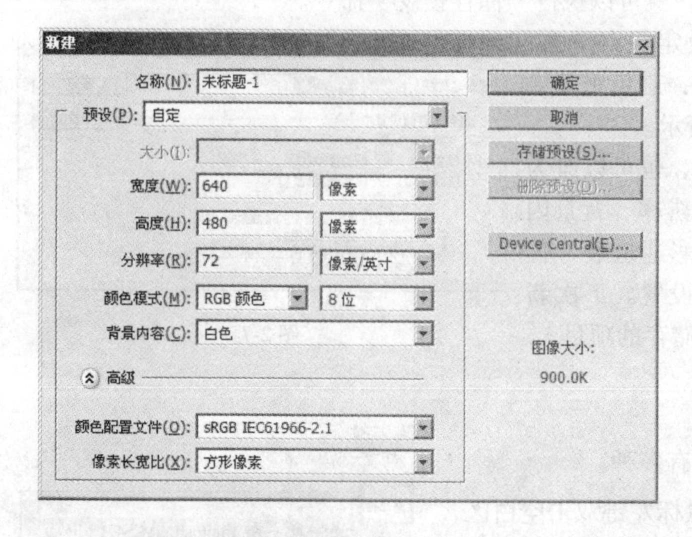

图 2-6

请注意：Photoshop CS4 之前的版本，新建文件可以按〖Ctrl〗键在界面空白处双击鼠标左键完成，但是 Photoshop CS5 版本无法做到。

操作1 **名称**

名称就是图像储存时候的文件名，可以在以后执行储存命令的时候再输入。

操作2 **预设**

预设指的是已经预先定义好的一些图像大小。如果在预设中选择 A4、A3 或其他和打印有关的预设，高宽会转为厘米，打印分辨率会自动设为300。如果选择640×480这类的预设，分辨率则为72，高宽单位是像素。宽度和高度可以自行填入数字，但在填入数字前应注意单位的选择是否正确。避免发生把640像素输入成640厘米之类的错误。分辨率一般应以“像素/英寸”为准。

操作 3 颜色模式

第1章学习了关于颜色模式的内容，根据用户需要，如果是印刷或打印需要选择CMYK；其他则选择RGB即可。而如果选择了灰度模式，图像中就不会有色彩信息；位图模式下图像只能有黑白两种颜色（因此通道数为1位）。色彩模式后面的通道数一般只选用8位就足够了。

操作 4 背景内容

画家在作画之前画布是白色的，那么白色就是作品的背景色。同理，背景内容是指图像建立以后的默认颜色。一般选择白色。其中的背景色选项需要参照Photoshop现在所设置的背景颜色。

操作 5 高级设置

在高级设置中“颜色配置文件”选择不进行色彩管理。像素长宽比为方形。方形就是正方形，长宽比为1:1的。有些DV（数码摄像机）的像素不是正方形而是各种不同长宽比的长方形。本书不探讨非正方形的像素。

操作 6 存储预设

如果手工输入了一些非预设的内容，比如把宽度设为400，高度设为300。如果这些设定在原先的预设选项中不存在的话，就可以执行“储存预设”命令。

储存预设就是把现在的一些设定保存下来，下次就直接可以从预设列表中找到，避免重复输入。按下“储存预设”，如图2-7所示。

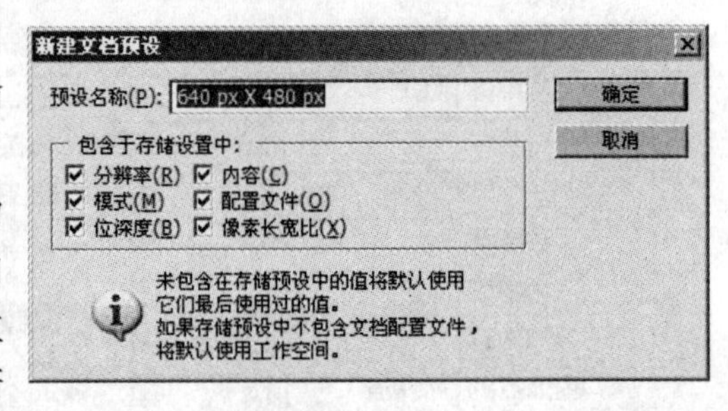

图2-7

预设的名称将以长宽自动命名，也可以改为其他名称。储存的内容可以包括分辨率、背景内容、色彩模式、色彩配置文件、色彩通道数（位深度）、像素长宽比。确定后储存设置。下次新建文件时，在预设列表中就会出现储存的项目。

2.2.2 打开文件

Photoshop CS5 打开文件的方法有多种。

方法 1 最快捷的方法就是鼠标左键双击空白区域，这就相当于执行【文件→打开】命令，或按〖Ctrl+O〗快捷键。与其他Windows软件类似，打开文件对话框比较容易操作，只需要找到文件对应的位置、名称等即可。

> 牢记住
>
> 请注意：在Photoshop CS4以上版本中，如果已经有打开的文件，鼠标左键双击空白区域则无法完成。在Photoshop CS5中新增命令【文件→在mini bridge中浏览】，可以更加方便浏览并打开文件。

如果想打开多个文件，可以按住〖Ctrl〗键选择，如果是连续的多个文件可以按住〖Shift〗键选择，然后一次打开多个文件。

多个文件打开后的排列方式有很多，可以通过【窗口→排列】选择合适的方式。

方法② 通过执行【文件→在 bridge 中浏览】或者按〖Alt + Ctrl + O〗键打开 bridge 浏览文件，然后选中合适的文件即可在 Photoshop CS5 中打开。

方法③ 在“我的电脑”或者“资源管理器”中找到需要打开的一个或者多个文件，然后按住鼠标左键拖移到 Photoshop CS5 工作界面的空白区域中。

2.2.3　保存文件

Photoshop CS5 保存文件的方法有多种。

方法① 如果是第一次进行保存文件的操作，可选择【文件→保存】，或〖Ctrl + S〗项，在随后出现的保存文件对话框中，输入文件名，选择文件类型，再按“确定”按钮；如果再次使用该命令，系统将只做保存操作而无屏幕提示。

方法② 若选择【文件→另存为】，或〖Ctrl + Shift + S〗快捷键，可将图像文件另存为一个文件名，这时当前图像的文件名即为新文件名。

方法③ 选择【文件→保存副本】命令，也可将文件另存为一个文件名，但当前图像的文件名仍为原文件名。

2.2.4　关闭文件

选择下列两种方法可以关闭文件：

方法① 选择【文件→关闭】或按〖Ctrl + W〗快捷键，可以关闭当前图像文件，关闭文件前系统将弹出提示对话框，确认是否保存文件。

方法② 选择【文件→关闭全部】或按〖Ctrl + Alt + W〗快捷键，可以同时关闭所有打开的图像文件。

2.3　图像操作

2.3.1　图像的缩放显示

1. 图像放大显示

放大图像有利于观察局部细节，并有利于精确编辑图像。实现图像的放大可以通过三种途径：

途径① 使用缩放工具放大，选择工具箱中的按钮或快捷键〖Z〗，在图像窗口中单击鼠标左键。每单击一次以单击位置为中心放大一倍。

如果当前工具不是放大，可以按〖Ctrl + 空格键〗，即可临时切换到放大工具。

如果要放大显示图像的某个区域，先选择缩放工具，将放大工具放在要放大的图像区域，然后按住鼠标左键并拖动，使画出的矩形虚线框选中要放大显示的区域，然后释放鼠标，即可得到该区域的放大图像。

途径② 使用快捷键放大显示图像，可按〖Ctrl + +〗快捷键依次放大图像，其原理一样，可以从 100% 到 200%，300% 等。

途径③ 使用鼠标中间滚轮缩放，将以鼠标热点处为中心放大或者缩小。前提是先按〖Ctrl + K〗快捷键，在“选项”中设置“常规”选项卡中的“用滚轮缩放”项目。

2. 图像缩小显示

放大的图像要回到原来的显示大小，通常可以使用缩小工具，也有三种途径。

途径① 选择工具箱的按钮，按住〖Alt〗键，放大工具变成单击图像，即可成倍缩小。

途径② 如果当前工具不是缩小按钮，可以按〖Alt + 空格键〗，即可切换到缩小工具。

使用快捷键缩小显示图像，可按〖Ctrl + -〗快捷键依次缩小图像，其原理一样，可以从 300% 到 200%，100% 等。

途径③ 利用鼠标滚轮缩放，将以鼠标热点处为中心放大或者缩小。

3. 100%显示图像

如果想 100% 显示图像，有三种途径。

途径① 可以在打开图像的底部状态栏的最左侧数值框中输入 100%，回车。

途径② 按〖Ctrl + 1〗键。

途径③ 双击工具箱的按钮即可。

4. 按屏幕大小、实际像素、打印尺寸显示图像

为了方便观察到图像的完整效果，可以实现图像的屏幕大小、实际像素、打印尺寸等显示。

途径① 通常使用工具箱的工具，在图像区域右击鼠标，选择屏幕大小、实际像素或打印尺寸进行显示。

途径② 按〖Ctrl + 0〗快捷键可以按屏幕大小显示，按〖Ctrl + Alt + 0〗快捷键可以按打印尺寸显示。

5. 平移观察图像

途径① 利用抓手工具，选择工具箱中的或按〖H〗键，鼠标指针变为，用鼠标左键拖动即可。

途径② 用鼠标拖动图像窗口底部和右侧的滚动条。

途径③ 如果当前使用的工具不是抓手，那按住〖空格键〗，再按住鼠标左键拖动可实现图像的平移。

2.3.2 辅助工具的使用

在图像处理的过程中，利用辅助工具可以使处理的图像更加精确，辅助工具主要包括标尺、参考线和网格。

1. 标尺的设置

选择【视图→标尺】或按〖Ctrl + R〗快捷键即可在图像窗口的顶部和左侧显示标尺。

设置1 设置标尺原点

将鼠标移动到水平标尺和垂直标尺交汇处的原点，单击并按住鼠标左键不放，将光标移动到合适的位置释放即可。

如果要回复原点位置，则在标尺原点位置双击鼠标左键即可。

设置2 设置标尺单位

在图像标尺位置处单击鼠标右键即可弹出单位选项，如图 2-8 所示。

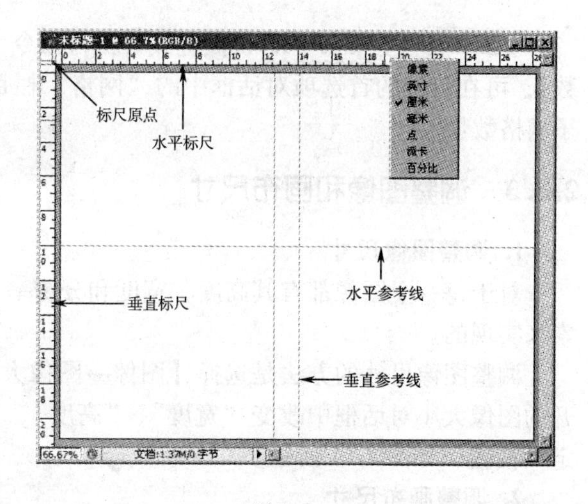

图 2-8

2. 参考线的设置

参考线是浮动在图像上的直线，只是用于给用户提供参考位置，不会被打印出来。设置参考线的方法如下。

设置1 选择【视图→新建参考线】命令，打开新建参考线对话框。如图 2-9 所示，选择水平或垂直取向，输入相应的数值来确定位置。这是精确创建参考线的方法。

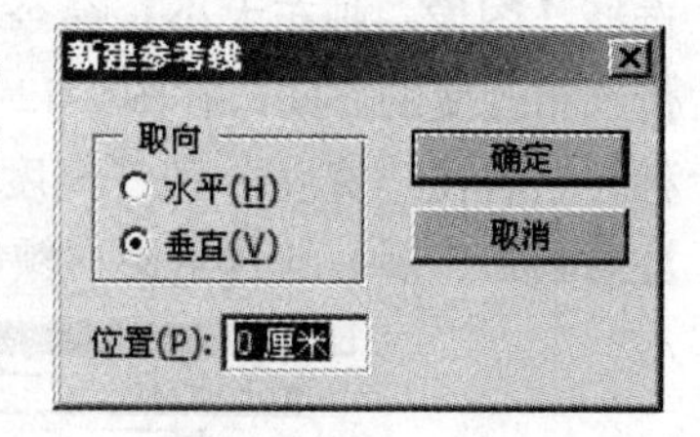

图 2-9

设置2 将鼠标的光标移动到标尺位置（上方或者左侧），按住鼠标左键并向下或向右移动即可得到参考线。

设置3 删除参考线可以执行【视图→清除参考线】命令，或在移动工具时使用鼠标左键拖移到图像显示区域以外。

设置4 隐藏或显示参考线，可以按〖Ctrl + ;〗快捷键。

3. 网格的设置

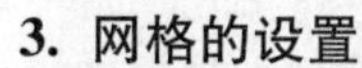

设置1 选择【视图→显示→网格】命令，或按〖Ctrl + "〗快捷键，可以在图像中显示或隐藏网格线。如图 2-10 所示。

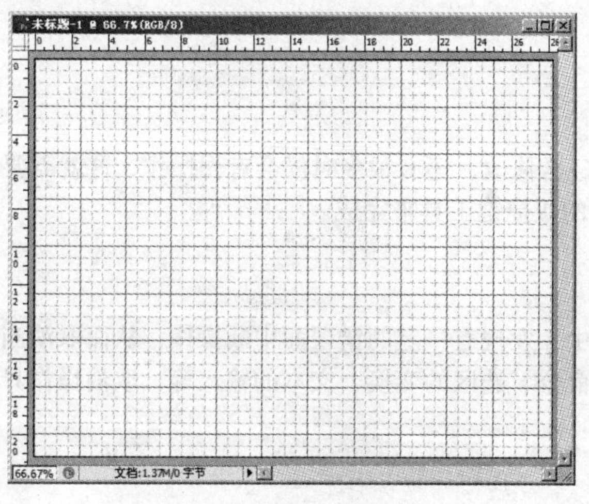

图 2-10

设置② 按〖Ctrl + K〗快捷键或者执行命令【编辑→首选项→参考线、网格、切片和计数】，可在打开的首选项对话框中的“网格”栏目中设置相应的颜色、样式、网格线间隔和子网格数量。

2.3.3 调整图像和画布尺寸

1. 调整图像尺寸

对于每一个图像都有其高度、宽度和分辨率等要素，调整图像尺寸就是通过改变这些要素来实现的。

调整图像尺寸的方法是选择【图像→图像大小】命令，按快捷键〖Ctrl + Alt + I〗，在打开的图像大小对话框中改变“宽度”、“高度”、“分辨率”数值框中的数值，然后单击“确定”按钮，如图 2-11 所示。

2. 调整画布尺寸

画布尺寸指的是当前图像周围工作空间的大小，通过调整画布尺寸也可以调整图像尺寸。选择【图像→画布大小】命令，或按快捷键〖Ctrl + Alt + C〗，在打开的画布大小对话框中先定位画布改变的方向，在图 2-12 中可以看到“定位”分为九种情况，根据具体的需要选择某一种，然后在“宽度”和“高度”数值框中输入相应的数值，单击“确定”按钮即可。此时要注意画布扩展后的背景显示颜色项目，要根据绘制或修改图像的要求选择，如图 2-12 所示。

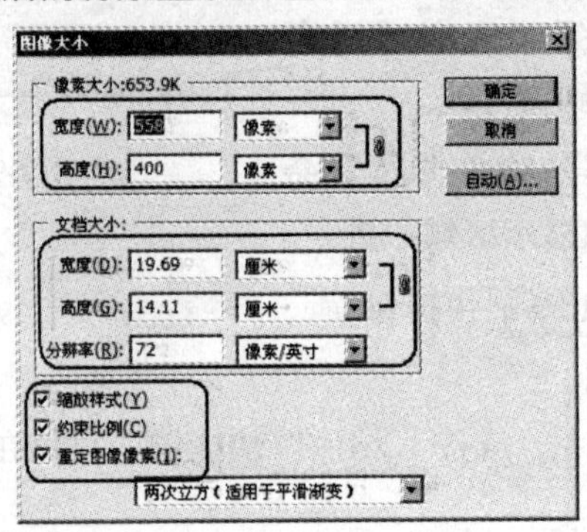

图 2-11

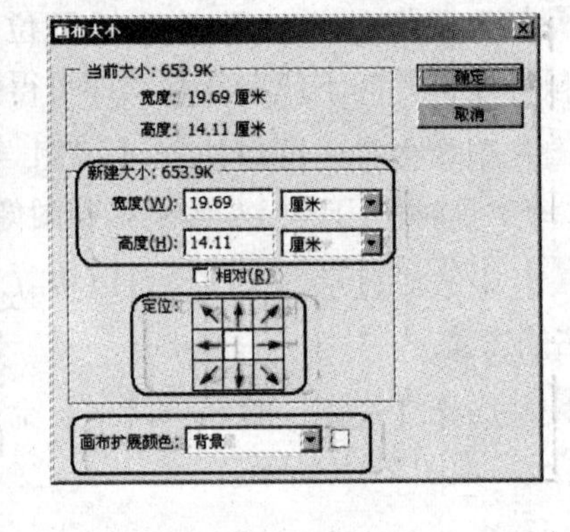

图 2-12

2.4 恢复操作

在图像处理过程中，有某些操作会经常修改，还有很多时候会有误操作，这就需要进行修复或者撤销，Photoshop CS5 提供方便的快捷键工具来完成。

2.4.1 取消操作

所谓取消操作是指在执行命令过程中，发现有一定的错误而中断操作，从而取消当前操作可能对图像的影响。比如图像的变换命令、选区的变换、文本的输入等，取消操作只需要按键盘的〖Esc〗键即可。

2.4.2 恢复上一步操作

对于图像的处理，比如色彩的调整、大小的变换等都要经过不断的反复对比，如果发现修改后不如不修改，那就需要恢复到上一步的状态，通常按〖Ctrl + Z〗快捷键恢复，如果再按一次，那就又返回来了，只能恢复一步。

2.4.3 恢复多步操作

由于按〖Ctrl + Z〗快捷键的恢复只能一步，所以不方便。如果需要多步恢复，那就可以按〖Ctrl + Alt + Z〗快捷键，可以一步一步恢复，当然这里的恢复也是有限的，受 Photoshop CS5 默认设置的历史记录影响。

要记住

请注意：如果你的 QQ 聊天软件开启了，那么〖Ctrl + Alt + Z〗快捷键就不能正常发挥作用。

2.4.4 通过历史记录恢复

通过历史记录调板可以将图像的编辑恢复到任意步骤，而且是可逆的，操作也很简单。只需要执行【窗口→历史记录】命令，打开历史记录调板，鼠标单击需要回退到的步骤即可，如图 2-13 所示。

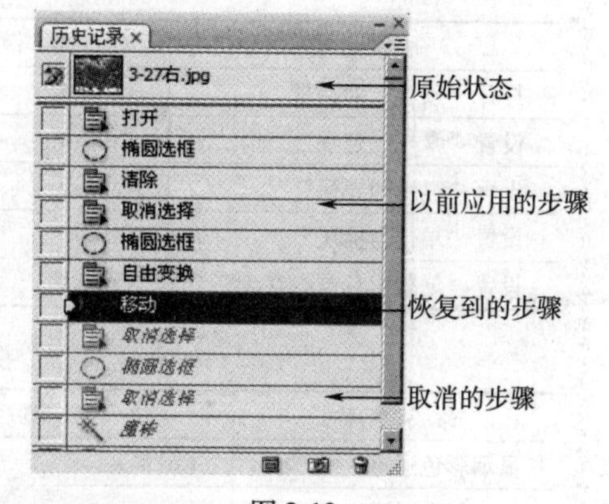

图 2-13

Photoshop CS5 默认的历史记录为 20 步，如果超过 20 步，系统会删除前面的操作步骤而保留后续的操作步骤。我们可以通过首选项来调整历史记录的数量，以满足绘制和修改图像的需要。按〖Ctrl + K〗快捷键打开首选项，再按〖Ctrl + 4〗快捷键打开对应的"性能"选项窗口，如图 2-14 所示，在图中历史记录位置处更改即可。但是请注意，历史记录不可数量过多，过多将影响计算机运行的速度，导致工作效率的下降。

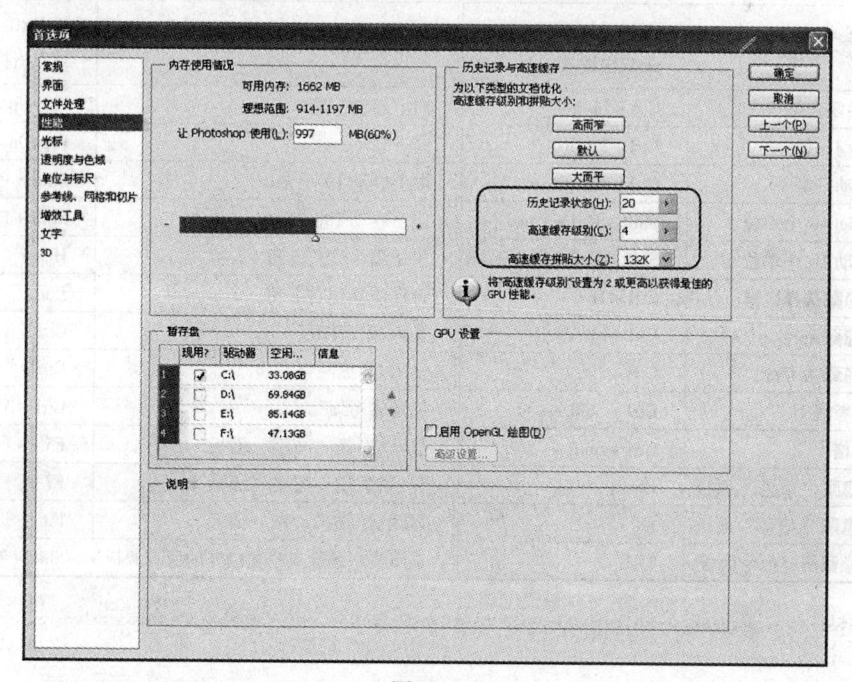

图 2-14

【小结】

本章主要讲述了有关 Photoshop CS5 基本界面和文件操作，以及对于 Photoshop CS5 处理图像时的常用工具。

文件操作快捷键

命令名称	快捷键	命令名称	快捷键	命令名称	快捷键
新建文件	Ctrl + N	打开文件	Ctrl + O	保存文件	Ctrl + S
默认设置新建文件	Ctrl + Alt + N	打开为...	Ctrl + Alt + O	文件另存为	Ctrl + Shift + S
关闭文件	Ctrl + W	关闭全部文件	Ctrl + Alt + W	存储副本	Ctrl + Alt + S
页面设置	Ctrl + Shift + P	打印	Ctrl + P		

预置对话框快捷键

命令名称	快捷键	命令名称	快捷键
打开“预置”对话框	Ctrl + K	显示最后一次显示的“预置”对话框	Ctrl + Alt + K
设置“常规”选项	Ctrl + 1	设置“存储文件”	Ctrl + 2
设置“显示和光标”	Ctrl + 3	设置“透明区域与色域”	Ctrl + 4
设置“单位与标尺”	Ctrl + 5	设置“参考线与网格”	Ctrl + 6
设置“增效工具与暂存盘”	Ctrl + 7	设置“内存与图像高速缓存”	Ctrl + 8

视图操作快捷键

命令名称	快捷键	命令名称	快捷键
显示彩色通道	Ctrl + ~	显示单色通道	Ctrl + 数字
显示复合通道	~	以 CMYK 方式预览（开关）	Ctrl + Y
放大视图	Ctrl + +	缩小视图	Ctrl + -
实际像素显示	Ctrl + Alt + 0 或双击缩放工具	满画布显示	Ctrl + 0 或双击抓手工具
打开/关闭色域警告	Ctrl + Shift + Y	向上卷动一屏	PageUp
向左卷动一屏	Ctrl + PageUp	向下卷动一屏	PageDown
向右卷动一屏	Ctrl + PageDown	向上卷动 10 个单位	Shift + PageUp
向左卷动 10 个单位	Shift + Ctrl + PageUp	向下卷动 10 个单位	Shift + PageDown
向右卷动 10 个单位	Shift + Ctrl + PageDown	将视图移到左上角	Home
显示/隐藏选择区域	Ctrl + H	将视图移到右下角	End
显示/隐藏路径	Ctrl + Shift + H	显示/隐藏标尺	Ctrl + R
显示/隐藏参考线	Ctrl + ;	显示/隐藏网格	Ctrl + ”
贴紧参考线	Ctrl + Shift + ;	锁定参考线	Ctrl + Alt + ;
贴紧网格	Ctrl + Shift + ”	显示/隐藏“画笔”面板	F5
显示/隐藏“颜色”面板	F6	显示/隐藏“图层”面板	F7
显示/隐藏“信息”面板	F8	显示/隐藏“动作”面板	F9
显示/隐藏所有命令面板	TAB	显示或隐藏除工具箱以外的所有调板	Shift + TAB

第 3 章　Photoshop CS5 选区创建

【学习要点】

1. 学习建立规则选区的方法。
2. 学习建立不规则选区的方法。
3. 学习建立颜色相近选区。
4. 熟悉柔化选区边缘。
5. 学会选区的修改和变换。
6. 掌握选区的存储和载入。

【学习目标】

通过本章的学习，学会创建规则和不规则选区的方法，学会选区的编辑修改等操作，掌握利用选区创建图像并修改图像的实例制作，为 Photoshop 功能的全面应用打下基础。

在 Photoshop 中对图像的某个部分进行调整，就必须选择该区域。这个选择的过程称为建立选区。通过某些方式选取图像中的区域，形成选区。选区是一个非常重要的部分，Photoshop 三大基础分别是选区、图层、路径，这也是 Photoshop 的精髓所在。

首先明确选区有以下特点：

1. 选区是封闭的区域，可以是任何形状，但一定是封闭的。

2. 选区一旦建立，几乎所有的操作就只对选区范围内的图像有效。而如果要对全图操作，则必须先取消选区。

Photoshop 中的选区大部分是靠使用选框工具来实现的。选框工具共 9 个，集中在工具栏第一区。分别是矩形选框工具、椭圆选框工具、单行选框工具、单列选框工具、套索工具、多边形套索工具、磁性套索工具、快速选择工具、魔棒工具。其中前 4 个属于规则选框工具，其余的为不规则选框工具。

3.1　建立规则选区

3.1.1　创建矩形选区（M）

在 Photoshop 中打开本书附带光盘\第 3 章\“选区 . jpg”文件。按 M 键或者单击工具箱中的矩形选框工具，此时可以看到选项栏的变化和相应内容，如图 3-1 所示。

羽化: 0 px　消除锯齿　样式: 正常　宽度:　高度:　调整边缘...

图 3-1

对于选区有以下相应基本操作。

请注意：在选取过程中如果按下〖Esc〗键将取消本次选取。

一旦选区建立，几乎所有的操作都只局限于选区内。

操作① 建立选区

在图像中单击鼠标左键并拖动画出一矩形区域，松开鼠标左键后会看到该区域四周有流动的虚线，俗称蚂蚁线。这是 Photoshop 对选区的表示方法。虚线之内的区域就是被选择的选区。

操作② 取消选区

取消选区的方法是按〖Ctrl + D〗快捷键或选择菜单【选择→取消选择】命令。

操作③ 移动选区

选区建立后可以移动，方法是在选区内按下鼠标左键拖动到新位置即可（如图 3-2 所示从左上方拖动到右下方处）。

图 3-2

请注意：选区移动的前提是必须使用选区工具且运算方式为新选区，光标为 时才可以移动。移动过程中按下〖Shift〗键可保持水平或垂直或 45°方向。移动后的选区的大小不变，如图 3-2 所示。

绘制完成选区，按〖F8〗键打开信息调板观看选区的大小，如图 3-3 所示。W 指宽度，H 指高度，右上角的 XY 代表起点坐标。左下角的 XY 代表目前鼠标在图像中的坐标，单位是像素。如果单位不是像素，可以单击箭头所指的十字标记 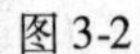 位置，在弹出的菜单中选择像素或者其他单位，如图 3-4 所示。

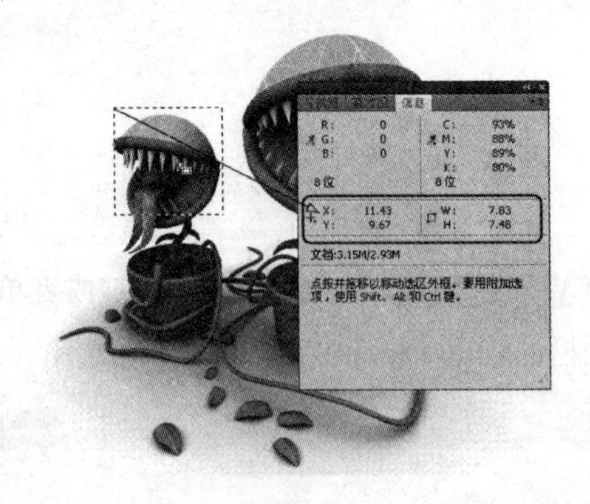

图 3-3

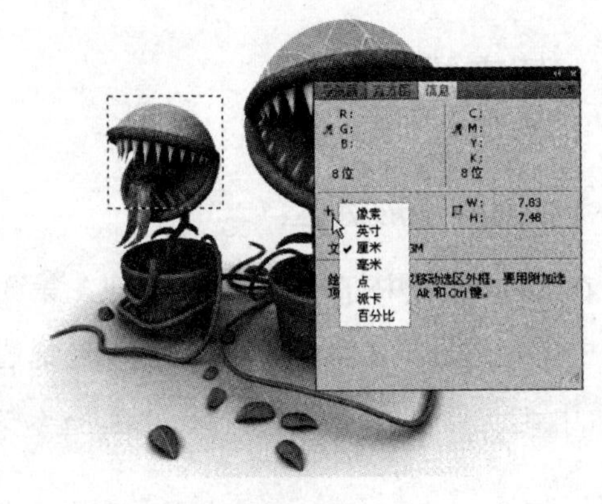

图 3-4

3.1.2　选区运算

接下来学习选区工具的几种运算方式。所谓选区的运算就是指添加、减去、交集等操作。它们以按钮形式分布在选区工具的选项栏上。分别是：新选区、添加到选区、从选区减去、与选区交叉。下面通过绘制几个简单实例来看选区运算的效果。

1. 新建选区

在新选区状态下，新选区会替代原来的旧选区。相当于取消后重新选取。这个特性也可以用来取消选区，就是用选区工具在图像中随便点一下即可取消现有的选区。

2. 添加到选区

步骤① 按快捷键〖Ctrl + N〗新建一个文件，设置文件大小为 640×480 像素。按〖M〗键选区工具，绘制一个矩形选区。

步骤② 按住〖Shift〗快捷键，变为选区添加，此时光标变为，这时新旧选区将共存。如果新选区在旧选区之外，则形成两个封闭流动虚线框，如图 3-5 所示。如果彼此相交，则只有一个虚线框出现，如图 3-6 所示。

步骤③ 为更好显示效果，在图 3-5 的选区内按〖Alt + Delete〗快捷键，填充前景色绿色。而在图 3-6 的选区内按〖Ctrl + Delete〗快捷键，填充背景色黄色。

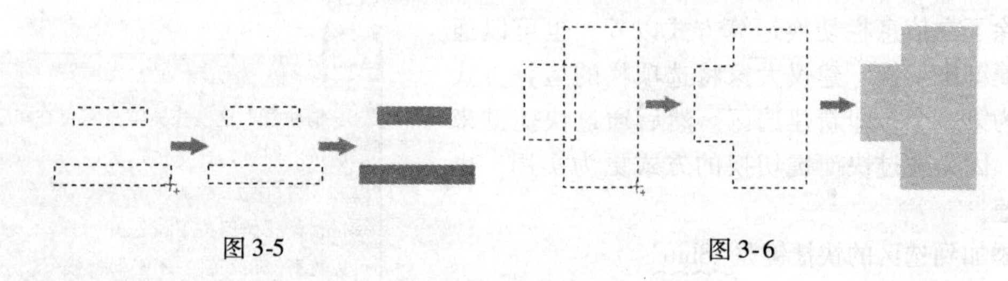

图 3-5　　　　图 3-6

3. 从选区减去

步骤④ 按住〖Alt〗快捷键变为选区相减，此时光标变为，这时新的选区会减去旧选区。如果新选区在旧选区之外，两者没有交叉则原有选区不会变化。如果新选区与旧选区有部分相交，就减去了两者相交的区域，如图 3-7 所示。如果新选区完全在原有选区内部并小于旧选区，则可以创建图 3-8 所示的图形。

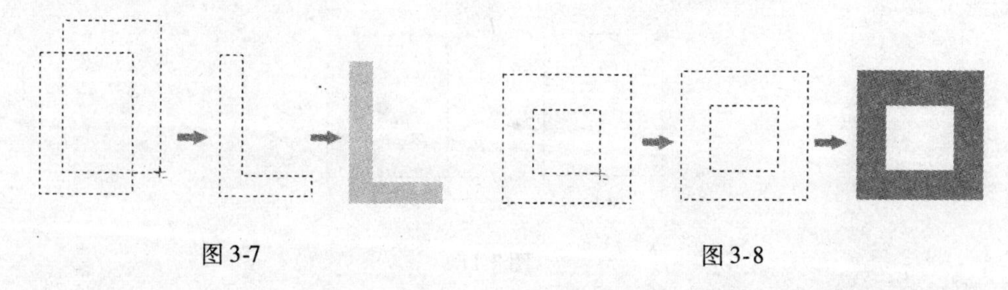

图 3-7　　　　图 3-8

需要注意的是，在减去方式下如果新选区完全在旧选区内之外，两者没有任何相交部分，则会出现如图 3-9 所示的提示。

4. 交叉选区

步骤 5 交叉选区也称为选区交集，按住〖Shift + Alt〗快捷键即可形成交叉选区，此时光标为 ，它的效果是保留新旧两个选区的相交部分，如图 3-10 所示。

如果新旧选区没有相交部分，则也会出现如图 3-9 所示的提示。

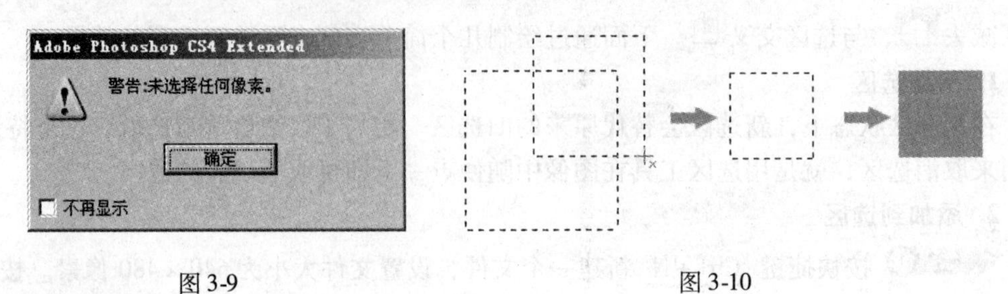

图 3-9　　图 3-10

3.1.3 选区技巧

1. 选区运算适应各种选区工具

以上 4 种选区运算方式对于所有的选区工具都是通用的，任何选区工具都具有这 4 种运算方式，且不局限于某一种工具内。既可以用套索工具减去魔棒工具创建的选区，也可以用矩形选框工具去加上椭圆选框工具创建的选区。

2. 快捷键切换

除了在信息栏切换运算方式以外，也可以通过快捷键来切换。建议大家将选项栏的运算方式设置为第一个，即新建选区。然后通过快捷键来切换。因为通过快捷键切换的方式更为实用，也更快速。

请注意：这些快捷键只需要在单击鼠标之前按下即可，在鼠标按下以后，快捷键可以松开。比如要加上选区，那么先按住〖Shift〗键，然后按下鼠标开始拖动，此时就可以松开〖Shift〗键，不必保持按下。

添加到选区的快捷键是〖Shift〗。

从选区减去的快捷键是〖Alt〗。

与选区交叉的快捷键是〖Shift + Alt〗。

3. 设定选区中心

假设图 3-11 的圆点位置是选区选取时鼠标的起点，那么，普通方式下从圆点拉出的矩形选区，鼠标落点与起点是成对角的，如图 3-11a 所示。

而按住〖Alt〗键从圆点拖拉，就是以起点为中心点，向四周扩散选取，如图 3-11b 所示。

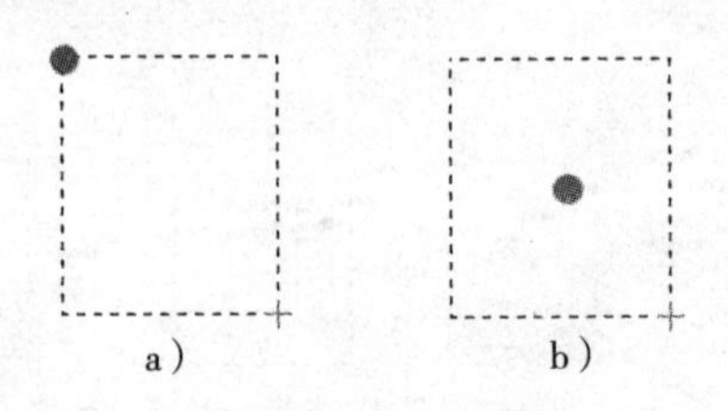

图 3-11

注意整个选取过程中〖Alt〗键要全程按着。而全程按住〖Shift〗键可锁定为正方形（注意是全程）。

这样就可以让〖Shift + Alt〗键配合使用，效果就是，从中心点出发向四周扩散选取的正方形选区。

大家可能觉得迷惑了，怎么选区运算中的快捷键与上面两个快捷键是一样呢？前面说过〖Shift〗键是添加方式，这里又说〖Shift〗键是锁定长宽比。〖Alt〗键也与前面提到的用法不一样。这难道不会造成混淆吗？不要担心，在后面的一个实例就会掌握这两种快捷键的用法。

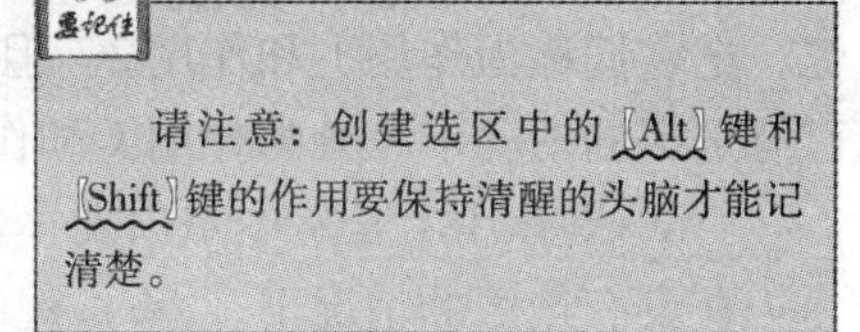

请注意：创建选区中的〖Alt〗键和〖Shift〗键的作用要保持清醒的头脑才能记清楚。

3.1.4　创建椭圆选区

请注意：鼠标右键单击命令图标，若出现下拉菜单，且菜单显示多个同类别工具具有同样的快捷命令，则我们可以通过〖Shift + 快捷键〗进行切换。

与矩形选框工具组合在一起的是椭圆选框工具，它的使用方法与矩形选框工具是一样的。快捷键也一致，按〖Shift + M〗快捷键即可转换到该命令，同样按下快捷键〖Alt〗是从中点出发，〖Shift〗键是保持正圆。在选取过程中如果按下〖Esc〗键将取消本次选取。

选择椭圆选框工具后，选项栏会多出一个“消除锯齿”的选项，它的作用将在后面介绍，现在先将它关闭。羽化的作用也在后面介绍。现在都设为 0，如图 3-12 所示。

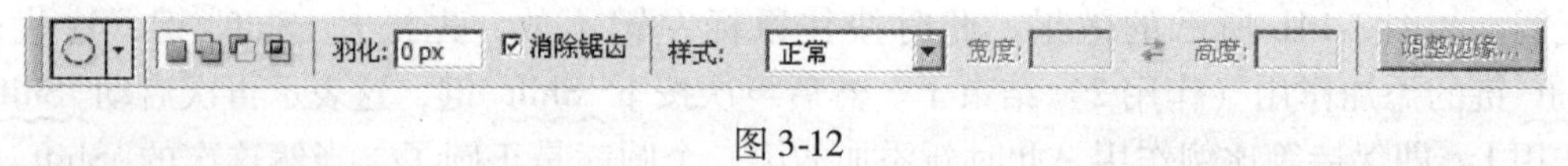

图 3-12

椭圆选区实例

步骤 1　按〖Ctrl + N〗键新建一个文件，大小为 640 × 480 像素。来创建一轮弯月的选区，过程要求使用快捷键来完成。

建立这个选区的思路是先画一个大正圆，再在大圆的左上角减去一个小正圆。这样就能达到目的。

步骤 2　首先绘制第一个大圆的选区，此时要全程按住〖Shift〗键，才能保持正圆，一旦松开就无效了。绘制完以后要先松开鼠标，再松开〖Shift〗键。形成如图 3-13 所示左侧的效果。

步骤 3　再按下〖Alt〗键切换到减去方式，在第一个圆的左上方画第二个圆。按下鼠标后〖Alt〗键可以松开而不必全程按着。然后再按下〖Shift〗键保持为正圆，其过程如图 3-13 第二步所示。完成后填充黄色就是第三步所示的效果了。

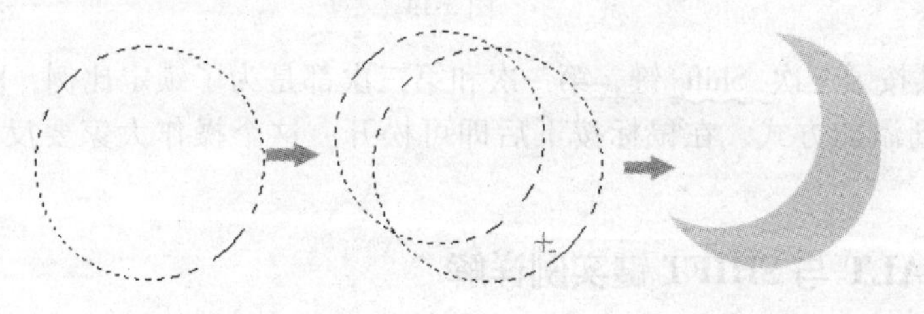

图 3-13

3.1.5 ALT 与 SHIFT 键的使用技巧

总结快捷键【Alt】与【Shift】的用法。因为这两个快捷键都同时有两种作用。为了便于记忆，把它们称为作用1和作用2。但是要注意的是：在没有选区的情况下只有一种作用，在已有选区的情况下才分为作用1和作用2。

【Alt】键作用1是从中点出发，作用2是切换到减去方式。

在没有选区的情况下，【Alt】键的作用就是从中点出发；在已有选区的情况下，【Alt】键的作用1就是切换到减去方式，作用2才是从中点出发。

【Shift】键作用1是保持等比例，作用2是切换到添加方式。

在没有选区的情况下，【Shift】键的作用是保持长宽比；在已有选区的情况下，【Shift】键作用1是切换到添加方式，作用2才是保持长宽比。

从中点出发和保持等比例（即作用1），都必须全程按住快捷键；切换到添加或减去方式（即作用2），只需要在鼠标按下前按住快捷键，鼠标按下后即可松开。

那么已有选区情况下的作用1和作用2又是怎么互相转换的呢？下面的实例就是通过快捷键绘制两个正圆的方法。

步骤 1 选择椭圆选框工具，持续按着【Shift】键画出第一个正圆，松手后形成如图3-14a所示的效果。

步骤 2 然后按下【Shift】键切换到添加方式，开始画第二个圆，此时这第二个圆还不是正圆。如图3-14b所示的效果。此时按住鼠标左键不放，先松开【Shift】键，这代表着【Shift】键的添加作用（作用2）结束了。然后再次按下【Shift】键，这表示再次启动【Shift】键的作用1，即保持等比例作用，此时新添加的第二个圆就是正圆了。当然这次的【Shift】键要全程按着不放。松开鼠标左键，再松开【Shift】键后形成如下图第三步的效果，达到如图3-14c的效果。

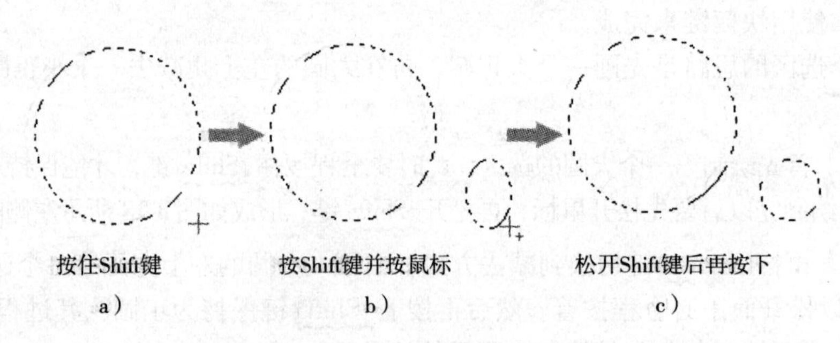

图 3-14

整个过程共按了三次【Shift】键，第一次和第三次都是为了锁定比例，因此要全程按着。第二次是切换到添加方式，在鼠标按下后即可松开。这个操作大家要反复练习以求熟练掌握。

3.1.6 利用 ALT 与 SHIFT 键实例详解

下面利用两个快捷键绘制一个圆环选区，如图3-15a所示。

我们先来分析一下绘制方法，这实际上就是先画一个大圆，再在其中减去一个小圆。就如同前面的月牙形选区绘制方法一样，只不过这一次是在中间减去。问题的关键是要保证两个圆是同心圆。否则这个圆环就不均匀了。

那如何确保两个圆心是完全一致呢？首先要确立一个基准点，然后两个椭圆选区都以这个点为中心来创建。确定基准点的方法有两种：使用网格进行辅助定位（即按快捷键〖Ctrl + "〗)，或者建立参考线。这里使用参考线。

选择【视图→标尺】命令或按〖Ctrl + R〗快捷键，图像窗口的上方和左方就会出现标尺。在标尺区域按下鼠标左键不放，向图像中拖动即可建立一条参考线，如图 3-15b 所示。如果需要更改参考线位置，可使用移动工具〖V〗在参考线上拖动以改变位置。

此外，可以从菜单【视图】中对参考线进行锁定、清除的操作。锁定后参考线就不能再移动，这样可以防止重要的参考线被误操作移动。不过即使误操作了也可以通过按〖Ctrl + Alt + Z〗快捷键来撤销。

而清除命令将删除图像中所有的参考线。

更方便的方法是利用移动工具〖V〗将参考线移出绘图区域也相当于删除，如图 3-15c 所示。这主要应用在针对单条参考线的删除上，如果参考线很多，要隐藏参考线则可以按〖Ctrl + ;〗快捷键。

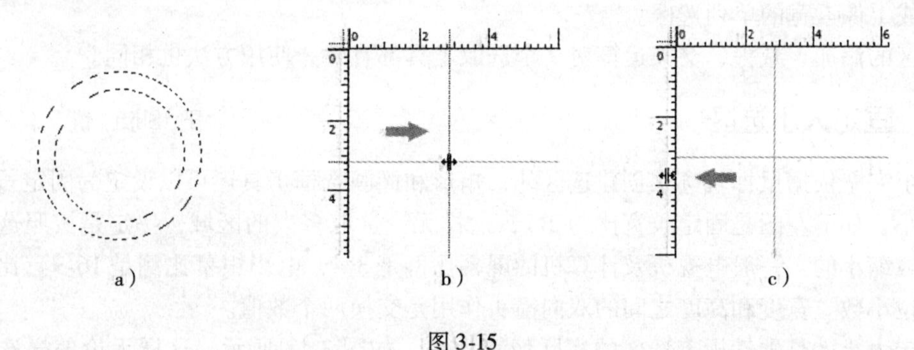

图 3-15

需要注意的是，建立参考线后，要让其发挥对齐作用，要注意菜单【视图】中的对齐功能是否打开，并且菜单【视图→对齐到】的项目中是否有“网格”及“参考线”。如图 3-16 椭圆区域处。两者中缺少一个，就无法使用对齐功能。

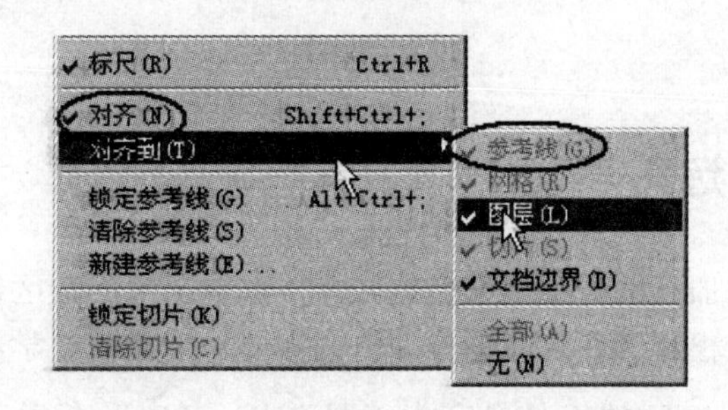

图 3-16

绘制圆环实例步骤：

步骤 1　按〖Ctrl + N〗快捷键新建一个文件，尺寸 640 × 480 像素，拖动水平和垂直两条参考线。

步骤 2 按〖Shift + M〗快捷键，执行椭圆选框命令，以参考线交叉点为起点，按住〖Alt〗和〖Shift〗键拖动鼠标，这样就创建了一个以起点为圆心的正圆选区。

请注意：〖Alt〗键一松一按的过程中鼠标按键不能松开。而完成的时候要先松开鼠标再松开〖Alt〗和〖Shift〗键，如果〖Alt〗键先松开，中点出发方式就无效。〖Shift〗键先松开就不能保证正圆。

步骤 3 先按下〖Alt〗键，切换到减去方式（作用 1），在圆心处按下鼠标，然后松开〖Alt〗键，此时减去方式仍然有效。然后再次按下〖Alt〗键，〖Alt〗键的作用 2 就发挥了，那就是从中点出发，同时再按下〖Shift〗键确保正圆。松开鼠标左键再松开按键，完成圆环选区。执行填充命令即可获得圆环图案。

3.1.7 单行单列选区

与矩形选框工具和椭圆选框工具组合在一起的还有单行选框工具 和单列选框工具 ，这两个工具较少用到，因此没有设置快捷键。它们的作用是选取图像中 1 像素高的单行选区或 1 像素宽的单列选区。

选区的添加、减去、交叉运算对 9 个选取工具都有效，使用方法也相同。

3.1.8 固定大小选区

除了完全依据鼠标轨迹来创建选区外，矩形和椭圆选框工具还可以设定为固定长宽比及固定大小。如下左图是固定长宽比为 2:1，这样无论选取多大的区域，一定是按照这个长宽比扩大或缩小的。一般电视机及计算机的屏幕比例是 3:4，电影银幕比例是 16:9。比例允许输入 3 位小数。宽度和高度之间的双向箭头作用是交换两个数值。

固定大小就是硬性规定选区的实际像素大小，如图 3-17 所示。这样无论怎样选都可以保证大小不变。

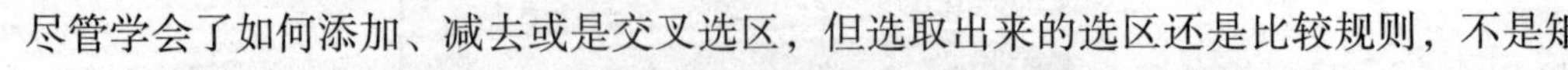

样式: 固定比例 宽度: 2 ⇄ 高度: 1　　样式: 固定大小 宽度: 250 px ⇄ 高度: 200 px

图 3-17

3.2 建立不规则选区

尽管学会了如何添加、减去或是交叉选区，但选取出来的选区还是比较规则，不是矩形就是圆形，这样的形状很难胜任实际图像编辑的需要。现在就要学习如何建立一个不规则形状的选区。建立不规则选区的工具是套索工具 、多边形套索工具 、磁性套索工具 、快速选择工具 、魔棒工具 等。前面三种是根据光标热点获得变化的选区，后面两种是根据颜色差别执行选择。

3.2.1 套索工具（〖L〗）

套索工具的使用方法，在屏幕上按下鼠标任意拖动，松手（或按回车键）后即可建立一个与拖动轨迹相符的选区。需要注意的是，如果起点与终点不同，系统会自动在两者间连接一线，如图 3-18 所示。如果不希望出现这样的情况，应尽量将起点与终点靠近。但套索工具不会提示是否重合。

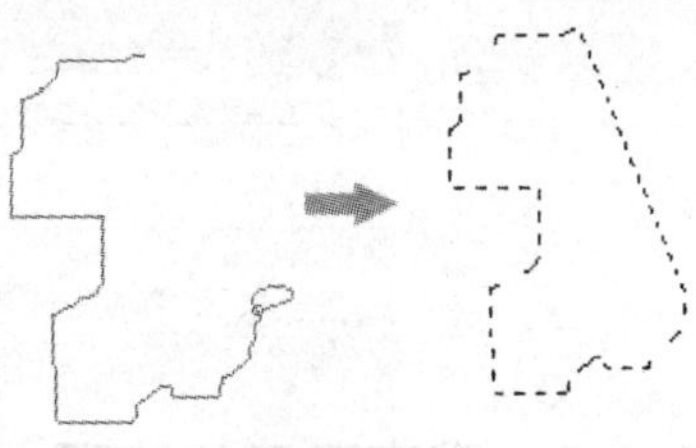
图 3-18

在选取过程中如果按下〖Esc〗键将取消本次选取。

有时候要选取的面积到达了图像的边缘，就要注意，为了保证图像的边缘完全被选中，最好是将图像窗口拉大一些，让四周留一些空白区域，然后套索工具可以在图像窗口的空余部分移动，即可保证完全选取了图像边缘部分。如图 3-19 所示的上图黑线就是鼠标在窗口空余处的轨迹，可以看到轨迹即使不规则也没关系，只要保持在图像边缘之外就好。

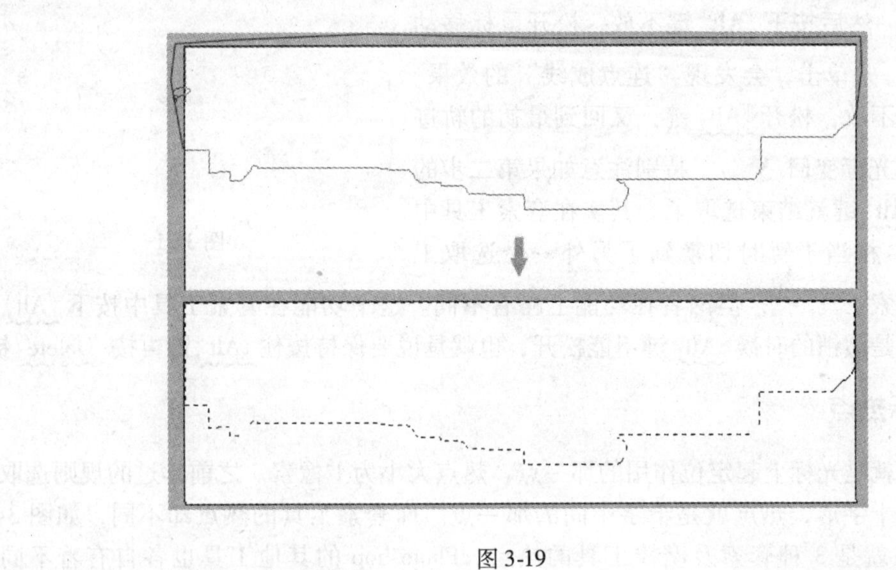
图 3-19

3.2.2 多边形套索（〖L〗）

与套索工具不同的是多边形套索是通过单击得到多个热点，热点相连而得到选区的方法。

多边形套索工具在选取过程中持续按住〖Shift〗键可以保持水平、垂直或 45° 角的轨迹方向。并且如果终点与起点重合会出现一个小圆圈样子的提示，如图 3-20 所示。此时单击就会将起点终点闭合而完成选取。而在终点起点没有重合的情况下，可以按下回车键或直接双击完成选取。这样起点终点之间会以直线相连。

请注意：在多边形套索选取过程中可以按〖Delete〗键或〖Backspace〗键撤销前一个热点，可一直撤销到第一个热点而取消选区。

在选取过程中如果按下〖Esc〗键也将取消本次选取，而按〖Delete〗键或〖Backspace〗键可以逐个撤销采样点。

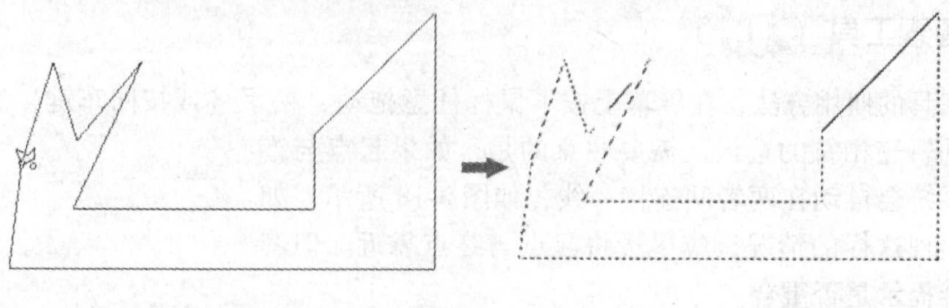

图 3-20

3.2.3 套索工具的技巧

套索工具有一种特殊的使用方法就是按住〖Alt〗键，这时就不再以移动轨迹作为选区，而是在单击的点间连直线形成选区。并且在选取过程中可以任意切换，如图 3-21 所示。先是正常的拖动（光标为 ）。然后按下〖Alt〗键不放，松开鼠标移动（光标为 ）并单击，会发现“连点成线”的效果。最后按下鼠标不放，松开〖Alt〗键，又回到最初的轨迹选取方式了（光标变回 ）。特别注意如果第二步的时候先松开〖Alt〗键就结束选取了。其实在套索工具中按下〖Alt〗键，相当于暂时切换到了另外一个选取工具：多边形套索工具 ，但两者在功能上略有不同。这个功能在套索工具中按下〖Alt〗键后也有效，但是撤销的时候〖Alt〗键不能松开，也就是说要保持按住〖Alt〗键再按〖Delete〗键。

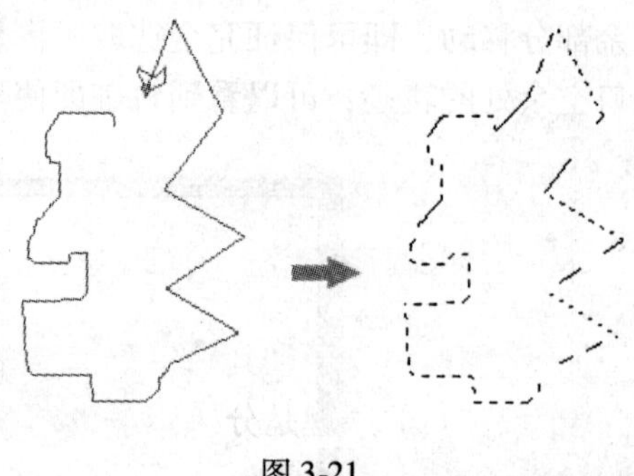

图 3-21

3.2.4 光标热点

所谓热点就是光标上起定位作用的那一点，热点大小为 1 像素。之前学过的规则选取工具的光标都是十字形，热点就是十字中间的那一点。而套索工具的热点却不同，如图 3-22 所示，红色点就是 3 种套索及魔棒工具的热点。Photoshop 的其他工具也各自有着不同的热点。

明确热点的位置对于选区的建立及修改很重要。如果不注意的话，选区的位置可能和你想象中的要差近 10 个像素，这对于一些细节部分来说是很大的差距了。

虽然套索工具有着各种各样的热点，但 Photoshop 提供了一种精确光标方式，可以简单明了地指明热点。切换到精确光标方式的方法是按下大小写转换键〖CapsLock〗，按下后注意光标变为 ，中间的点就是热点。

Photoshop 工具栏中主要的绘图工具和选取工具都可以切换到精确光标。可以在首选项的显示与光标项目〖Ctrl + K〗中选择预设，如图 3-22 所示。大家可以自行试验各种选项的效果，比如把绘画光标改为精确，

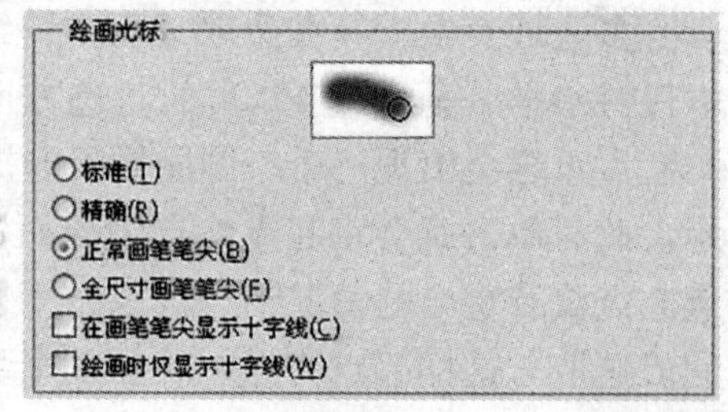

图 3-22

那么画笔工具就不显示笔刷大小轮廓，而只显示一个十字形。建议使用下图中Photoshop的默认设置“正常画笔笔尖”，也可以再选上“在画笔笔尖显示十字线”，这样画笔光标就同时具有轮廓大小和精确定位的功能。

3.2.5　磁性套索工具（〖L〗）

如果要创建一些“部分规则部分不规则”的选区，比如打开本书附带光盘\第3章\“海景.jpg”文件，要将天空部分划为选区，难点在于山体与天空的交界处那些“不规则”的线路。在这种情况下用套索工具或多边形套索很难派上用场，稍不注意就前功尽弃，所以使用磁性套索工具来完成。

选择磁性套索工具，在山体中部某一点单击，然后沿着山体的边缘移动。会看到一条线路沿着山体大致的方向在逐渐创立。即使光标的热点并不是准确地沿着山体移动，创建出来的线路却好像了解我们想法似的自动对齐着山体。

现在按下〖Esc〗键取消。然后看一下选项栏的设定。如图3-23所示。

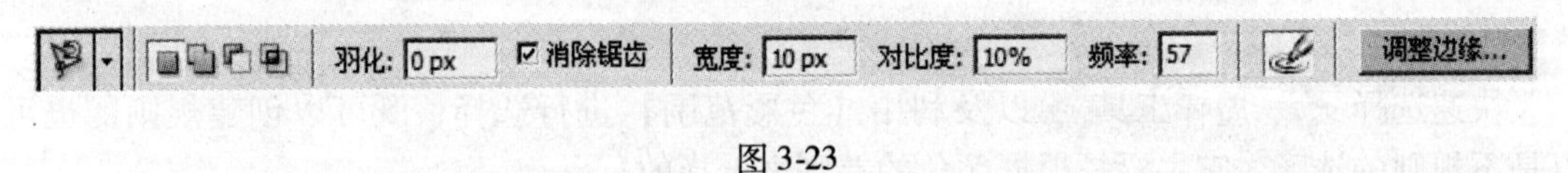

图3-23

选项栏中除了和其他工具相同的一些选项之外，宽度、对比度、频率是与众不同的。磁性套索工具的原理是分析色彩边界，它在经过的道路上找到色彩的分界并把它们连起来形成选区。

将磁性套索工具切换到精确光标方式（〖CapsLock〗），此时光标会变为一个中间带十字的圆圈。选取过程中十字应该尽可能贴近色彩边缘。如果没有完全贴紧色彩边缘，只要误差在一定的范围内，磁性套索工具还是能够找到边缘。这个误差范围就是十字周围圆圈的大小，即选项栏中的宽度。宽度越大容错（允许的误差）范围越大，快捷键是〖[〗和〖]〗，注意一定要在英文输入法状态下。如果超出了容错范围，磁性套索工具就无法准确地沿着正确的色彩边缘前进。

线路上的小方块是采样点，它们的数量可以通过选项栏中的频率来调整，频率越大采样点越多。如果色彩边缘较为参差不平就适合较高的频率。本例要选取的山体边缘比较平缓，只需要30～50就足够了。

在选取过程中采样点是自动产生的，在图像中某些拐角过大的地方可能不能正确产生采样点。这时可以通过单击手动增加采样点。

按〖Delete〗键或〖Backspace〗键可以逐个撤销采样点。选取过程中按下〖Esc〗键将取消本次选取。

一般把宽度设置在5～10左右是比较好的。

现在将磁性套索宽度设为7像素，对比度10%，频率50，画出选区。在图像以外的部分移动的时候可以单击增加控制点。完成后的选取效果不是很完美，如图3-24所示。

这时需要小范围修补选区。在修补选区的时候要注意，无论是添加还是减去一个区域，都需要做出完整区域而不能只是一条线。

图 3-24

请注意：常见的操作 Photoshop 作图的姿势，就是一边手拿鼠标，另一边手放在键盘上时刻切换快捷键。

3.3 建立颜色相近选区

快速选择、魔棒工具以及利用【色彩范围】进行选择，既可以创建规则的也可以是不规则的选区，它主要是根据颜色的差别来选择的。

3.3.1 魔棒工具（M）

打开本书附带光盘\第 3 章\“色块 .jpg”文件，如图 3-25 所示，现在要求把其中蓝色的部分选中。此时前面所说的几种选取工具都很难派上用场了。

图 3-25

Photoshop 中的选取工具从性质上来说分为两类，一类是前面一直在学习的轨迹选取方式，还有一类就是现在要接触的颜色选取方式。

按 W 键选择魔棒工具，注意选项栏设置如图 3-26 所示。使用它在一个蓝色的方块上单击一下，就会看到这个蓝色方块被选中了。这就是魔棒工具的效果，它利用颜色的差别来创建选区。以热点的像素颜色值为准，寻找容差范围内的其他颜色像素，然后把它们变为选区。

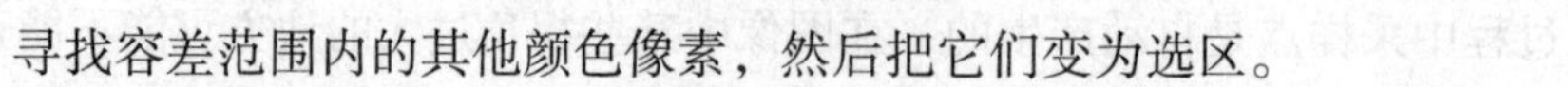

容差: 32 ☑消除锯齿 ☑连续 ☐对所有图层取样 调整边缘...

图 3-26

所谓容差范围就是色彩的包容度。容差越大，色彩包容度越大，选中的部分也会越多。反而反之。

有关容差不同造成的选取范围不同，可以从下面的例子看出，注意图中有一个两个相邻的红色与粉红色方块，现在用默认的容差 32 与容差 70 去选取红色，结果如图 3-27 所示。可以看到越小的容差对色彩差别的判断就越严格，即使两个看起来很接近的颜色也未必会被选择。而当容差增大以后，就可以包含更多的颜色。

选区的运算方式是相同的，魔棒工具也不例外，如果要选中多个蓝色方块，就可以按住〖Shift〗键切换到添加方式，然后逐个单击蓝色方块。但这样还是比较麻烦，因为数量越多操作的次数也就越多。

注意选项栏中的“连续”选项，现在将它关闭，然后用魔棒工具点选任意一个蓝色，会看到图像中全部的蓝色方块都被选中了。如图 3-28 所示。虽然没有改小容差，但由于蓝色与红色及粉红色差别很大，因此即使为 70 也不用担心。

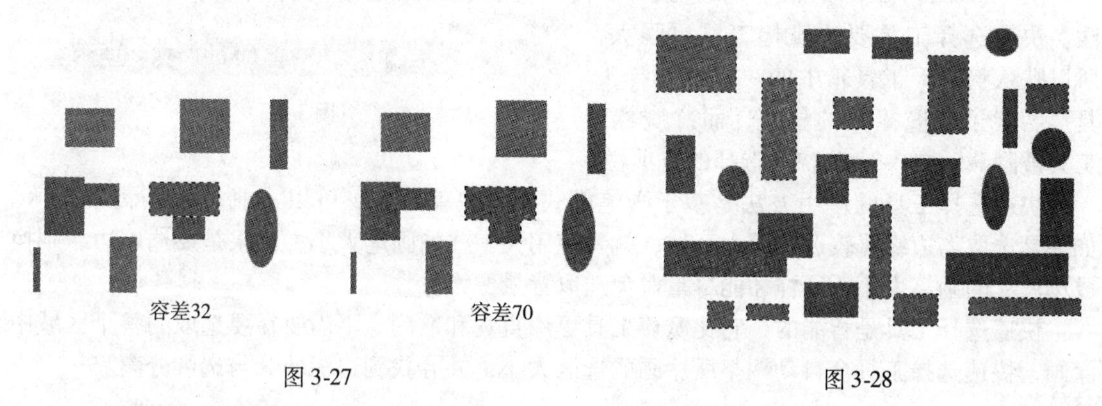

图 3-27　　图 3-28

3.3.2　巧妙利用魔棒选择

在创建选区的时候，要学会考虑多种方法。

方法① 比如要创建如图 3-29 所示的选区，除了中间一个蓝色块以外，将其余的蓝色方块都选中。如果简单用魔棒工具的添加方式则需要选取 10 次达到目的。

实际上魔棒工具只需要单击两下就可以了，并且这两下可以都在同一个地方单击。具体方法是先关闭“连续”选项，然后单击中间的那个蓝色方块，此时全部蓝色方块被选中。然后打开“连续”选项，切换到减去方式再单击这个蓝色方块即可达到目的。

方法② 如果要选择图中所有的色块，如图 3-30 所示，也可以通过两步完成。方法是将容差设为 70 或更大，然后关闭“连续的”选项，单击任意一个红色方块，由于容差大，红色和粉红色方块都被选中了。但蓝色方块与红色差异较大因此还未选中，因此按住〖Shift〗键再单击一个蓝色方块即可完成。

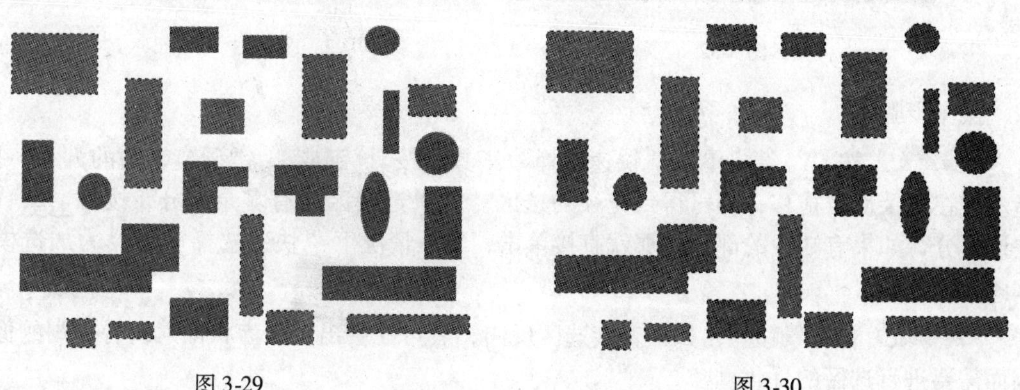

图 3-29　　图 3-30

方法 3 除了上述“正向思维”以外，也可以使用“逆向思维”来旋择。那就是用魔棒工具点选白色背景部分，然后按〖Shift + Ctrl + I〗快捷键，反选的效果相当于把原先选中的部分变为未选中，而未选中的部分变为选中。反选还有一个快捷键是〖Shift + F7〗，或者在选区工具下，单击鼠标右键，弹出的菜单中选择“选择反向”即可。

3.3.3 快速选择工具

从 Photoshop CS3 增加的“快速选择工具”功能强大，给用户提供了非常方便的选择方法。快速选择工具要比魔棒工具更强大，所以默认状态下工具箱中的“快速选择工具”替代了“魔棒”的位置，而“魔棒”工具被隐藏。图 3-31 为快速选择的选项栏。

图 3-31

快速选择工具的使用方法是基于画笔模式的。也就是说，可以“画”出所需的选区。如果是选取离边缘比较远的较大区域，就要使用大一些的画笔大小；如果是要选取边缘则换成小尺寸的画笔大小，这样才能尽量避免选取背景像素。

快速选择工具是智能的，它比魔棒工具更加直观和准确。不需要在要选取的整个区域中涂画，快速选择工具会自动调整所涂画的选区大小，并寻找到边缘使其与选区分离。

3.3.4 快速选择实例

打开本书附带光盘\第 3 章\“百合花 . jpg”文件，如图 3-32 所示。利用快速选择工具保留内部的花朵，将背景更换为绿色，如图 3-33 所示。

图 3-32

图 3-33

操作步骤：

步骤 1 按〖W〗键或单击“快速选择”工具，按〖[〗键或〖]〗键调整笔头的大小，按鼠标左键在花朵部位拖移，即可得到花朵的选区。如果选择区域有多余部分，按住〖Alt〗键减去该部分，如果有缺少的部分，那就直接单击，默认情况下“快速选择”工具为加选模式，如图 3-34 所示。

步骤 2 将背景移除，如果直接选区反向，有可能会出现锯齿状像素或者模糊的像素。因而需要进行选区的优化。

单击“快速选择”选项栏中“调整边缘”，打开如图 3-35 所示的对话框。通过对话框可以对所做的选区做精细调整，可以控制选区的半径和对比度，可以羽化选区，也可以通过调节光滑度来去除锯齿状边缘，同时并不会使选区边缘变模糊，以及以较小的数值增大或减小选区大小，如图 3-35 所示。

图 3-34

图 3-35

在调整这些选项时，可以实时地观察到选区的变化，从而在应用选区之前确定所做的选区是否精准无误。如果觉得选区已经优化得不错，就可以单击“确定”按钮，接受选区。

步骤 3　在选区内单击鼠标右键并选择“选择反向”，然后调整前景色为绿色，按〖Alt + Delete〗快捷键执行填充，取消选区，得到如图 3-33 所示的效果。

3.3.5　色彩范围选择

色彩范围命令是一个利用图像中的颜色变化关系来制作选择区域的命令。如同一个加强的魔棒工具，除了用色彩的差别来确定选区以外，还可以利用选区的加减、相似命令以及基准色选择等功能。

打开本书附带光盘 \ 第 3 章 \ “蓝色蝴蝶 . jpg” 文件，然后单击【选择→色彩范围】命令，弹出如图 3-36 所示的对话框。当鼠标移动到图像预览区域时，变为一个吸管样式，在预览区单击，利用颜色容差的大小来确定选区，选择的变为白色，其余的为黑色。单击“确定”按钮后可以看到如图 3-37 所示的选区效果。

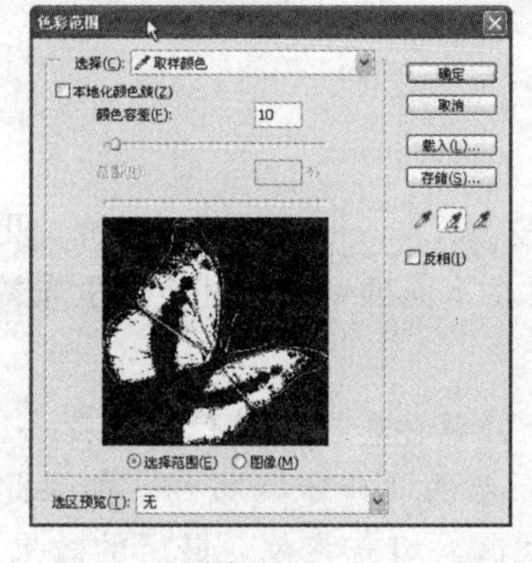

图 3-36

图 3-37

在色彩范围对话框中，对应项目的作用分别是：

（1）选择：默认为“取样颜色”，此时可用吸管工具组的按钮，在图像预览或图像中取样。单击，以新的颜色取样作为选区；单击，添加新取样到选区；单击，从选区中减去新取样颜色。其他的选择选项表相应的颜色为色彩范围。

（2）颜色容差：容差越小，能够选择的色彩范围越小。其范围在0~200之间。

（3）选择范围/图像：在选择范围时，预览窗口以黑白图像显示，白色表示被选区域。当在图像时，预览窗口显示彩色图像。

（4）选区预览：选择所需的预览方式。

3.3.6 色彩范围选择实例

现在选择蝴蝶的蓝色部分，目的是将其改变为紫色的蝴蝶。而图3-37所示的图像中的选区显然不符合要求。取消选区，重新操作。

操作步骤：

步骤 1 打开本书附带光盘\第3章\“蓝色蝴蝶.jpg”文件，执行【选择→色彩范围】，在弹出的对话框中设置颜色容差为80，在图像预览区或图像中利用吸管工具对色彩取样。注意使用添加到取样多次选择，直到达到如图3-38所示的效果。单击“确定”按钮，得到选区如图3-39所示。

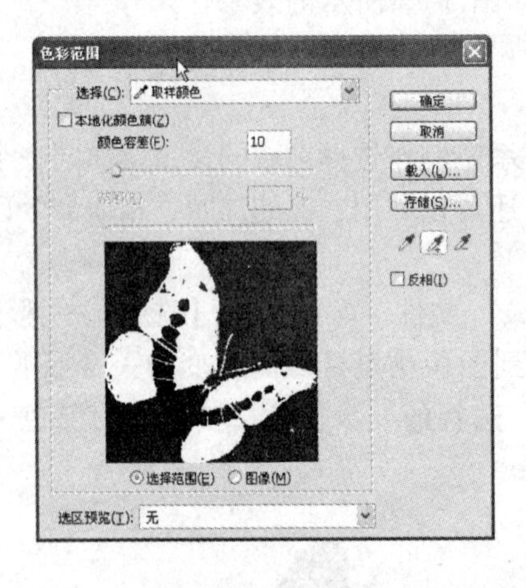

图3-38

图3-39

步骤 2 新建图层1，调整前景色为紫色，按【Alt + Delete】快捷键填充，更改图层混合模式为“颜色”。这里的图层和图层模式内容将在下面的章节讲述。这里先暂时应用一下。得到如图3-40所示的效果。

步骤 3 仔细观察会发现部分白色区域还有浅蓝色，再次执行【选择→色彩范围】命令，修改颜色容差为30，选择亮部的浅蓝色，单击“确定”按钮。如果此时选区太多，可执行较小的羽化，然后再减去不需要的选区，填充紫色。最后的效果如图3-41所示。

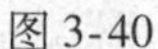
图 3-40

图 3-41

3.4　柔化选区边缘

可以通过消除锯齿和羽化来平滑硬边缘。

3.4.1　锯齿现象

使用椭圆选框工具，分别关闭和打开消除锯齿，创建两个差不多大的正圆形选区，然后填充黑色。效果如图 3-42a 所示。

仔细观察这两个圆的边缘部分，就会看到第一个圆的边缘较为生硬，有明显的阶梯状，也叫锯齿。而第二个圆相对要显得光滑一些。在前面我们知道产生锯齿的原因是点阵图像的特性导致的。

按鼠标中间滚轮，将图像放大到如图 3-42b 所示的效果。可以看到第二个圆其实也有锯齿，但是锯齿的边缘变得柔和了，有一种从黑色到背景白色的过渡效果，因此看起来比第一个圆显得光滑一些。这就是消除锯齿的效果了。

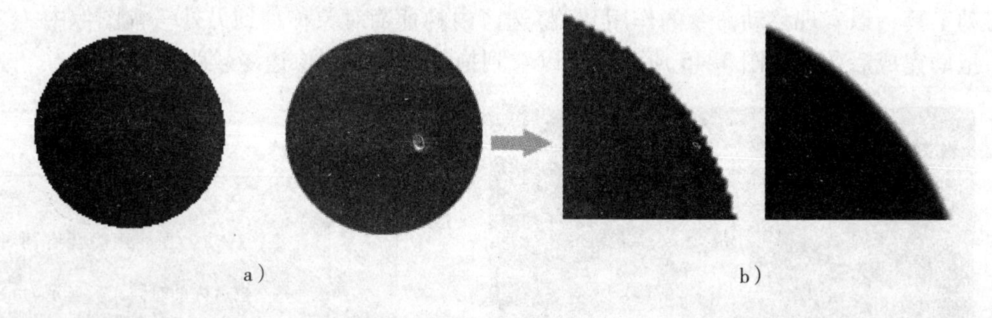

a)　　　　b)

图 3-42

3.4.2　羽化效果

羽化选项起到柔化边缘的作用。现在使用椭圆选框工具，将羽化设为 0 和 5，依次创建出两个正圆选区，然后按〖Alt + Delete〗快捷键填充前景色黑色，不要取消选区，效果如图 3-

43a 所示。从图 3-43b 中看到使用了 5 像素的羽化后，填充的颜色不再是局限于选区的虚线框内，而是扩展到了选区之外并且呈现逐渐淡化的效果。

放大后可以看到，这个淡化的效果以选区的虚线为中心，同时向选区内部和外部延伸，如图 3-43c 所示。

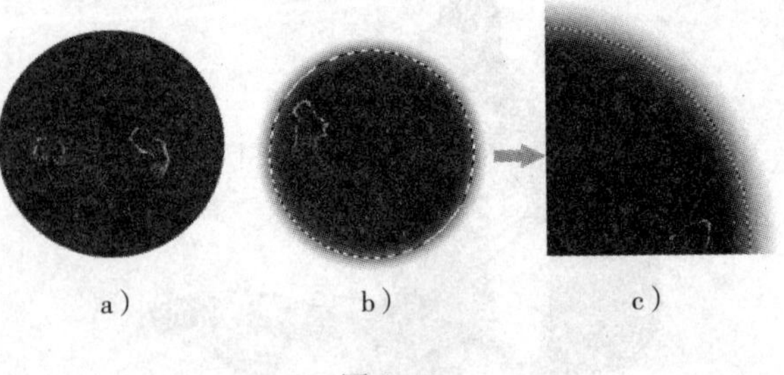

图 3-43

羽化选项的作用就是虚化选区的边缘，这样在制作合成效果的时候会得到较柔和的过渡。现在通过两个图像的合成观察羽化的作用和效果。

步骤 1 在 Photoshop 中打开本书附带光盘 \ 第 3 章 \ “树林 . jpg” 和 “葡萄 . jpg” 两图，如图 3-44 所示。

图 3-44

步骤 2 将羽化设置为 0，使用套索工具将中间的葡萄大致地选择，然后按快捷键〖V〗或者在工具箱中选择移动工具（处在选区工具创建选区后，按下〖Ctrl〗键可以临时切换到移动工具，以实现移动命令的作用），将选区内的葡萄对象移动到另外一幅图像中。

拖动完成后效果如图 3-45 所示。可以看到拖动过来的图像边缘较为生硬。

图 3-45

请注意：移动工具使用时会有两种状况，一种是在选区内的时候光标显示为 ，表示拖动选区内的图像，如果在选区之外光标显示为 ，此时将会拖动整个图像。应看清楚以避免误操作。

Photoshop 支持在打开的图像之间直接拖动内容，拖动的起始图像称为源图像，拖动到的图像称为目标图像，其操作步骤为：

1. 打开源图像文件，在源图像中创建一个选区或者选择整个图像。

2. 按快捷键〖V〗移动工具命令，拖移对象到目标图像文件标签处，继续拖移鼠标到目标文件图像中，即可完成复制。

步骤 3 现在按〖F12〗键恢复目标图像到原始状态（也可以按〖Ctrl + Alt + Z〗快捷键逐步回退到最初状态）。然后切换到原图像，也按〖F12〗键恢复。

〖F12〗键是将图像恢复到上一次保存后的状态。

步骤 4 将羽化设置为 5，再重复上面的过程。可以看到这次拖动到目标图像中的葡萄边缘显得柔和得多，如图 3-46 所示。

虽然选区工具在选项栏中提供了直接的羽化选项，但不建议直接使用它。因为这样做出的选区羽化效果如果不满意，撤销一步按〖Ctrl + Alt + Z〗快捷键后选区将消失。更改羽化数值后要重新创建选区。因此建议选取的时候都将羽化设置为 0，在完成后使用菜单【选择→修改→羽化】或〖Shift + F6〗快捷键，或单击右键（使用选取工具或裁切工具前提下）在出现的菜单中选择“羽化”，将会出现如图 3-47 所示的羽化设置对话框。这时输入数值后回车即可。

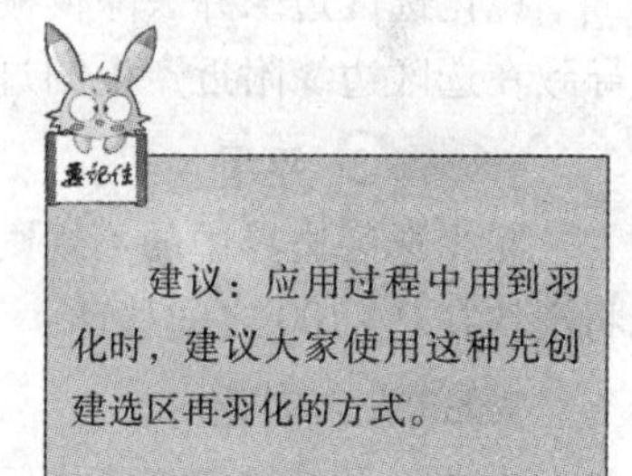

建议：应用过程中用到羽化时，建议大家使用这种先创建选区再羽化的方式。

这样做的好处是如果发现羽化的程度不满意，可以撤销一步按〖Ctrl + Alt + Z〗快捷键后重新设置羽化数值，而不会导致原先的选区消失。

设置羽化后，选区虚线框可能会缩小并且拐角会变得平滑。如果输入的羽化的数值过大，可能会出现一个警告，同时选区虚线消失，如图 3-48 所示。因此，对于羽化值需要根据图像大小合理设置。

图 3-46

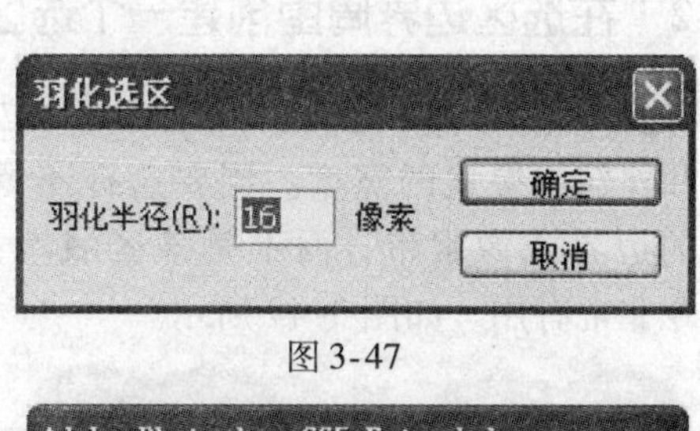

图 3-47

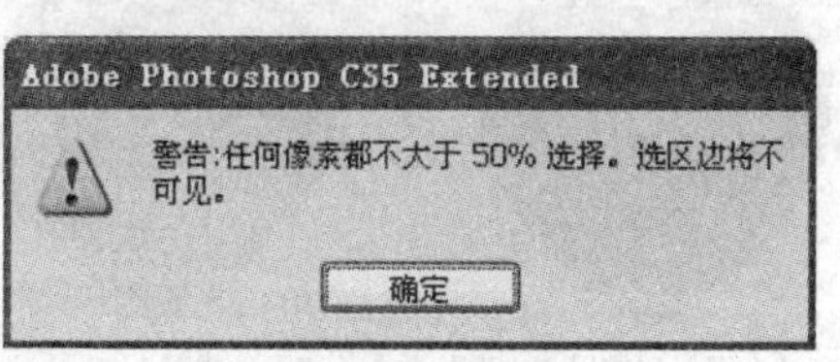

图 3-48

3.5 选区的修改和变换

3.5.1 调整边缘

“调整边缘”选项可以提高选区边缘的品质并允许您对照不同的背景查看选区以便轻松编辑。

使用任一选择工具创建选区。

单击选择工具选项栏中的“调整边缘”，或选择【选择→调整边缘】以设置用于调整选区的选项：

设置① 半径

决定选区边界周围的区域大小，将在此区域中进行边缘调整。增加半径可以在包含柔化过渡或细节的区域中创建更加精确的选区边界，如短的毛发中的边界，或模糊边界。

设置② 对比度

锐化选区边缘并去除模糊的不自然感。增加对比度可以移去由于“半径”设置过高而导致在选区边缘附近产生的过多杂色。

设置③ 平滑

减少选区边界中的不规则区域（“山峰和低谷”），创建更加平滑的轮廓。输入一个值或将滑块在 0 ~ 100 之间移动。

设置④ 羽化

在选区及其周围像素之间创建柔化边缘过渡。输入一个值或移动滑块以定义羽化边缘的宽度（从 0 到 250 像素）。

设置⑤ 移动边缘

收缩或扩展选区边界。输入一个值或移动滑块以设置一个介于 0 ~ 100% 之间的数以进行扩展，或设置一个介于 0 ~ －100% 之间的数以进行收缩。这对柔化边缘选区很有用，收缩选区还有助于从选区边缘移去不需要的背景色。

3.5.2 在选区边界周围创建一个选区

“边界”命令可让您选择在现有选区边界的内部和外部的像素的宽度。当要选择图像区域周围的边界或像素带，而不是该区域本身时，此命令非常有用。如图 3-49 所示。

要记住

请注意：边界命令得到的新选区将以原始选定区域为中心，分别向内外扩展设置的像素值的一半而得到新的选区。例如，若边框宽度设置为 20 像素，则会创建一个新的柔和边缘选区，该选区将在原始选区边界的内外分别扩展 10 像素。

原始选区（左图）和使用“边界”命令（值为10像素）之后的选区（右图）

图 3-49

操作步骤：

步骤 1 按〖Ctrl + O〗快捷键，打开本书附带光盘\第 3 章\“红心.jpg”文件，利用魔棒和反选建立选区。

步骤 2 执行【选择→修改→边界】命令。输入一个像素值 10，然后单击“确定”按钮，得到如图 3-49（右图）所示的效果。如果再设置前景色为黄色并填充，可以得到较为漂亮的效果。

3.5.3　选区修改实例

下面利用【全选】命令、【扩边】命令、【扩展】命令、【羽化】命令，以及按〖Delete〗键对图像边缘雾化处理。

操作步骤：

步骤 1 打开本书附带光盘\第 3 章\“树林.jpg”，执行【选择→全部】命令，或按〖Ctrl + A〗快捷键，选择所有图像。如图 3-50 所示。

步骤 2 执行【选择→修改→边界】命令，在弹出的对话框中，宽度输入 60 像素，如图 3-51 所示。

图 3-50

图 3-51

步骤 3 执行【选择→修改→扩展】命令，在弹出的对话框中，扩展量输入 18 像素，如图 3-52 所示。

步骤 4 执行【选择→修改→羽化】命令，或按〖Shift + F6〗快捷键，羽化半径 30 像素，如图 3-53 所示。

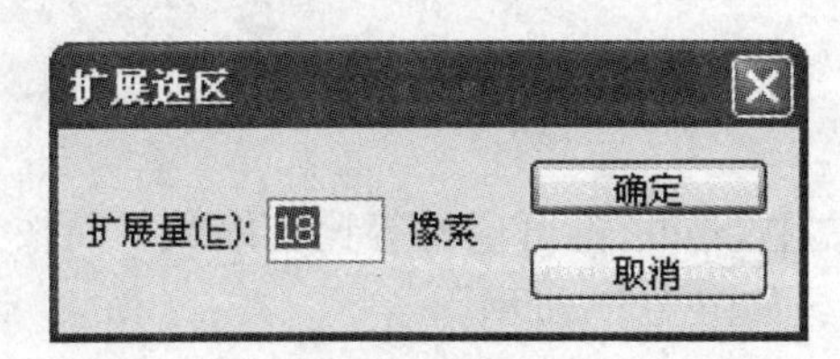

图 3-52

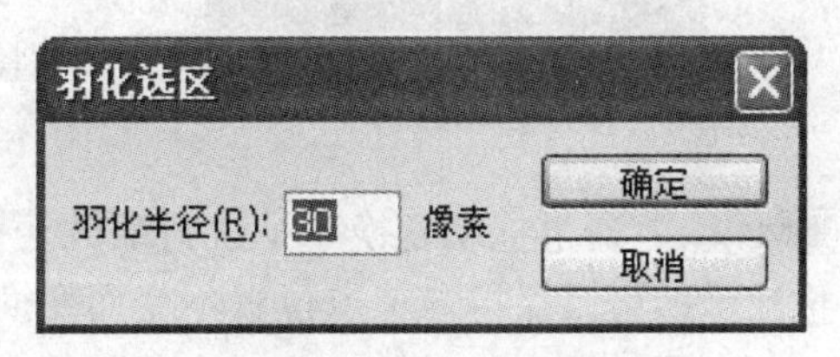

图 3-53

步骤 5 按【Delete】键执行删除命令，连续删除两次以后得到如图 3-54 所示的效果。

图 3-54

3.5.4 选区的变换

变换选区命令用于对已有选区做任意形状的变换。

打开本书附带光盘/第 3 章/“圆月 .jpg”文件，创建椭圆选区，选择【选择→变换选区】命令或者处在选择工具时单击鼠标右键，在弹出的菜单中选择“变换选区”命令，选区周围会出现一个带有控制点的变换框，如图 3-55 所示。

变换可以有一系列的操作，比如旋转、缩放、斜切、扭曲和透视等。可以通过选项栏进行调整变换类型，如图 3-56 所示。也可以用键盘快捷键，在变换类型之间进行切换。

图 3-55

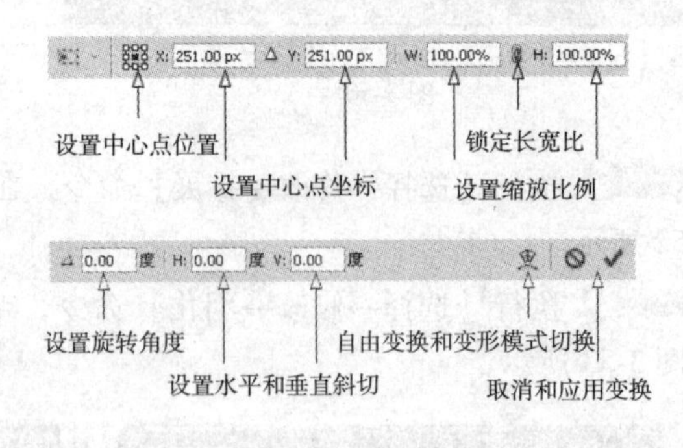

图 3-56

操作 1 通过拖动变换手柄进行缩放，按住【Shift】键可保持等比例缩放，而按住【Alt】键并拖动手柄可以保持参考点位置不变而变换，如图 3-57 所示。

操作 2 通过选项栏设置缩放比例，在选项栏的“宽度”和“高度”文本框中输入百分比。单击“链接”图标可以保持长宽比，如图 3-58 所示。

操作3 通过拖动手柄进行旋转，将指针移到定界框之外（指针变为弯曲的双向箭头），然后拖动。按〖Shift〗键可将旋转限制为按 15°增量进行，如图 3-59 所示。

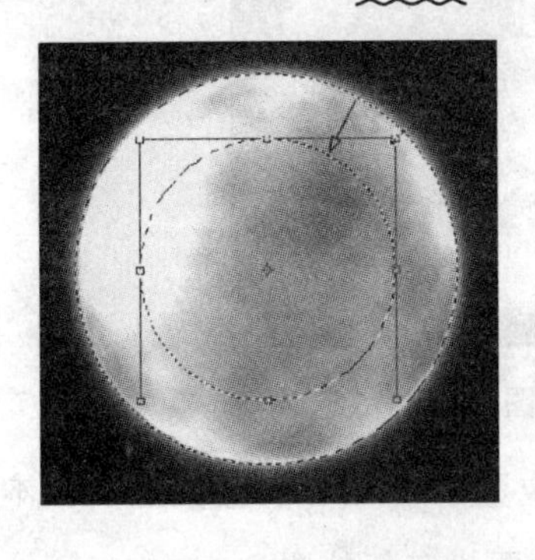

图 3-57

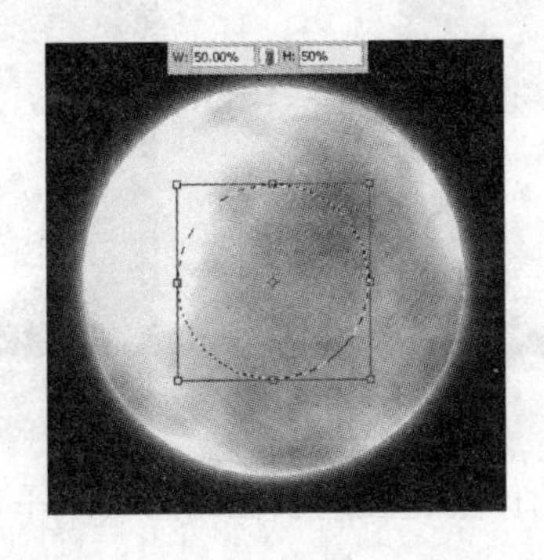

图 3-58

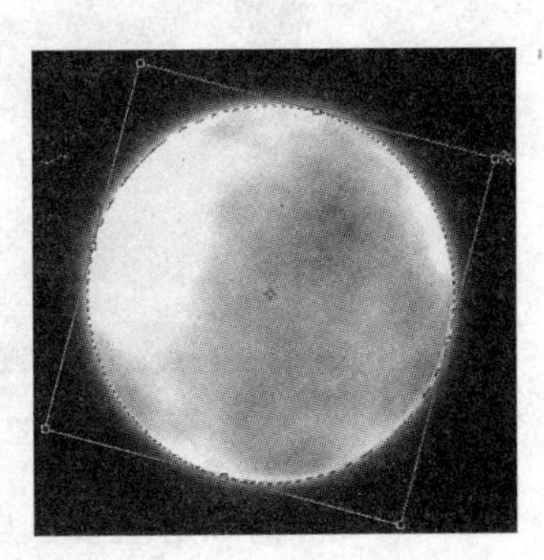

图 3-59

操作4 根据输入的角度值进行旋转，在选项栏的“旋转”文本框 △ 中输入度数。

操作5 自由扭曲，按住〖Ctrl〗键并拖动手柄，即可实现如图 3-60 所示的扭曲变形。

操作6 斜切，按住〖Ctrl + Shift〗组合键并拖动边手柄。当定位到边手柄上时，指针变为带一个小双向箭头的白色箭头。

> 重要说明：当变换位图图像时（与形状或路径相对），每次提交变换时它都变得略为模糊。因此，在应用渐增变换之前执行多个命令要比分别应用每个变换更可取。

如果在选项栏的 H（水平斜切）和 V（垂直斜切）文本框中输入参数，则会根据参数角度得到斜切变换，如图 3-61 所示。

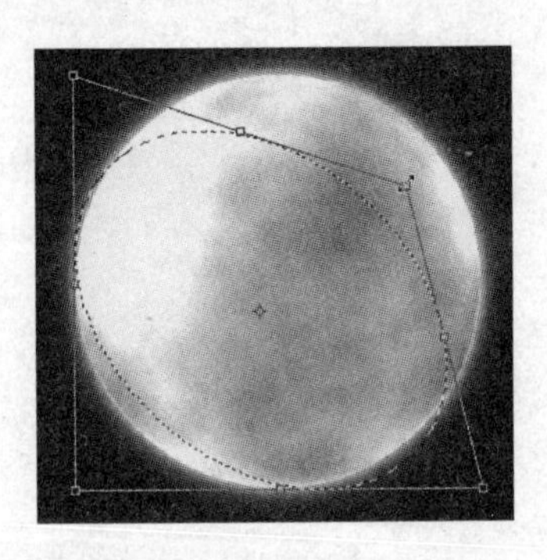

图 3-60

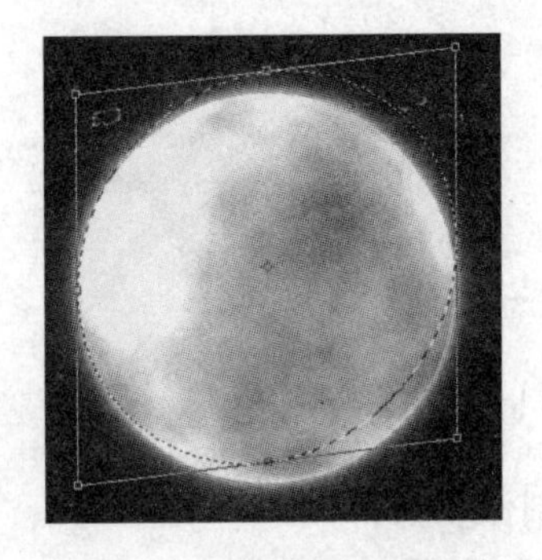

图 3-61

操作7 应用透视，按住〖Ctrl + Alt + Shift〗组合键并拖动角部的手柄。当放置在角部手柄上方时，指针变为灰色箭头。移动该手柄，可以得到如图 3-62 所示的透视变换。

操作8 变形，单击选项栏中的“在自由变换和变形模式之间切换”按钮。拖动控制点以变换项目的形状，或从选项栏中的“变形”弹出式菜单中选取一种变形样式。从“变形”弹出式菜单中选取一种变形样式之后，可以使用方形手柄来调整变形的形状，如图 3-63 所示。

操作9 更改参考点，单击选项栏中参考点定位符上的方块，黑色代表参考点所在位置，可以用鼠标左键在其余八个点单击，相应位置即为新的变形中心点。

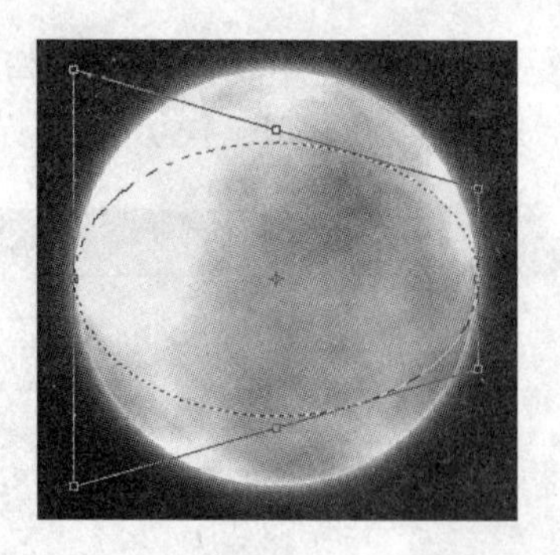

图 3-62

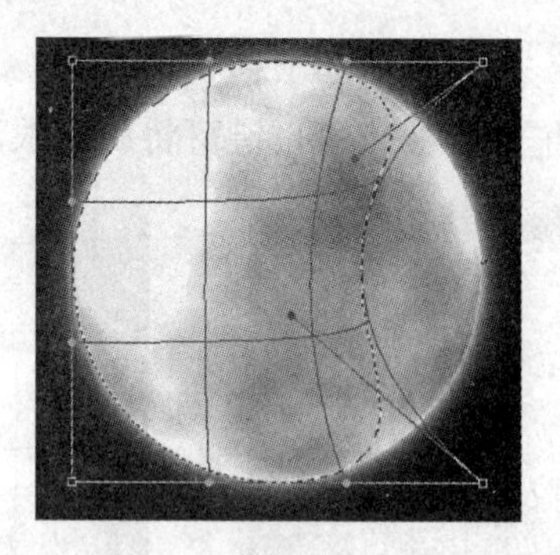

图 3-63

操作 10 精确定位参考点的位置，在选项栏的 X（水平位置）和 Y（垂直位置）文本框中输入参考点的新位置的值。单击按钮 △ 可以相对于当前位置指定新位置。

操作 11 确认变换可以按回车键或单击选项栏中的“提交”按钮 ✔ 或者在变换选框内双击鼠标左键。

操作 12 取消变换，请按〖Esc〗键或单击选项栏中的“取消”按钮 ⊘。

3.5.5 选区变换的实例

打开本书附带光盘 \ 第 3 章 \ “风车 . psd” 文件，利用选区的变换和填充来制作该图案。如图 3-64 所示。

图 3-64

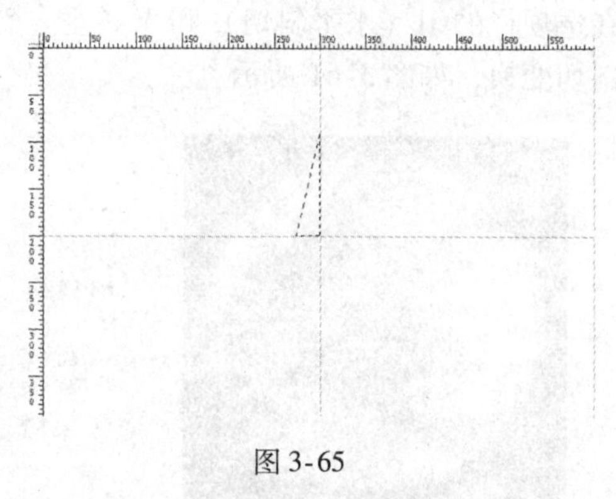

图 3-65

制作步骤：

步骤 1 新建一个文件，尺寸 600 × 400 像素，按〖Ctrl + R〗快捷键打开标尺，建立水平和垂直两条参考线，如图 3-65 所示。

步骤 2 利用多边形套索工具，在如图 3-65 所示的位置创建一个三角形选区，注意要合理使用〖Shift〗键。按〖Alt + Delete〗快捷键填充蓝色前景色。

步骤 3 在选区工具下，移动鼠标到选区内单击右键选择“变换选区”，此时选区周围出现八个控制点，在中央有一个圆形的中心点。查看选项栏，看到图标 ▦，当前的参考点就是黑色的那个位置，而参考点的意义就是在变换选区时的旋转中心，用鼠标左键单击其余的八个点可以任意改变参考点的位置，本例需要转移到 ▦ 位置。然后在选项栏的角度位置处输入 90，即可旋转 90°，回车确认变换，再次填充蓝色前景色，如图 3-66 所示。

步骤 4 同理得到其余的两个，如图 3-67 所示。

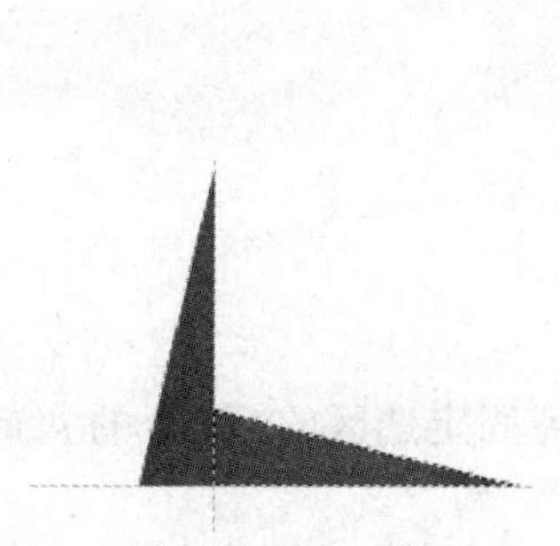

图 3-66

图 3-67

步骤 5 继续变换选区，旋转角度为 45°，然后选择红色填充，同理继续旋转 90°填充绿色、黄色、紫色，完成最终的图案。在变换选区时，变换中心即参考点的改变可以通过鼠标左键移动到相应位置，可以不是步骤 3 中的那八个点。

3.6 选区的存储及载入

如果需要把已经创建好的选区存储起来，方便以后再次使用。那么就需要存储选区和载入选区的操作。

创建选区后，直接单击鼠标右键（限于选取工具）出现的菜单中就有“存储选区”项目，也可以执行【选择→存储选区】。弹出一个名称设置对话框，如图 3-68 所示。可以输入文字作为这个选区的名称。如果不命名，Photoshop 会自动以 Alpha1、Alpha2、Alpha3 这样的文字来命名。

当需要载入存储的选区时，可以使用菜单【选择→载入选区】，也可以在图像中单击右键选择该项，前提是目前没有选区存在，且选用的是选区类工具〖M〗、〖L〗、〖W〗或〖C〗。

如果存储了多个选区，就在通道下拉菜单中选择一个。因此之前存储时用贴切的名称来命名选区，可以方便这时候的查找，尤其在存储了多个选区的情况下。下方有一个“反相”的选择，作用相当于载入选区后执行反选命令。

如果图像中已经有一个选区存在，载入选区的时候，需要执行【选择→载入选区】命令，而且还需要选择载入的操作方式。所谓操作方式就是前面讲述的选区运算，即添加、减去、交叉，如图 3-69 所示。如果没有选区存在，则只有“新建选区”方式有效。

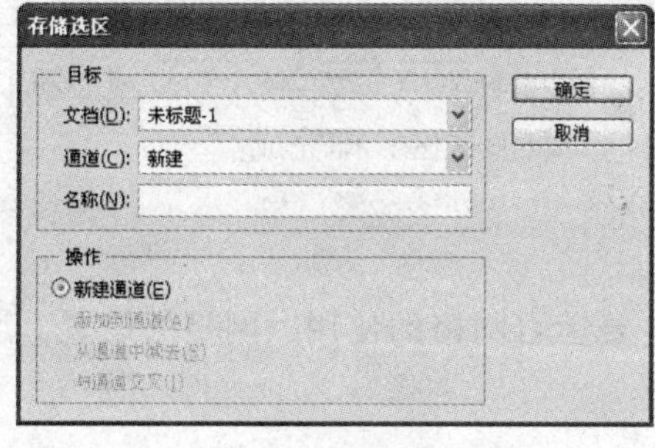

图 3-68

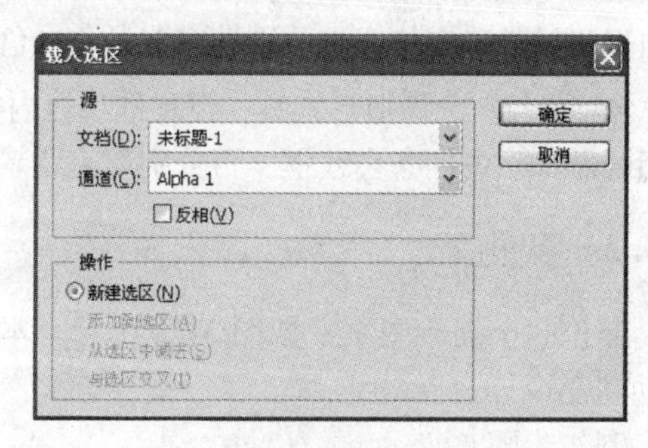

图 3-69

在图 3-69 中遇到一个问题，载入时选区的选择项是通道。为什么是通道？是因为选区存储就是存储在通道中的，通道的问题将在以后学习。

3.7 选区实例

3.7.1 实例 1

制作某银行标志，如图 3-70 所示。本例主要学习固定选区的绘制，标尺的使用，选区的移动和填充等。

制作步骤：

步骤① 新建一个文件，尺寸为 400×300 像素，在图像的中心位置设置水平和垂直各一条参考线。

步骤② 选择椭圆工具，设置选项栏内容为：样式: 固定大小 宽度: 200 px 高度: 200 px。然后按住〖Alt〗键在参考线交点单击一下，即可得到一个半径 100 的正圆选区。

步骤③ 选择矩形工具，设置选项栏内容为：样式: 固定大小 宽度: 50 px 高度: 50 px。然后先按住〖Alt〗键在参考线交点单击，不要松开鼠标，松开〖Alt〗键，再次按下，先松开鼠标再释放〖Alt〗键，即可减去中心的正方形，如图 3-71 所示。再填充红色，如图 3-72 所示。

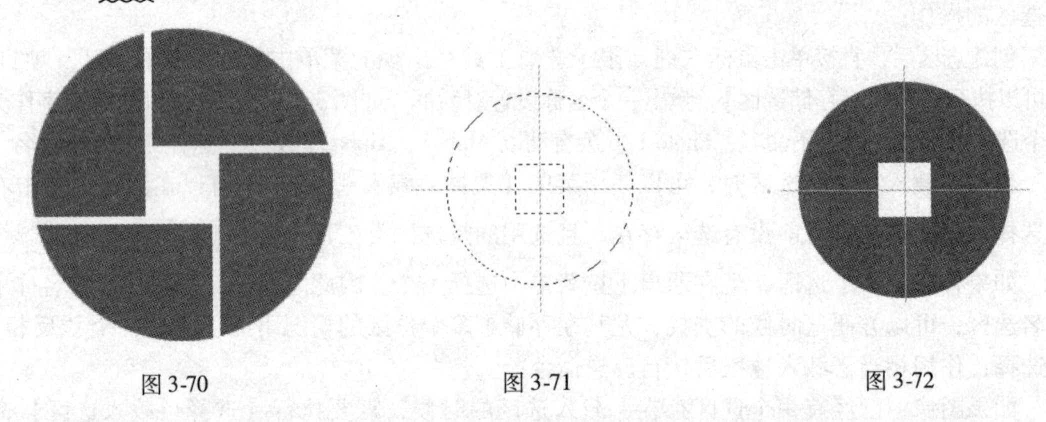

图 3-70　　图 3-71　　图 3-72

步骤④ 选择矩形工具，设置选项栏内容为：样式: 固定大小 宽度: 5 px 高度: 100 px。然后绘制垂直的两条白线框，绘制出来的选区需要通过移动，此时要利用键盘的方向键控制，才可以比较准确定位。再分别填充背景色白色。

步骤⑤ 选择矩形工具，设置选项栏内容为：样式: 固定大小 宽度: 100 px 高度: 5 px。然后绘制水平的两条白线框，再分别填充背景色白色。取消选区，即完成。

3.7.2 实例 2

制作一个简单图案，如图 3-73 所示。本例主要学习网格的使用，网格的设置，选区的移动和变换等命令。

制作步骤：

步骤① 新建一个文件，尺寸为 400×300 像素。按〖Ctrl + "〗快捷键，打开网格显示，此时的效果如图 3-74 所示。

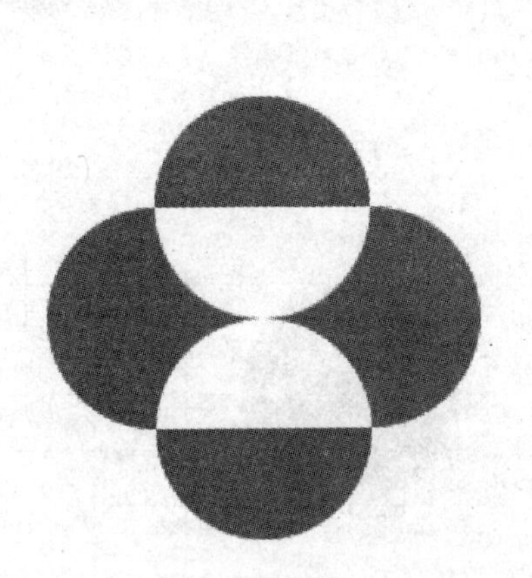

图 3-73

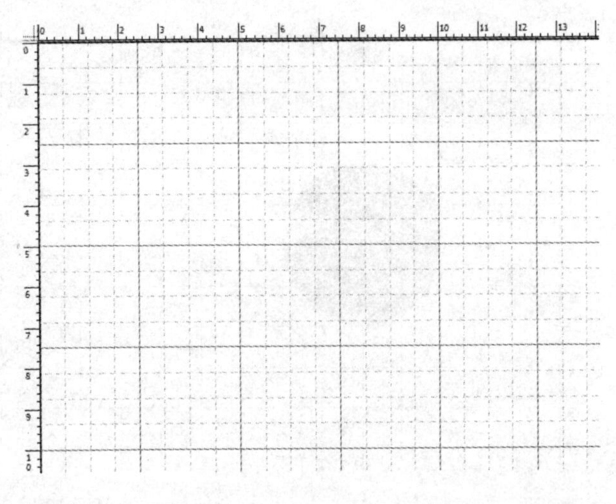

图 3-74

步骤 2 调整网格，由于这里需要绘制几个相等且相切的圆，默认状态下的网格间距不合适，所以需要进行调整，使网格的间距小一些，以便绘制更精确一些。因而需要按〖Ctrl + K〗快捷键然后再按〖Ctrl + 8〗快捷键，即可打开首选项中的网格设置，更改网格线间隔为 10，单位毫米，如图 3-75 所示。

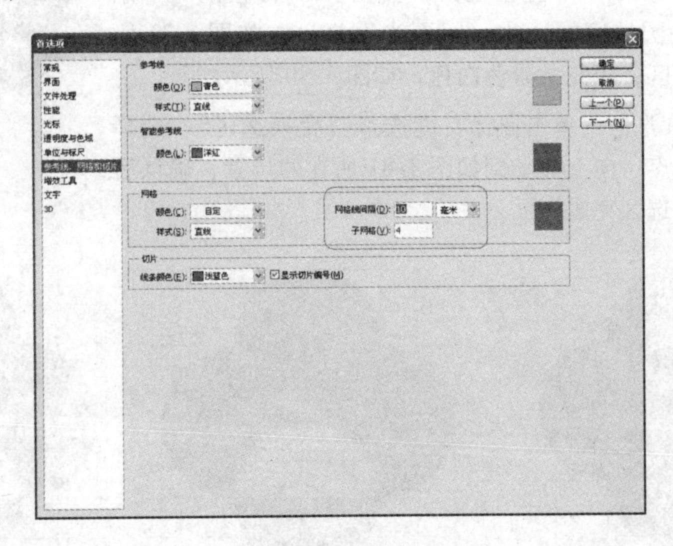

图 3-75

步骤 3 执行【视图→对齐】或按〖Ctrl + Shift + ;〗快捷键，确保对齐打开，并将对齐到网格勾选。

步骤 4 选择椭圆工具，按住〖Alt〗和〖Shift〗键在如图 3-76 所示的位置绘制半径为 20mm 的圆选区，填充为红色。

步骤 5 填充完毕后，向右水平移动该选区 40mm，使选区所在位置与红色圆相切，并填充红色，如图 3-77 所示。

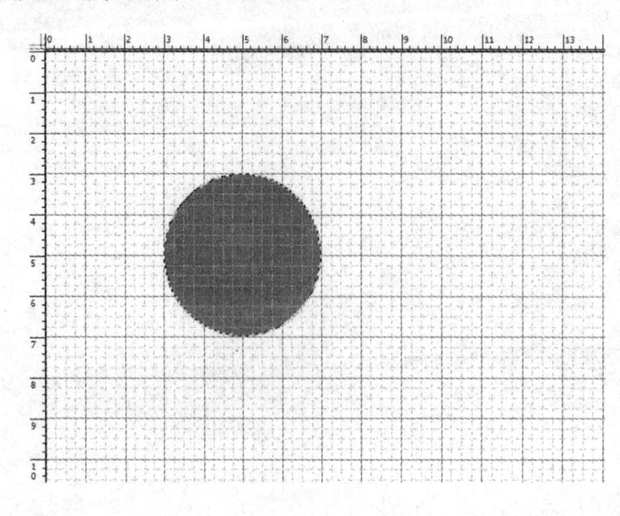

图 3-76

图 3-77

步骤 6 继续移动选区到上端，使得选区圆心位于刚刚填充的两个圆的切线上且选区过两圆的切点，并填充红色；再次移动到下端并填充，得到如图 3-78 所示的图案。

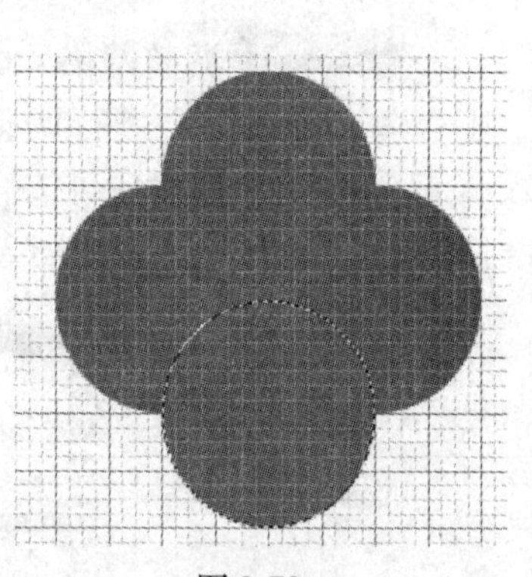

图 3-78

步骤 7 转换到矩形选区工具，按住〖Alt〗键绘制一个矩形选区，以减去圆选区的一半，留下半个选区，如图 3-79 所示。得到半圆选区，填充背景色白色，如图 3-80 所示。

步骤 8 在选区内单击鼠标右键选择“变换选区”，选择下端中间的控制点，向上移动到如图 3-81 所在的位置，确认后填充白色，取消选区完成。

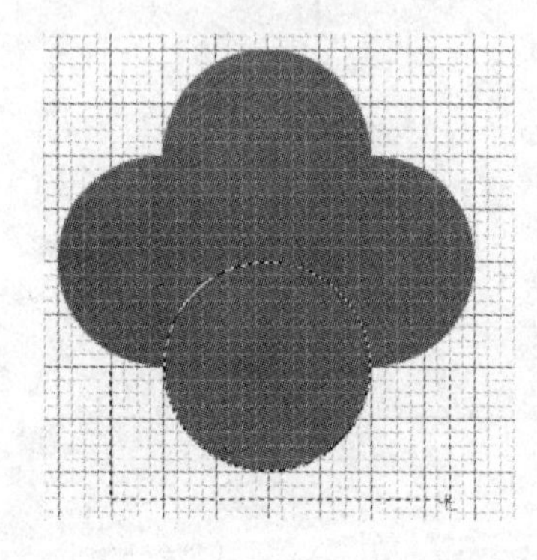

图 3-79

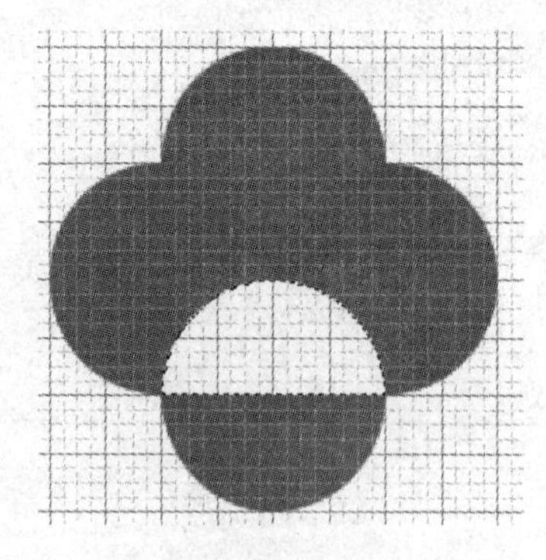

图 3-80

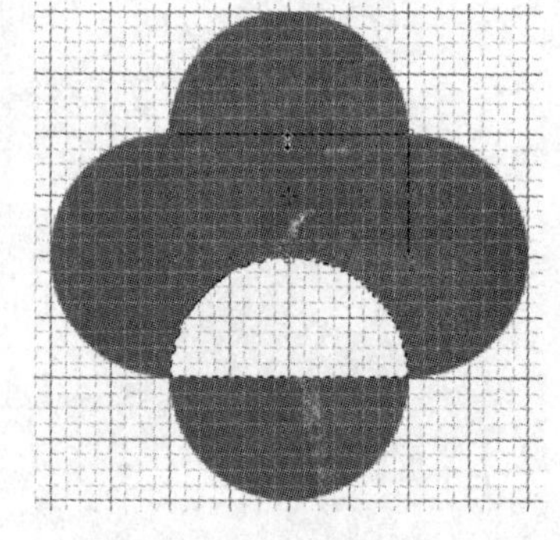

图 3-81

3.7.3 实例 3

制作标志，如图 3-82 所示。本例主要学习参考线的设置，选区绘制，选区变换及魔棒的使用等。

制作步骤：

步骤 1　新建一个文件，尺寸为 400 × 300 像素，在图像的中心位置设置水平和垂直各一条参考线，如图 3-83 所示。

步骤 2　选择椭圆工具，按住〖Alt〗和〖Shift〗键，以参考线的交点为圆心，绘制一个圆形选区，并填充灰色，如图 3-83 所示。

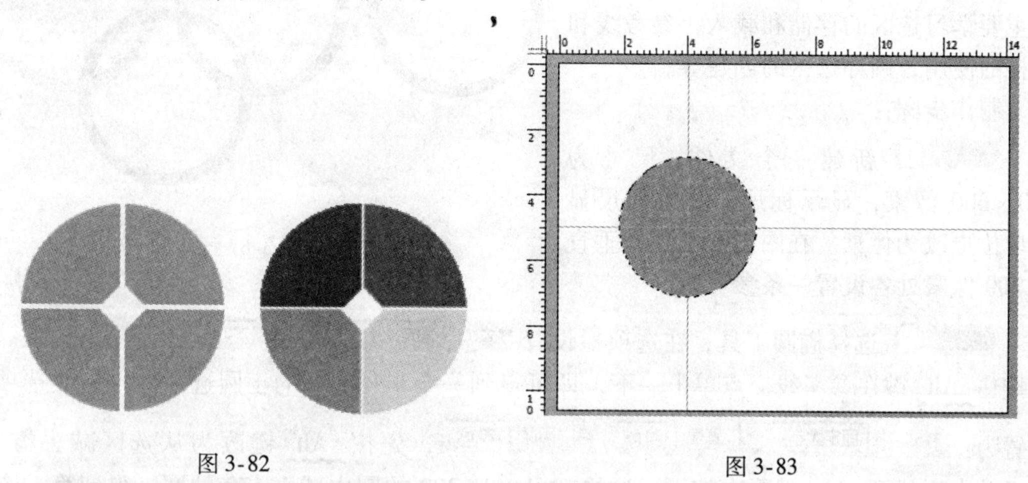

图 3-82　　图 3-83

步骤 3　选择矩形工具，在选项栏设置为：样式：固定大小　宽度：21 px　高度：21 px。然后先按住〖Alt〗键在参考线交点单击，得到一个 21 像素的正方形。

然后执行变换选区，将该矩形旋转 45°，确认后填充白色背景色，取消选区，如图 3-84 所示。

步骤 4　选择矩形工具，在选项栏设置为：样式：固定大小　宽度：4 px　高度：200 px。然后在垂直参考线附近单击，得到一个 200 像素高的选区，移动选区，使得该选区正好以参考线为中心。填充白色后如图 3-85 所示。

步骤 5　选择矩形工具，在选项栏设置为：样式：固定大小　宽度：200 px　高度：4 px。然后在水平参考线附近单击，得到一个 200 像素宽的选区，移动选区，使得该选区正好以参考线为中心。填充白色后，取消选区，如图 3-86 所示。

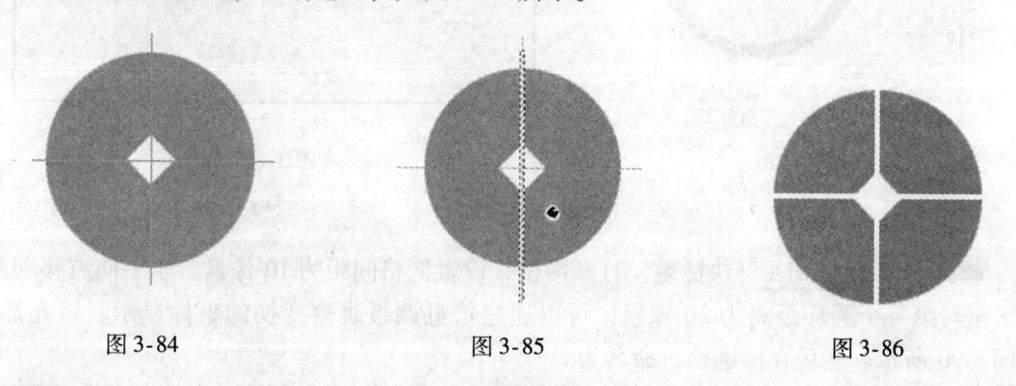

图 3-84　　图 3-85　　图 3-86

步骤 6　选择矩形工具，在选项栏设置样式为“正常”，绘制一个矩形选区，使得刚刚做好的图案全部被选择，按〖Ctrl + C〗快捷键复制，然后按〖Ctrl + V〗快捷键粘贴。转换到移动工具，向右移动复制好的图形。

步骤 7 选择魔棒工具，分别选择圆形各区域，填充不同的颜色，即可完成。

3.7.4 实例4

制作奥运五环，如图 3-87 所示。本例主要学习选区的存储和载入，参考线和网格的使用，圆环选区的创建等。

图 3-87

制作步骤：

步骤 1 新建一个文件，尺寸为 800×600 像素，显示标尺，并将标尺显示单位更改为像素。在图像的水平和垂直各 200 像素处各设置一条参考线。

步骤 2 选择椭圆工具，在选项栏设置 样式: 固定大小 宽度: 200 px ⇄ 高度: 200 px 。然后按住〖Alt〗键在参考线交点单击一下，即可得到一个半径 200 的正圆选区。再更改选项栏设置为： 样式: 固定大小 宽度: 170 px ⇄ 高度: 170 px ，先按〖Alt〗键改为从选区减去方式，鼠标单击后松开〖Alt〗键再次按下，这样就可以从 200 的圆内减去 170 的圆，得到第一个圆环。填充蓝色后效果如图 3-88 所示。

步骤 3 在选区内右击鼠标选择存储选区，在打开的对话框中命名为 1，如图 3-89 所示。

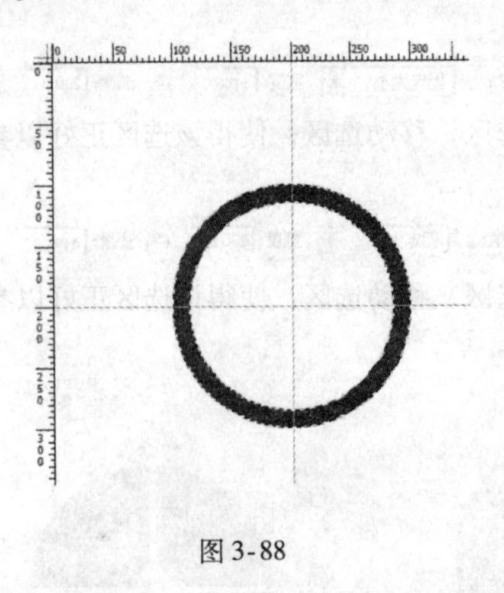

图 3-88

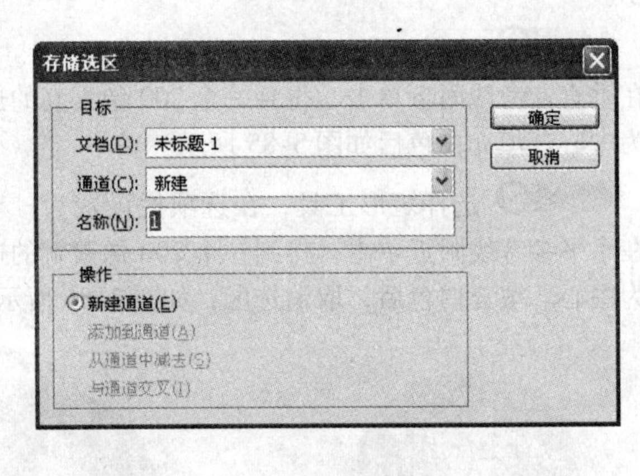

图 3-89

步骤 4 按〖Ctrl + "〗快捷键，打开网格，设置网格间距为 10 像素。水平向右移动圆环选区至与第一个圆环距离为 20 像素，可以通过信息调板观察变换的坐标显示，填充黑色，如图 3-90 所示。然后存储选区，命名为 2。

步骤 5 同理得到其他的选区并填充，依次将存储选区命名为 3、4、5。取消选区，隐藏参考线和网格后如图 3-91 所示。

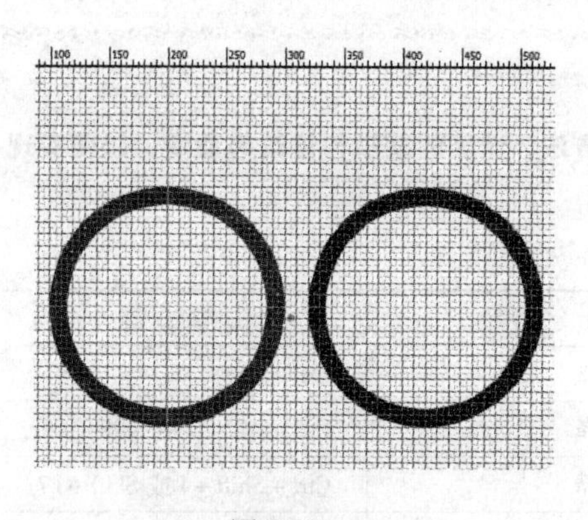
图 3-90

图 3-91

步骤 6 仔细观察图 3-91，发现五环还没有达到环环相扣的效果，现在就来做出这种效果。执行【选择→载入选区】，此时没有选区，先选择 5，确认，如图 3-92 所示。重复执行【选择→载入选区】，注意此时应该选择第四项“与选区交叉”，如图 3-93 所示，确认后得到如图 3-94 所示的效果。

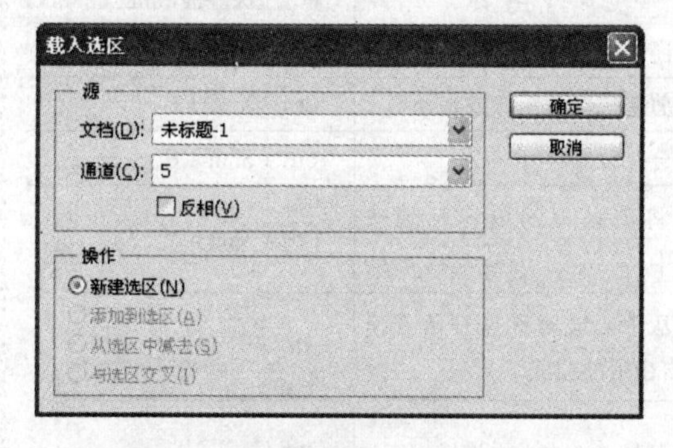

图 3-92

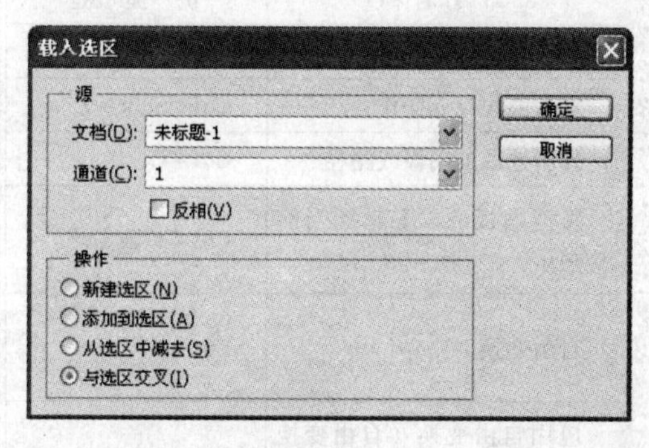

图 3-93

步骤 7 然后选择矩形选区，按【Alt】减去上端的那一部分，只得到下端的那一部分，填充蓝色，为确保与原有色彩一致，用吸管工具在蓝色圆环部分单击一下，这样前景色就是蓝色了，如图 3-95 所示。

图 3-94

图 3-95

步骤 8 同理可以利用载入选区的方式，得到其他相交部分的选区并填充。最后完成图 3-87。注意，本例中的选区均应取消“消除锯齿”选项。

【小结】

本章主要讲述了有关规则选区和不规则选区的创建方法，选区的编辑和修改等命令，以便实现对图形对象的基本选取和编辑。

选区快捷键

命令名称	快捷键	命令名称	快捷键
全部选取	Ctrl + A	取消选择	Ctrl + D
重新选择	Ctrl + Shift + D	羽化选择	Ctrl + Alt + D 或 Shift + F6
路径变选区	Ctrl + Enter	反向选择	Ctrl + Shift + I 或 Shift + F7
添加选区	Shift	载入选区	Ctrl + 点按图层、路径、通道面板中的缩略图
减去选区	Alt	载入对应单色通道的选区	Ctrl + Alt + 数字
选择所有图层（背景除外）	Ctrl + Alt + A	交叉选区	Shift + Alt

编辑操作快捷键

命令名称	快捷键	命令名称	快捷键
还原/重做前一步操作	Ctrl + Z	还原两步以上操作	Ctrl + Alt + Z
重做两步以上操作	Ctrl + Shift + Z	剪切选取的图像或路径	Ctrl + X 或 F2
复制选取的图像或路径	Ctrl + C	合并复制	Ctrl + Shift + C
将剪贴板的内容粘到当前图形中	Ctrl + V 或 F4	将剪贴板的内容粘到选框中	Ctrl + Shift + V
自由变换	Ctrl + T	从中心或对称点开始变换（自由变换模式下）	Alt
应用自由变换（自由变换模式下）	Enter	限制（在自由变换模式下）	Shift
取消变形（在自由变换模式下）	Esc	扭曲（在自由变换模式下）	Ctrl
自由变换复制的象素数据	Ctrl + Shift + T	再次变换复制的象素数据并建立一个副本	Ctrl + Shift + Alt + T
删除选框中的图案或选取的路径	Del	弹出“填充”对话框	Shift + BackSpace
弹出“智能填充”对话框	Shift + F5	从历史记录中填充	Alt + Ctrl + Backspace
用前景色填充所选区域或整个图层	Alt + BackSpace 或 Alt + Del	用背景色填充所选区域或整个图层	Ctrl + BackSpace 或 Ctrl + Del

第 4 章　Photoshop CS5 图层基础

【学习要点】

1. 理解图层的概念。
2. 学习图层的基本操作。
3. 学习渐变填充命令。

【学习目标】

通过本章的学习，理解运用图层作图的思路，理解图层对于 Photoshop 的重要作用，掌握图层的各项操作，学会对图层的基本调整，学习渐变填充命令，并能利用渐变填充创建出绚丽多彩的图像。

图层是 Photoshop 中的重要概念，理解图层的概念才能有效组织和管理图像的编辑修改。对于图层的操作要逐步把握。

图层就相当于透明的图纸，在 Photoshop 中，通常把一个或一类图像放在一个图层中绘制，当需要显示的时候，所有图层都打开，而当某些图层不需要或者有错误时，可以隐藏或者删除该图层，图层内容也将消失。一个复杂的图像将会有多个图层存在，图层不仅便于管理，在 Photoshop 中更有利于创造特殊的图层效果。

在 Photoshop 中，一幅图像中至少得有一个图层存在。

4.1　认识图层

如果新建图像时背景内容选择白色或背景色，那么新图像中就会有一个背景层存在，并且有一个锁定的标志，如图 4-1 所示。如果背景内容选择透明，就会出现一个名为图层 1 的层，如图 4-2 所示。

图 4-1

图 4-2

打开本书附带光盘 \ 第 11 章 \ “spring. psd” 文件，查看图层调板，调板中各图层及相应工具的名称如图 4-3 所示。

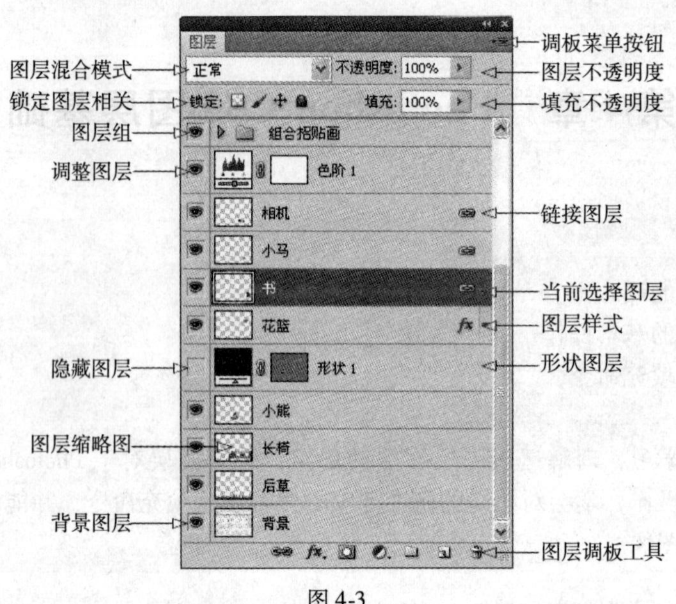

图 4-3

4.2 图层操作

下面的实例是利用图层绘制一个简单的圆脸，从而学习图层的新建、命名、移动、复制等操作。

步骤 1 按快捷键〖Ctrl + N〗新建一个文件，尺寸 600×400 像素，RGB 模式 8 位通道，背景内容白色。

4.2.1 新建图层

步骤 2 建立一个新的图层用来绘制圆脸。

新建图层，单击图层调板下方的按钮，图层调板增加“图层 1”。该图层为透明的，就如同已经加上了一层透明纸一样。如果关闭背景图层前的眼睛图标，那么背景就不再显示，如图 4-4 所示。

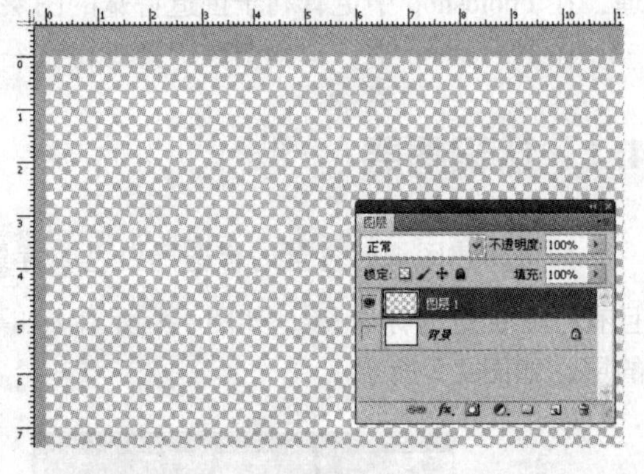

图 4-4

也可以按快捷键〖Ctrl + Shift + N〗新建图层。此时会弹出“新建图层”对话框，如图 4-5 所示，这时可以直接修改图层“名称”和“颜色”标记。

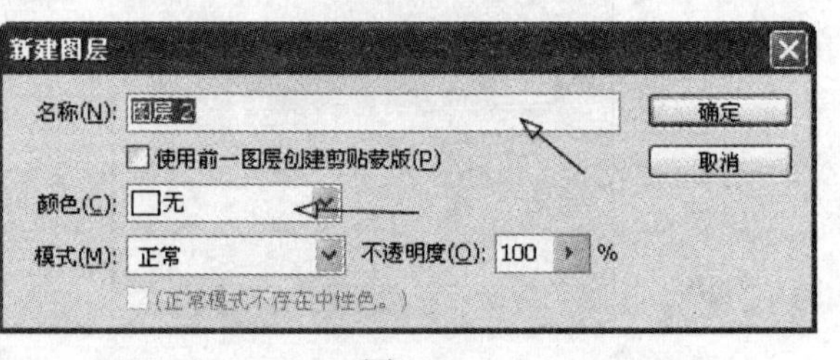

图 4-5

4.2.2　图层命名

步骤3　图层命名有两种方式。第一种是在图层调板的“图层 1”位置双击鼠标即可在原位置输入新的名称。

如果要准确查找图层，最好的方法就是用恰当的名字命名图层，可同时使用颜色标记。

请注意此时应该使用英文、中文或者拼音给定一个明确的名称。不可使用默认的图层 1、图层 2、图层 3 等。

第二种是按住〖Alt〗键双击图层调板的“图层 1”，则会出现一个对话框，如图 4-6 所示。此时可以更改图层“名称”，也可以更改“颜色”标记。

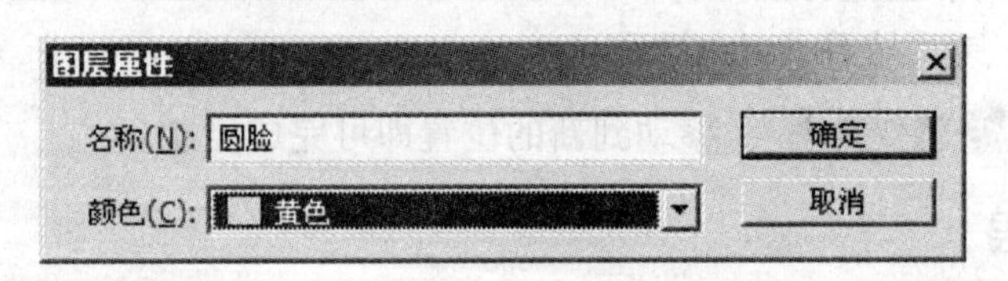

图 4-6

颜色标记与图层中的内容无关，它的作用是让调板中的图层看起来更为突出。如果只想更改图层名称，第一种方式最好。本例命名为“圆脸”。

步骤4　鼠标左键单击“圆脸”图层，再按〖Shift + M〗快捷键，执行椭圆选区绘制一个正圆形选区，设置前景色为淡黄色，按〖Alt + Delete〗快捷键，填充前景色，得到圆脸，如图 4-7 所示。

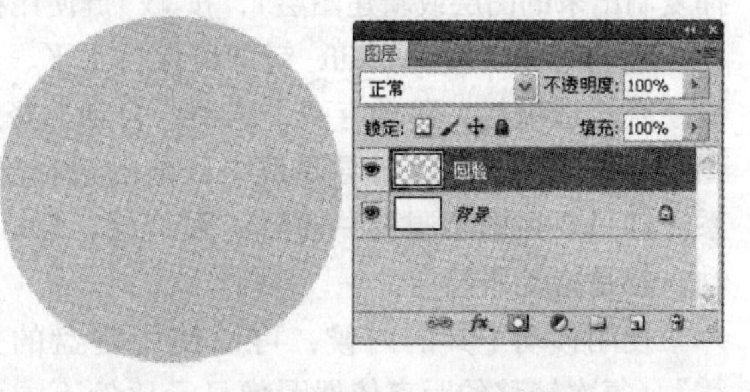

图 4-7

绘制之前要注意图层调板中选择的是否为“圆脸”图层，如果选择的是背景层，这个圆形就会画在背景层上。从圆脸层的缩略图中可以看到大致的形状。这就是缩略图的作用，即根据大致的形状来判断并选择图层。

步骤5　用同样方法，再新建一个图层并命名为“眼睛”，颜色标记为蓝色。设置前景色为蓝色画一个代表眼睛的正圆，如图 4-8 所示。

请注意：针对图层的任何操作都是有选择性的，被选中的层才可以进行移动或者是其他一些操作。因而为方便选择，可以勾选自动选择图层或组，这样在移动工具时，只要单击图像的哪个部位，其所在的图层就会被选择。

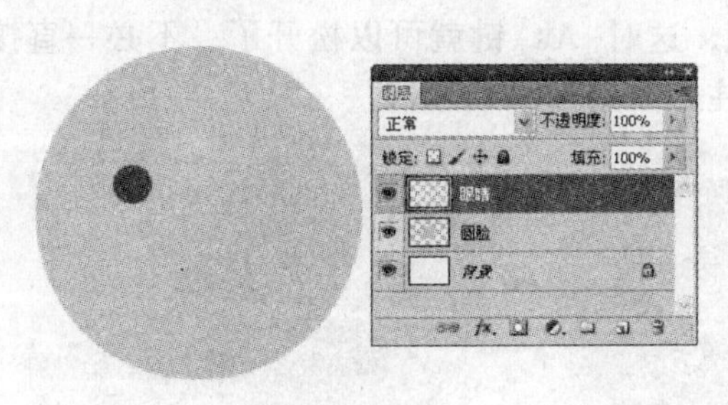

图 4-8

4.2.3 复制图层

步骤 6 绘制了一个眼睛，那另一个眼睛如何绘制呢？如果再绘制一个圆，由于前面没有固定大小，很难让两个圆一样大，因此这里使用复制图层的方法来做。

复制图层，通常有三种方法：

一是在图层调板中将图层拖动到下方的新建图层按钮上。这样会生成一个名为“副本”的新图层，如图 4-9 所示。

二是在该图层被选择的状态下，按〖Ctrl + J〗快捷键即可和上述方法一样。

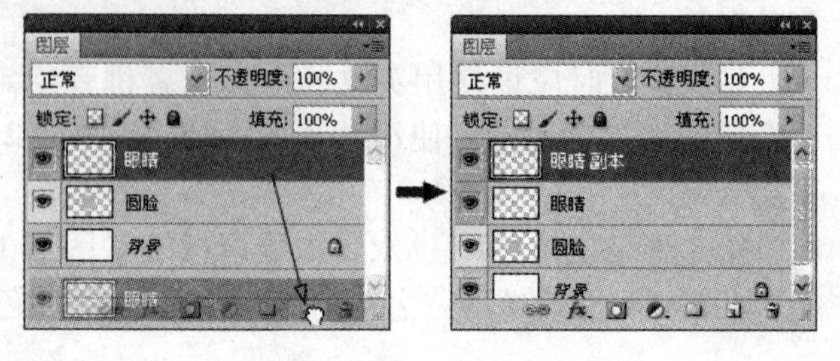

图 4-9

三是在移动工具时按住〖Alt〗键移动，移动工具图标就变为，移动到新的位置即可完成复制。

4.2.4 移动图层

步骤 7 复制完成后，画面上还是只有一个眼睛。这是因为前两种复制方法所复制出的图层和原图层位置是重叠的。此时在图层调板中选择“眼睛副本”图层（Photoshop 会自动选择复制出来的图层或新建图层），按〖V〗键使用移动工具在图像中拖动到合适的位置即可。

移动时如果按住〖Shift〗键即可保持水平、竖直或 45°方向的拖动。

查看选项栏，移动有两个选项：自动选择图层或组和显示变换控件。如果关闭自动选择图层，移动工具将以图层调板中目前的选择层为移动对象，与鼠标在图像中的位置没有关系。即只要在图层调板中选择了眼睛层，那么无论移动工具在图像中任何一个地方按下拖动，都是拖动眼睛层。

使用移动工具的时候，可以使用键盘的上、下、左、右键来移动图层，也称为“轻移”。每次轻移的距离依据图像显示比例不同而不同，如果在 100% 显示比例下，每次轻移的距离是 1 像素。

4.2.5 按〖Alt〗键复制图层

方法是选择移动工具后，在图像中按住〖Alt〗键，当光标从变为时，表示具有复制功能。此时拖动鼠标即可复制出新的图层。如果同时按住〖Shift〗键可以保持水平或垂直。

注意当鼠标开始拖动后，光标会变为，这时〖Alt〗键就可以松开了，不必一直按住。但保持水平或垂直方向的〖Shift〗键要全程按住，如图 4-10 所示。

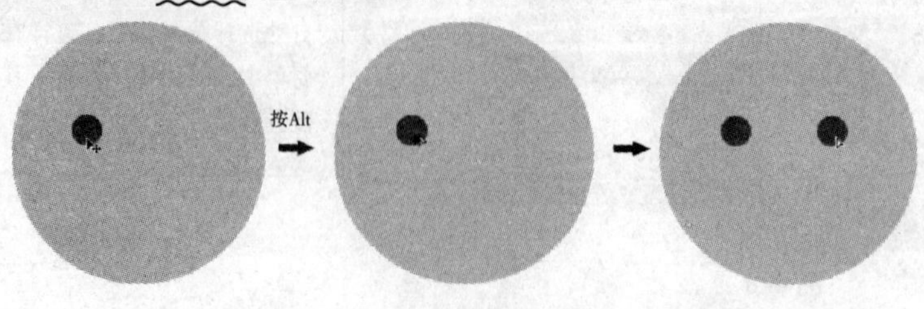

图 4-10

事实上上述复制图层的方法是在同一文档中完成的，而 Photoshop 通常会在不同文档之间复制对象。方法是在移动工具下，选择需要复制的图层对象，拖移到另一图形文件的标签处，然后继续拖移到该图形区域内。

步骤 8 建立一个名为“嘴”的新层，画上一个椭圆形的嘴。然后填充红色，如图 4-11 所示。

步骤 9 建立新的图层，命名为“嘴 2”，绘制一个比“嘴”大一点的椭圆选区，并且填充和“圆脸”一样的颜色。单击“圆脸”图层前面的 标志，关闭“圆脸”图层，并且移动“嘴 2”图层对象，显示效果如图 4-12 所示。打开“圆脸”图层，得到整个图形效果如图 4-13 所示，打开本书附带光盘/第 4 章/“圆脸 . psd”文件对照。

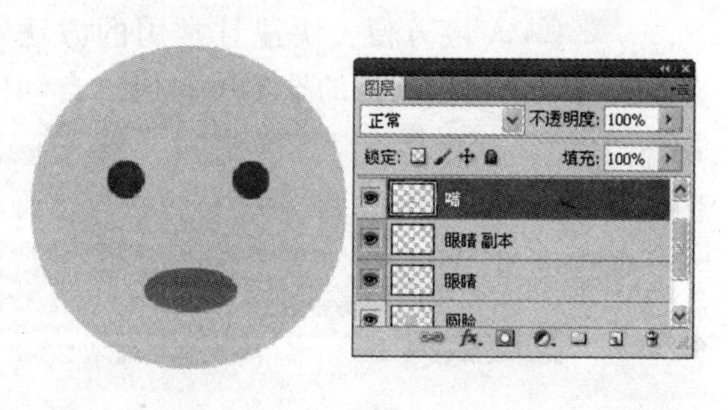

图 4-11

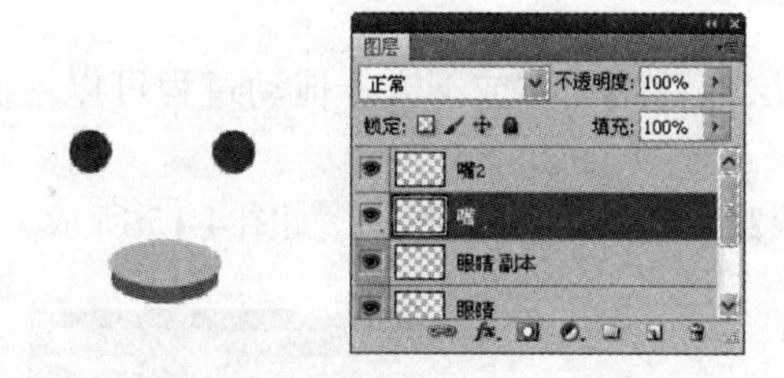

图 4-12

图 4-13

这里要想获得和“圆脸”一样的颜色，方法是单击前景色，弹出“拾色器”的同时，鼠标变为吸管图标 ，此时只要在图形中的“圆脸”部分单击鼠标即可获取和“圆脸”一样的颜色。

4.2.6　选择图层

Photoshop 首先要正确地选择图层，才能进行相应的操作。

方法 1 最简单的选择图层方法就是在图层调板中单击该图层，即可选择。被选择的图层在图层调板中会以突出颜色（默认蓝色）显示，表示可以对该图层进行操作。

如果要选择多个图层，则需要按住〖Ctrl〗键逐个图层加选，或者按〖Shift〗键多个图层连续选择。

在实际作图中，经常会分别选择图层进行操作，如果每次都在图层调板中选择就比较麻烦，那如何“快速选择”呢？

方法② 如果要选择“圆脸”层，转换到移动工具时在图像中“眼睛”的位置上单击右键，会弹出右键关联菜单，菜单中有三个层的名称以及选择相似图层。此时单击“圆脸”层的名称，就相当于选择了圆脸层，图层调板中的选择层也会同时切换到圆脸层，如图 4-14 所示。

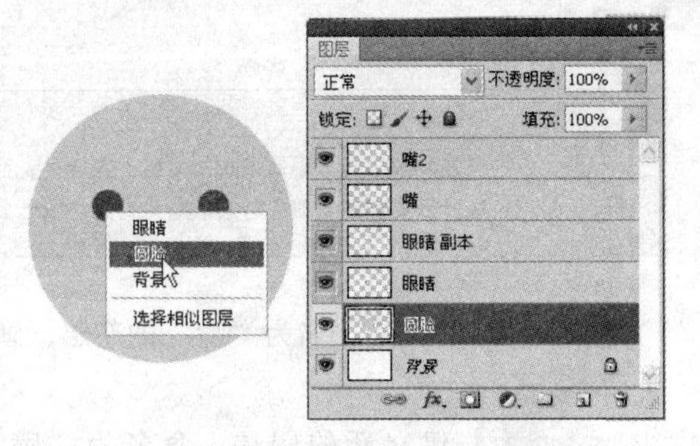

图 4-14

方法③ 最方便、快速且常用的方法是，在移动工具选项栏的选项中勾选“自动选择图层”，如图 ☑自动选择: 图层 □显示变换控件，此时直接单击图形对象即可选中该图层。

而这也相当于没有勾选“自动选择图层”时，按住〖Ctrl〗键单击的效果。

4.2.7 图层层次

从刚刚绘制的圆脸可以看到图像中的各个图层间，彼此是有上、下层次关系的，直接体现就是遮挡。位于图层调板下方的图层层次是较低的，越往上层次越高。

改变图层层次的方法有两种。

方法① 在图层调板中用鼠标左键按住图层拖动到上方或下方。拖动过程可以一次跨越多个图层。

如果把眼睛层移动到圆脸层的下方，那么眼睛就会被圆脸遮住了，如图 4-15 所示。

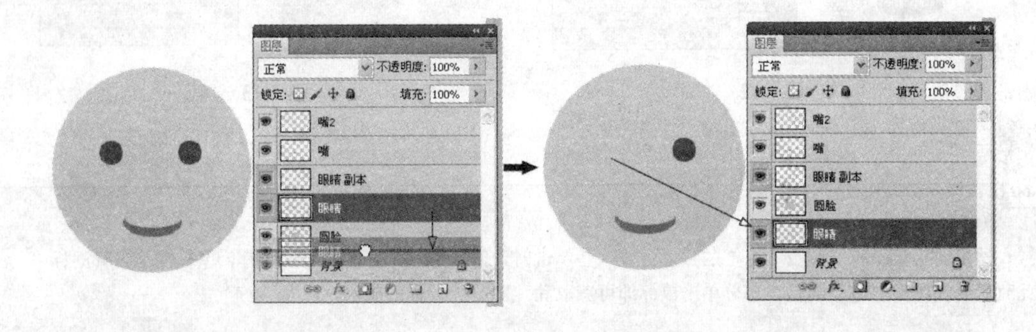

图 4-15

方法② 利用快捷键调整图层顺序，选择需要移动位置的图层，按〖Ctrl + [〗快捷键就是往下层移动，按〖Ctrl +]〗快捷键就是往上层移动，按〖Shift + Ctrl +]〗快捷键就是直接移到最高层；按〖Shift + Ctrl + [〗快捷键则就是移到最底层。

请注意即使将某层移动到了最底层，却还是在背景层之上。这是由背景层的特殊性质决定的。

4.2.8 背景图层

背景图层层次位于最底部且不能改变。无法移动，无法改变不透明度。

背景图层可以直接转化为普通图层，方法就是在图层调板的背景层图层位置双击鼠标左键，在弹出的对话框中输入相应的名称，背景层则转化为新的图层，如图 4-16 所示。

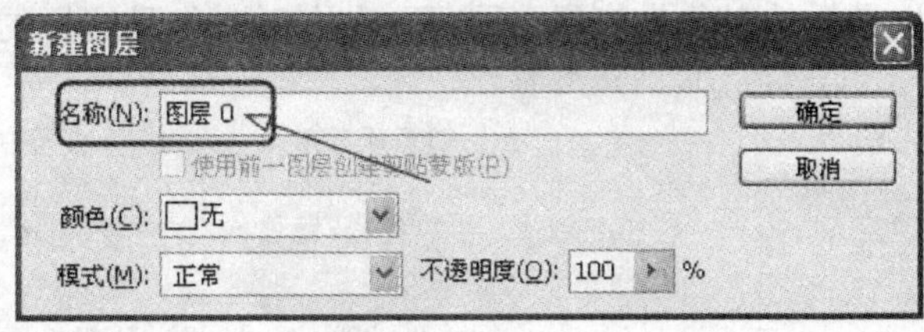

图 4-16

普通图层也可以经由合并成为背景层，方法是选中需要转换为背景图层的那个图层，执行命令【图层→新建→背景图层】即可。

背景层并不是必须存在的，但一幅图像只能有一个背景层。

4.2.9 图层链接

上面使用移动工具一次移动一个图层，而如果要将两个眼睛的位置都向上移动一些。就要移动两次。那就不容易保证两次移动位置一致。最好的解决办法，就是两个眼睛层能够一起移动。

在 Photoshop 中提供了图层链接功能可以满足这样的要求。链接图层的方法就是在图层调板中选择需要链接的图层，可以按住〖Ctrl〗键或者〖Shift〗键选择，然后单击鼠标右键，选择“链接图层”即可。

图层链接以后，无论移动处于链接中的哪一层，其余的层都会随之移动。因此，对于链接图层只需要使用移动工具就可以一起移动两个眼睛层了。

解除图层链接的方法是在图层调板中选择全部链接一起的图层，单击鼠标右键，在弹出的菜单中选择“取消图层链接”。

4.2.10 图层对齐

解除所有链接，将左眼的位置单独调高一些，如图 4-17 所示。如何将两个眼睛图层重新排列在一条水平线上呢？这就需要用到图层的对齐功能。对齐有两种操作。

操作 1 对齐非链接图层

在图层调板中把两个眼睛层都选中，选择移动工具，选项栏就会出现对齐方式的选择，如图 4-18 所示。

图 4-17　　图 4-18

图 4-18 中前面 6 个图标分别是：顶对齐、垂直居中对齐、底对齐、左对齐、水平居中对齐、右对齐。只要按前面三个对齐方式中的任何一个按钮都可以完成对齐。不过三种方式的区别是顶对齐以最高的对象为依据，垂直居中对齐以最高和最低的距离取中对齐，底对齐以最低的对象为依据。同理，左右对齐也是这样的方法，如图 4-19 所示。

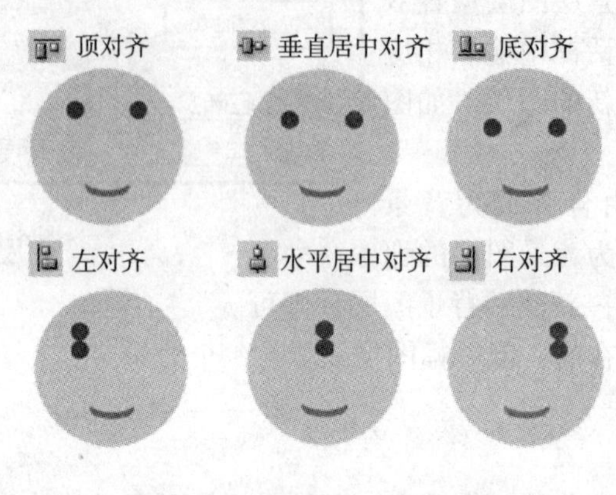

图 4-19

操作② **对齐链接图层**

将“眼睛”和“眼睛副本”图层链接，然后执行对齐工具，选择前三种方式对齐，会发现结果完全一样，而且两个眼睛对齐的时候只有一个层移动，而另外一个不动。这是因为对齐要有个基准层。基准层是不会移动的。其余的层参照这个基准层移动。

基准层就是目前被选择的图层。不处在链接中的图层是不能作为基准层的。确定好基准层是很重要的，否则对齐的效果会有重大差别。

4.2.11 图层分布

只要选择三个以上图层，六种分布方式就可以执行。

步骤① 还是以“圆脸”文件为例，新建“鼻子”图层。创建一个三角形选区，填充脸色，关闭“圆脸”图层显示，效果如图 4-20 所示。

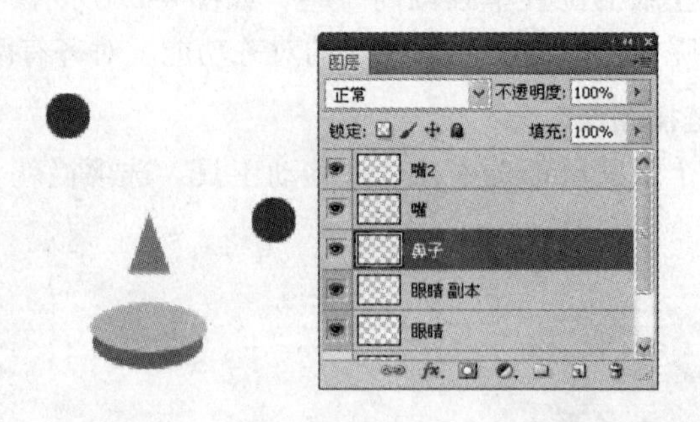

图 4-20

步骤② 选择“鼻子”、“嘴”、“嘴 2”、“眼睛”和“眼睛副本”五个图层，分别单击各分布按钮，查看效果如图 4-21 所示。请注意每单击一次分布按钮查看完效果后，需按〖Ctrl + Z〗快捷键撤销操作，然后再换下一种分布。

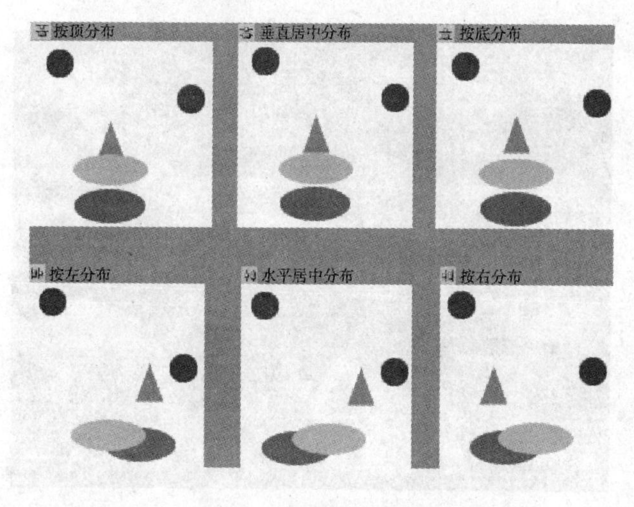

图 4-21

4.2.12　图层的锁定

图层调板中有图层锁定选项，分以下四种情况：

（1）锁定透明像素

在图像中没有图像的地方是透明的，因而在操作时可以只针对有像素部分进行，单击图层调板的即可。

（2）锁定图像像素

单击，无论透明还是不透明，该图层所有的像素均不能被编辑。

（3）锁定位置

单击，该图层的图像不能被移动。

（4）锁定全部

单击，图层或图层组的所有编辑功能将被锁定，图像任何操作均被禁止。

4.3　渐变填充

前面学习了前景色、背景色填充命令，而渐变填充也是一个广泛应用的命令，利用渐变填充可以创建出绚丽多彩的图像。执行渐变填充的方法是，按住鼠标左键在图像窗口或选区内拖动产生一条渐变直线后释放，渐变直线的长度和方向决定了填充区域和方向，如图 4-22 所示。

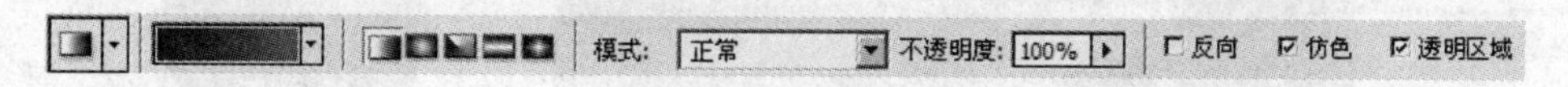

图 4-22

下面通过一组图形的绘制来学习渐变填充的多种方式，如图 4-23 所示。

图 4-23

步骤 1 新建一个文件，大小为 640×480 像素，背景色为白色。

4.3.1 线性渐变

步骤 2 调整前景色为深蓝色，背景色为浅蓝色。单击 右侧的下拉箭头，选择前景色背景色填充样式，再选择 中的第一种线性渐变，其他按默认设置。

在图像区域自上而下拖动一条渐变线，产生天空渐变的效果，如图 4-24 所示。

4.3.2 径向渐变

步骤 3 新建一个图层，命名为小球。绘制一个小圆，调整前景色为浅绿色，背景色为深绿色。选择 中的第二种渐变，径向渐变，然后从圆选区的左上方向右下方拖动一条渐变线，产生小球的立体效果，如图 4-25 所示。

图 4-24

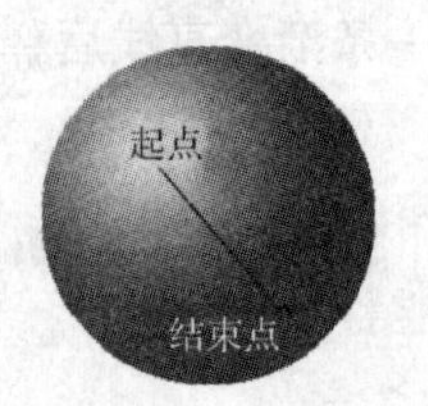

图 4-25

步骤 4 按【V】键到移动工具，再按住【Alt】键拖动小球，创建多个副本，放在图像的下端。由于复制过程可能会分布不均匀，位置不准确，如图 4-26 所示。因而需要调整小球的位置。在图层调板中选择“小球”再按住〖Shift〗键选择“小球 13”图层，这样所有的小球都选择了，然后单击选项栏的对齐和分布 ，这里单击执行底对齐 和水平居中分布 ，结果如图 4-27 所示。

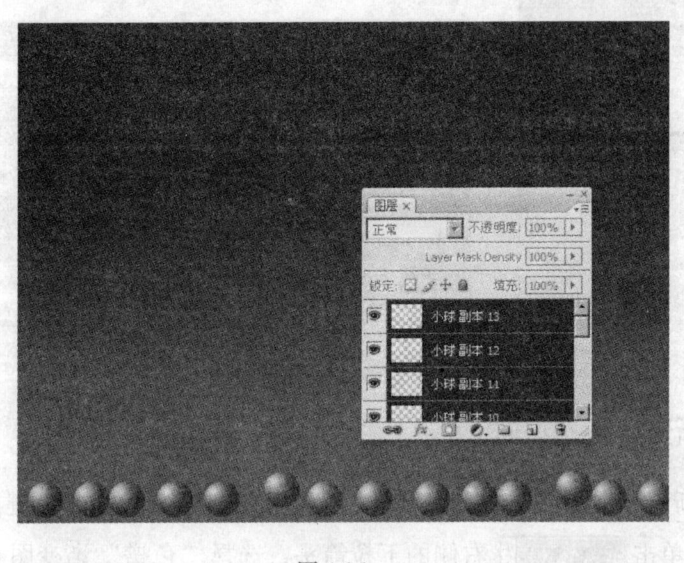

图 4-26

图 4-27

步骤 5 完成后的小球每一个都是一个图层，这样对管理图形对象不方便，可以用两种方法处理。第一种方法是合并图层，选择到所有的小球图层，然后在图层调板处选择“合并图层”，如图 4-28 所示。合并完成后小球成为一个图层，名称自动为最上层的图层名，这里为“小球副本 13”。

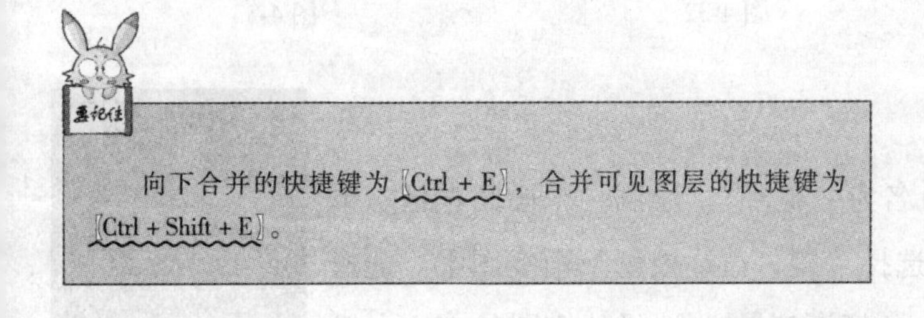

要记住

向下合并的快捷键为〖Ctrl + E〗，合并可见图层的快捷键为〖Ctrl + Shift + E〗。

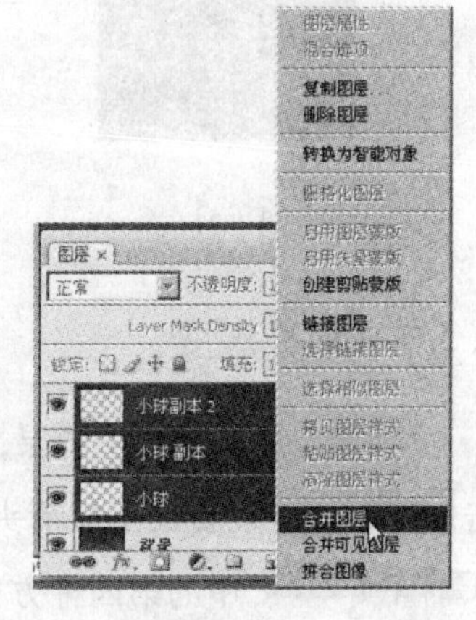

图 4-28

第二种方法是采用图层编组，类似于文件夹管理的方法，在图层调板的下方，鼠标左键单击创建新组图标，如图 4-29 所示。然后和更改图层名称一样，更改为新的名称，这里用“小球”组名。接下来要向该组内添加图层，方法就是在图层调板选择需要编入到该组的图层，鼠标左键拖移至图层组名称下即可，如图 4-30 所示。

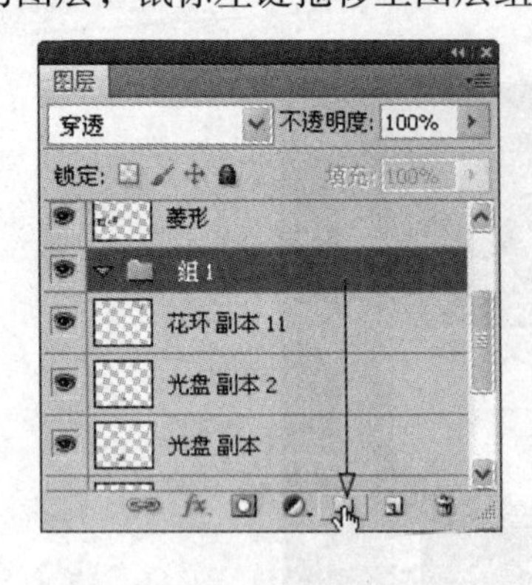

图 4-29

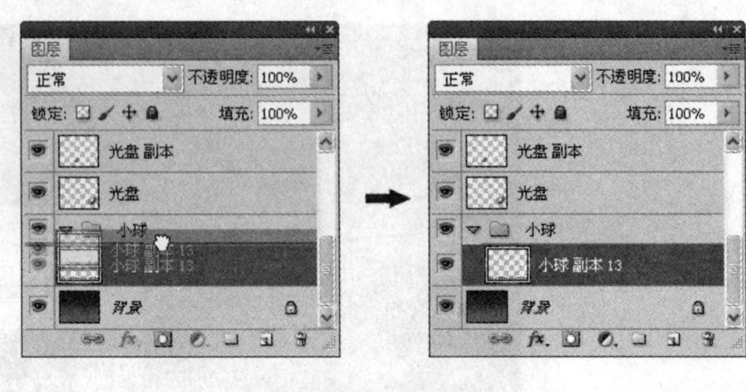

图 4-30

4.3.3 角度渐变

步骤 6 新建一个图层，命名为光盘。设置两条参考线，按〖Alt〗键在参考线交点绘制一个正圆选区。单击右侧的下拉箭头，选择“色谱”渐变图案。在选项栏选择中的第三种方式，角度渐变。选择从圆的中心向外拖动一条渐变线，产生多彩的光盘效果，如图 4-31 所示。再按〖Alt〗键在参考线交点绘制一个小正圆选区，按〖Delete〗键，删除选区内的图像，得到如图 4-32 所示的效果。

步骤 7 按〖Ctrl+T〗快捷键变换，按后按住〖Ctrl〗键和〖Alt〗键，此时的变换为斜切，用鼠标单击某一个角的变换控制点拖动，即得到图 4-33 所示的效果。

也可以复制一个，大小变换。

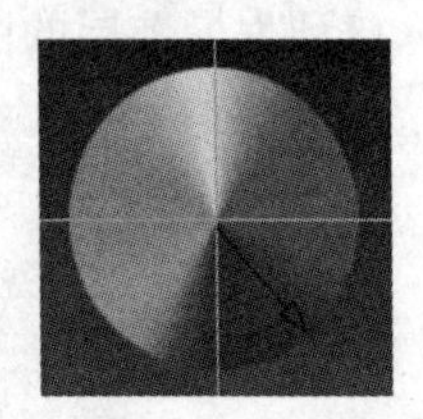

图 4-31

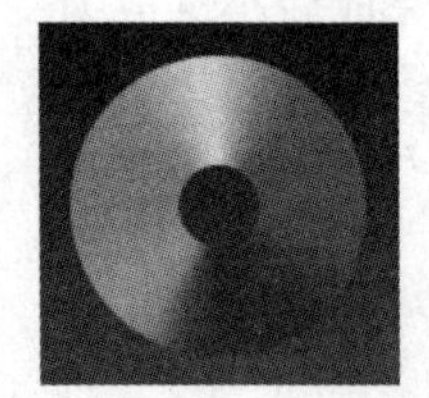

图 4-32

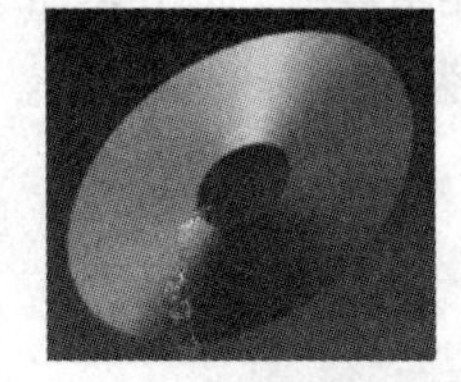

图 4-33

4.3.4 对称渐变

步骤 8 新建一个图层，命名为“花环”。绘制一个椭圆选区。单击右侧的下拉箭头，选择“橙、黄、橙色”渐变图案。选择中的第四种方式，角度渐变。选择从椭圆的中心向椭圆长轴边缘拖动一条渐变线，产生对称渐变效果，如图 4-34 所示。

图 4-34

步骤 9　按〖Ctrl＋J〗快捷键复制花环图层得到花环副本，再按〖Ctrl＋T〗快捷键执行变换。修改选项栏两处设置，一是变换中心点，二是角度值输入 30，调整后如图 4-35 所示。

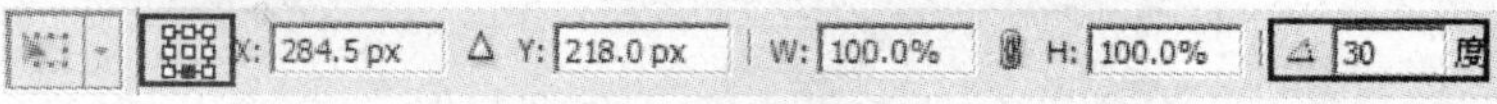

图 4-35

按〖Enter〗键确认变换，如图 4-36 所示。

步骤 10　依次重复执行复制图层，变换角度。注意变换角度可以执行重复变换，按快捷键〖Ctrl＋Shift＋T〗，这样就不需要每次调整变换中心点和角度了。完成后的效果如图 4-37 所示。

图 4-36

图 4-37

如同小球一样，完成后合并花环图层或者编组。

4.3.5　菱形渐变

步骤 11　新建一个图层，命名为菱形。单击 右侧的下拉箭头，选择“透明彩虹渐变”图案。选择 中的第五种方式，菱形渐变 。

菱形渐变以鼠标拖移的线段为菱形中心到对角点的渐变线，变换不同方向即可得到多个菱形图案，如图 4-38 所示。

图 4-38

4.3.6　制作彩虹效果

步骤 12　新建一个图层，命名为彩虹。单击 位置的左侧下拉箭头，在如图 4-39 所示的弹出框中选择“圆形彩虹”。然后在绘图区域鼠标拖动一条大小合适的渐变线，得到如图 4-40 所示的圆形彩虹。

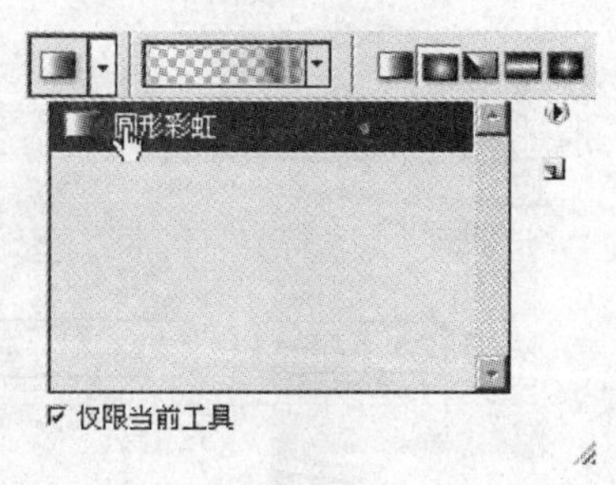

图 4-39

图 4-40

步骤13 选择椭圆选区工具，在彩虹的下方创建一个较大的椭圆。注意此时的羽化值也需要相对大一些，然后按〖Delete〗键删除，重复删除几次，注意效果的变化，如图 4-41 所示。

步骤14 不过很明显，这个彩虹的效果太重，与背景的天空难以相容，要取得较为逼真的图像效果，到图层调板调整该图层的不透明度，如图 4-42 所示，完成后打开本书附带光盘\第4章\“渐变.psd”文件对照。

图 4-41

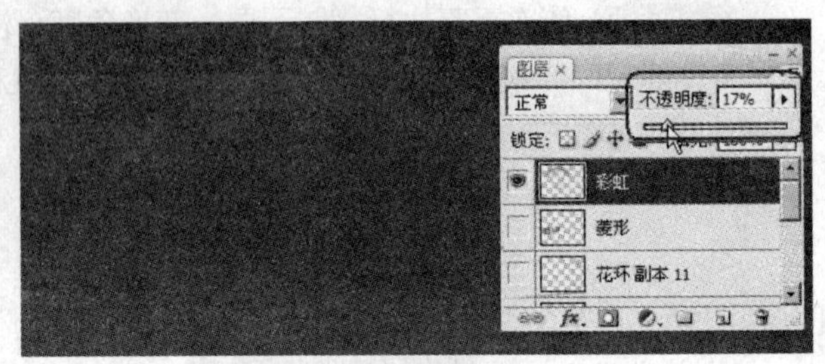

图 4-42

4.3.7 编辑渐变器

Photoshop 提供的渐变图案有时并不能满足我们实际的需要，要获得更多理想的渐变样式，就可以通过渐变编辑器来解决。

单击的颜色位置，可以打开渐变编辑器，如图 4-43 所示。通过调整色标的色彩、不透明度及其位置，来改变渐变的样式。

下端的色标用于调整渐变内的色彩。单击左侧的色标，然后在颜色处单击，可以弹出选择色标颜色编辑器，根据需要调整颜色。如果要更改色标在渐变中的位置，可以输入数值或直接滑动滑块，如图 4-44 所示。

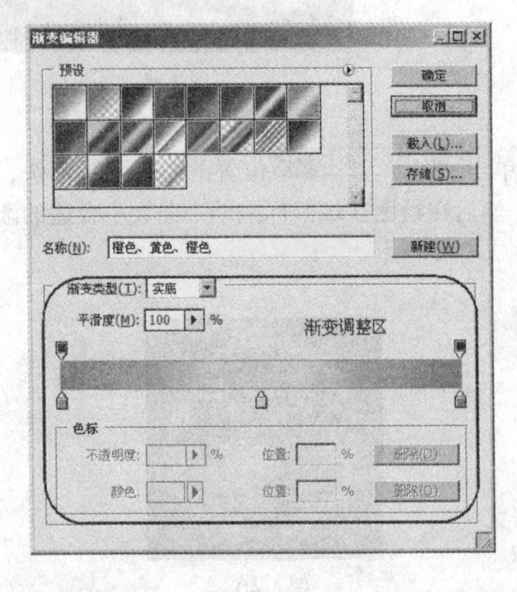

图 4-43

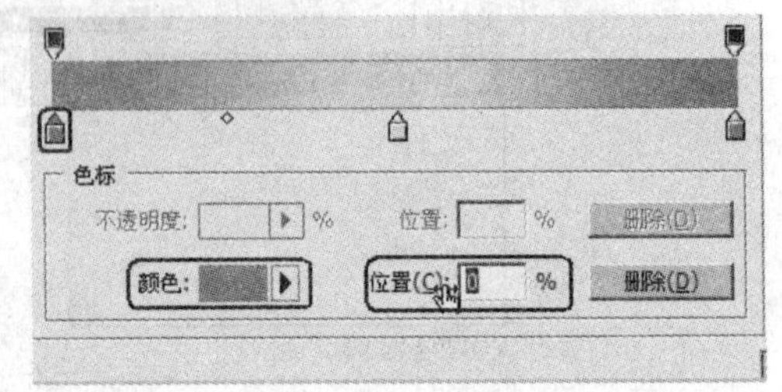

图 4-44

上端的色标用于调整该位置的不透明度。单击左侧的色标，然后输入不透明度的值。调整位置输入数值或滑动滑块，如图 4-45 所示。

如果需要添加色标，只要将鼠标移动到渐变颜色条上端或下端位置处，此时鼠标会变成，单击鼠标左键即可，如图 4-46 所示。

如果要删除色标，则只需用鼠标左键拖动该色标到渐变编辑器外部即可。

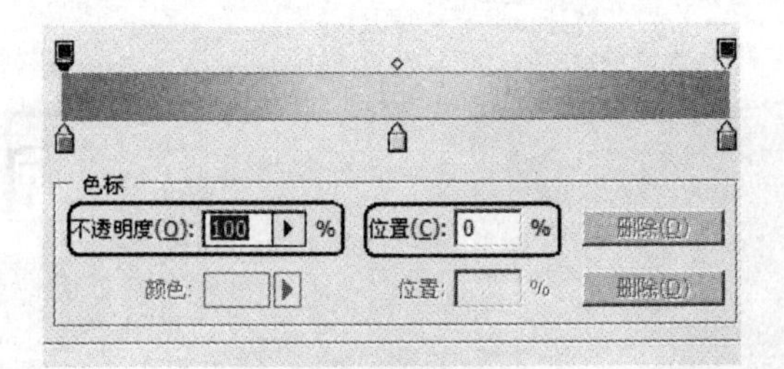

图 4-45

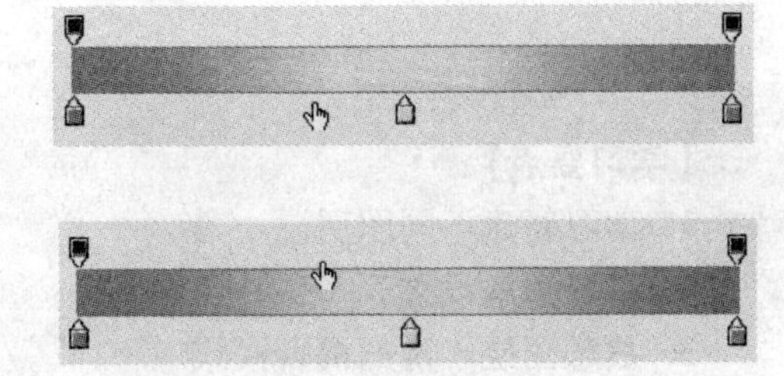

图 4-46

【小结】

本章主要讲述了图层的基本用法，利用创建图层和图层组管理及编辑图形，学会对图层的基本编辑操作。

图层操作快捷键

命令名称	快捷键	命令名称	快捷键
从对话框新建一个图层	Ctrl + Shift + N	通过复制建立一个图层	Ctrl + J
以默认选项建立一个新的图层	Ctrl + Alt + Shift + N	通过剪切建立一个图层	Ctrl + Shift + J
与前一图层编组	Ctrl + G	取消编组	Ctrl + Shift + G
向下合并或合并链接图层	Ctrl + E	合并可见图层	Ctrl + Shift + E
盖印或盖印链接图层	Ctrl + Alt + E	盖印可见图层	Ctrl + Alt + Shift + E
将当前层下移一层	Ctrl + [	将当前层上移一层	Ctrl +]
将当前层移到最下面	Ctrl + Shift + [	将当前层移到最上面	Ctrl + Shift +]
激活下一个图层	Alt + [	激活上一个图层	Alt +]
激活底部图层	Shift + Alt + [	激活顶部图层	Shift + Alt +]
锁定透明像素和位置	/	关闭/打开除当前图层以外图层	Alt + 左键单击缩略图

第 5 章　Photoshop CS5 图层进阶

【学习要点】

1. 学习新建不同图层。
2. 了解图层设置。
3. 熟悉图层丰富的混合模式。
4. 掌握图层样式的设置和应用。

【学习目标】

通过本章的学习，深入理解图层对于 Photoshop 的重要作用，学会新建不同图层并进行图层设置和应用图层混合模式，掌握图层样式的设置及图层样式实例操作。

5.1　新建图层

5.1.1　新建文字图层

文字图层是 Photoshop 中非常重要的内容，因为几乎每一幅作品都需要添加必要的文字说明，所以学会文字的处理对于做出好的作品有至关重要的作用。

按[T]键转换到文字工具，在图像中单击鼠标左键指定书写文字的位置，根据需要输入相应的内容，单击选项栏中的✔完成文字的书写后，会自动建立文字图层，并且自动以文字的内容为图层的名称，不需要再输入图层名称，如图 5-1 所示。

如果要调整文字的大小和字体的样式，就需要在选项栏的字体位置找到一种需要的字体，然后设置文字的大小，如图 5-2 所示。前提是选择已输入的文字或者在文字输入之前修改。当然文字颜色的修改也是如此。

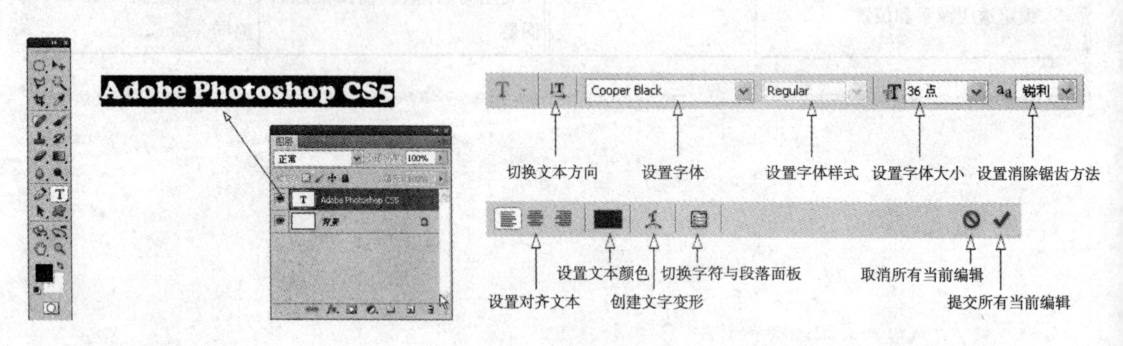

图 5-1　　　　图 5-2

如果需要的字体在 Photoshop 中没有，那就需要安装字体。方法是找到字体文件，可以从网络下载，复制后粘贴到“C：\ WINDOWS \ Fonts”目录下即可。

5.1.2　新建形状图层

形状图层的建立与创建文字图层类似。按〖U〗键选择形状工具，然后选择自定形状工具，随机选择形状绘制。形状图层建立后，是一个带有蒙版的图层，如图 5-3 所示，有关蒙版的知识需要在后面学习。

形状工具的选项栏显示设置内容如图 5-4 所示。

图 5-3

形状: 样式: 颜色:
路径
形状图层　填充像素　各类工具选项　自定形状选项　选择形状
设置新图层颜色
形状区域运算　设置新图层样式

图 5-4

5.2　图层的设置

5.2.1　图层的不透明度

图层的不透明度决定它显示自身图层的程度：如果不透明度为 0% 则图层完全是透明的，也就看不到了。而不透明度为 100% 的图层则显得完全不透明。图层的不透明度的设置方法是在图层面板中“不透明度”选项中设定不透明度的数值，100% 为完全显示，如图 5-5 所示。

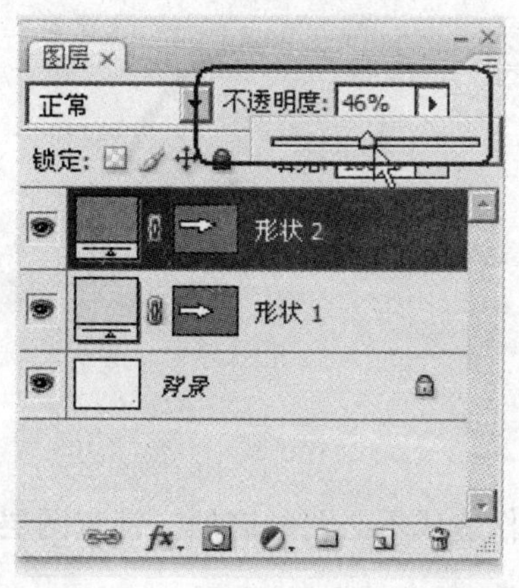

图 5-5

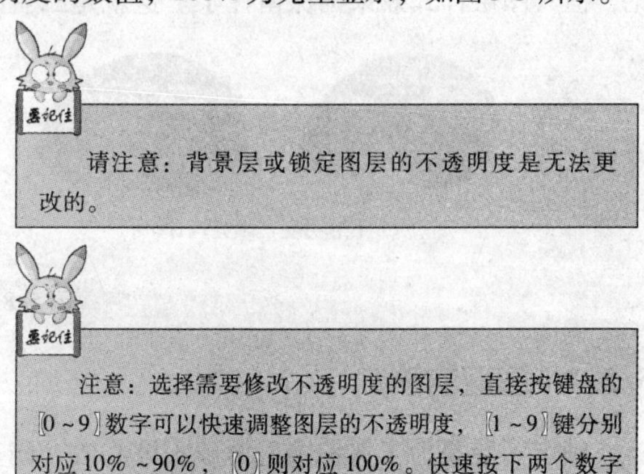

请注意：背景层或锁定图层的不透明度是无法更改的。

注意：选择需要修改不透明度的图层，直接按键盘的〖0～9〗数字可以快速调整图层的不透明度，〖1～9〗键分别对应 10%～90%，〖0〗则对应 100%。快速按下两个数字可以得到相应的不透明度数值。

打开本书附带光盘\第5章\“大海海螺.psd”文件，可以看到各种不透明度的显示情况，从左下方到右上方依次为“图层1”不透明度30%，“图层1副本”不透明度60%，“图层1副本1”不透明度80%，“图层1副本2”不透明度100%，如图5-6所示。

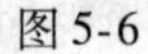

图5-6

图5-7

5.2.2 图层的填充

填充不透明度影响图层中绘制的像素或图层上绘制的形状，但不影响已应用于图层效果的不透明度。填充方法是在图层调板的“填充不透明度”文本框中输入值，如图5-7所示。

5.2.3 不透明度和填充比较

很多初学者对于不透明度和填充分辨不清。打开本书附带光盘\第5章\“海螺.psd”文件，“图层1”和“图层1副本”不透明度和填充都是100%，只是“图层1副本”具有图层样式效果。

如果调整“图层1”的不透明度为0，与调整其填充为0是一样的效果，均不可见。而如果将图层1副本的不透明度调整为0，则也完全不可见，而如果填充调整为0，图像不可见，但其图层样式效果则保留住了。这就是二者的区别，如图5-8所示。

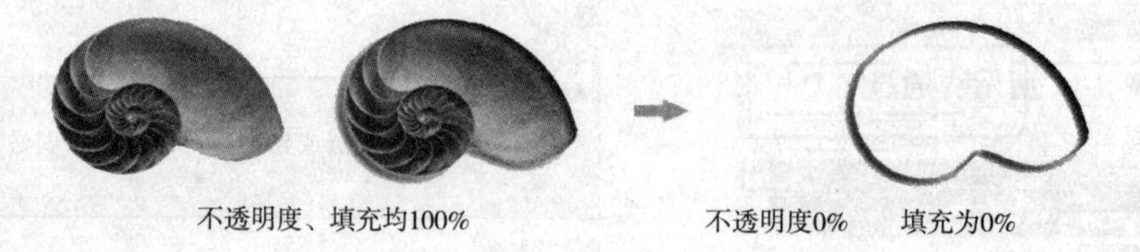

图5-8

5.2.4 图层的锁定

锁定图层是为了保护图层对象不被修改，防止误操作造成不必要的麻烦。锁定图层的操作步骤有如下几种。

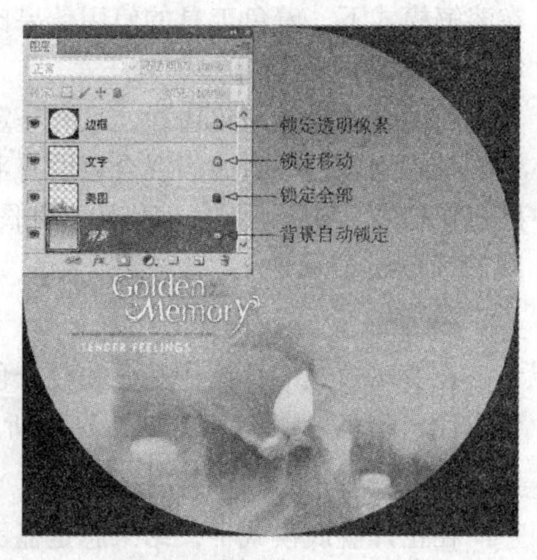

图 5-9

步骤 1 打开本书附带光盘 \ 第 5 章 \ “荷叶涟涟.psd”文件，该图像包含四个图层，如图 5-9 所示。

步骤 2 单击“美图”图层，单击锁定按钮，全部锁定，该图层所有操作均不能执行。此时图层调板显示为实心锁。

步骤 3 单击“文字”图层，单击锁定按钮，锁定移动，该图层不可执行移动命令。此时图层调板显示为空心锁。

步骤 4 单击“边框”图层，单击锁定按钮，锁定透明像素，该图层中透明像素部分不能执行编辑操作。此时图层调板显示为空心锁。

步骤 5 单击“边框”图层，单击锁定按钮，锁定图像像素，在当前图层中不能使用绘图工具。此时图层调板显示为空心锁。

5.3 图层混合模式

图层的混合模式是指上一图层的像素与下一图层像素之间的一种混合方式。Photoshop 丰富的图层混合模式可以创建各种特殊效果。执行混合模式，选中要添加混合模式的图层，在图层调板的混合模式菜单中找到所要的效果，如图 5-10 所示。

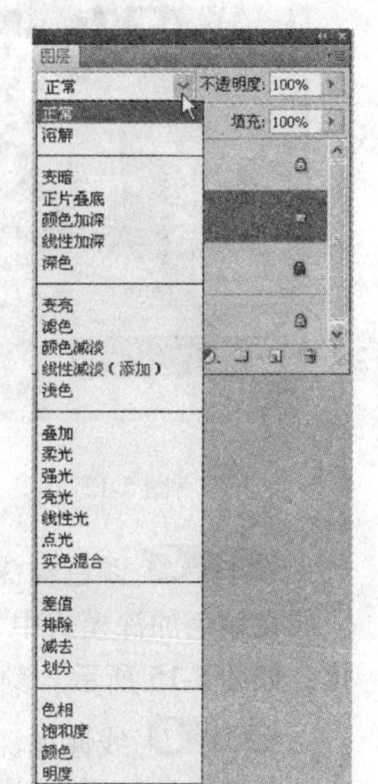

图 5-10

1. 在学习图层混合模式之前，先了解两个概念。

基色：图像中的原稿颜色。即执行混合模式选项时，两个图层中下面的图层。

混合色：通过绘画或编辑工具应用的颜色。即执行混合模式选项时，两个图层中上面的图层。

2. 学习图层混合模式的步骤：

步骤 1 打开本书附带光盘 \ 第 5 章 \ “图层混合.psd”文件，如图 5-11 所示，通过“基色”和“混合色”两个图层的混合，来观察混合后的效果。

步骤 2 正常模式，是默认模式，在位图或索引颜色模式时，称为阈值。

在正常模式下，混合色的显示与图层的不透明度有关。当不透明度为 100% 时，结果的显示完全由混合色替代。当不透明度小于 100% 时，基色的像素会透过所用的颜色显示出来，显示的程度取决于不透明度的设置和基色的颜色。

步骤 3 溶解模式

在溶解模式下，根据每个位置像素的不透明度，由基色和混合色的像素随机替换。因此在溶解模式下，着色工具的使用效果比较理想，比如“画笔”、“仿制图章” 等。

当混合色没有羽化边缘，且有一定的透明度时，混合色将融入到基色中。而当混合色没有羽化边缘，且不透明度 100% 时，溶解不起任何作用。如图 5-12 所示为不透明度 75% 时的显示效果。

步骤 4 变暗模式

在变暗模式中，比较基色和混合色的亮度，亮色被暗色取代，暗色保持不变，如图 5-13 所示。

步骤 5 正片叠底模式

在正片叠底模式中，结果总是显示较暗的颜色。任何颜色与黑色混合将产生黑色。任何颜色与白色混合而保持不变。可以说正片叠底模式就是突出黑色的像素。

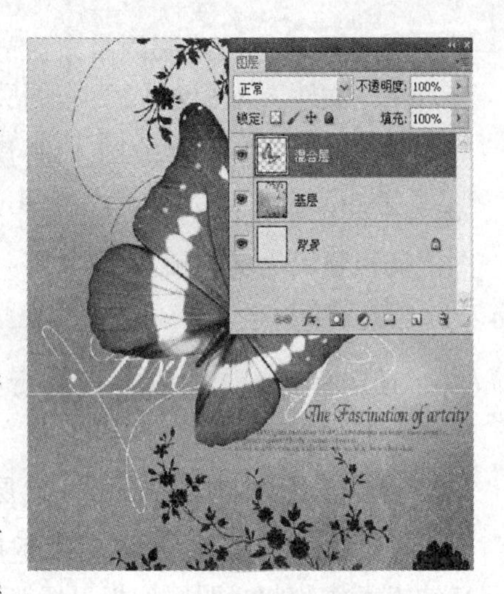

图 5-11

利用正片叠底模式可以形成一种光线穿透图层的幻灯片效果。事实上就是将基色颜色与混合色颜色的数值相乘，然后再除以 255，便得到了结果的颜色值。例如，红色与黄色的结果色是橙色，红色与绿色的结果色是褐色，红色与蓝色的结果色是紫色等，如图 5-14 所示。

图 5-12

图 5-13

图 5-14

步骤 6 颜色加深模式

在颜色加深模式中，通过增加对比度使基色变暗来反映混合色，与白色混合不会产生变化，如图 5-15 所示。颜色加深模式创建的效果和正片叠底模式创建的效果比较类似。

步骤 7 线性加深模式

在线性加深模式中，通过减低亮度使基色变暗来反映混合色。与白色混合后不会产生变化，如图 5-16 所示。

步骤 8 深色模式

在深色模式中，比较混合色和基色的所有通道值的总和，并显示值较小的颜色，如图 5-17 所示。

图 5-15

图 5-16

图 5-17

步骤 9 其他模式

变亮模式：与变暗模式相反，它是选择基色或混合色中较亮的颜色作为结果颜色。比混合色暗的像素被替换，比混合色亮的像素保持不变。

滤色模式：与正片叠底模式正好相反，就是将混合色的互补色与基色复合。结果色总是较亮的颜色。用黑色过滤时颜色保持不变。用白色过滤将产生白色。

颜色减淡模式：与颜色加深模式相反，通过减小对比度使基色变亮以反映混合色。与黑色混合不会发生变化。颜色减淡模式类似于滤色模式创建的效果。

线性减淡模式：与线性加深模式相反，它是通过增加亮度使基色变亮以反映混合色。与黑色混合不会发生变化。

浅色模式：与深色模式相反，比较混合色和基色的所有通道的值的总和，并显示值较大的颜色。

叠加模式：在高光和阴影部分上表现涂抹颜色的合成效果。

柔光模式：在图像比较亮的时候，类似于使用了“减淡工具”，变得更亮；在图案比较暗的时候，类似于使用了“加深工具”，表现得更暗。

强光模式：如果混合色比 50% 灰色亮，则图像变亮，就像过滤后的效果，这对于向图像中添加高光非常有用。如果混合色比 50% 灰色暗，则图像变暗，就像复合后的效果，这对于向图像添加暗调非常有用。

亮光模式：如果混合色比 50% 灰色亮，则通过减小对比度使图像变亮；如果混合色比 50% 灰色暗，则通过增加对比度使图像变暗。

线性光模式：通过减小或增加亮度来加深或减淡颜色，具体效果取决于混合色。如果混合色比 50% 灰色亮，则通过增加亮度使图像变亮，如果混合色比 50% 灰色暗，则通过减小亮度使图像变暗。

点光模式：表现整体较亮的画笔，将白色部分处理为透明效果。

实色混合模式：该模式将绘画的每个像素和下方图像的颜色混合，并通过色相及饱和度来强化混合颜色，使画面呈现一种高反差效果。使用白色混合则显示为白色。

差值模式：将应用画笔的部分转换为底片颜色。

排除模式：如果是白色，表现为图像颜色的补色，如果是黑色则没有任何变化。

减去模式：根据不同的图像，减去图像中的亮部或者暗部，与基层的图像混合。

划分模式：将图像划分为不同的色彩区域，与基层图像混合，产生较亮的，类似于色调分离后的图像效果。

色相模式：使用基色的光度与饱和度以及混合色的色相创建结果色。

饱和度模式：调整混合画笔的饱和度，应用颜色变化。

颜色模式：使用基色的光度以及混合色的色相与饱和度创建结果色，这样可以保护图像中的灰阶。

明度模式：翻转与颜色模式相反的画笔效果，整个图像变亮。

如果使用画笔工具，混合模式还有背后、清除等效果。背后模式是指当有透明图层时才可以使用，且只能在透明区域里绘制图像。清除模式也是在透明图层使用，图像部分会被表现为透明区域。

5.4 图层样式

Photoshop 提供了各种特殊效果（如投影、发光、斜面等），为图层增加丰富的变化提供了有效工具。

要设置图层样式，从图层调板中选择该图层，执行下列操作之一：

操作1 双击该图层（在图层名称和缩略图的外部）。

操作2 单击“图层”调板底部的“图层样式”按钮 fx，并从列表中选取效果。

> 要记住
>
> 注意：不能将图层样式应用于背景图层、锁定的图层或组。如果要将图层样式应用于背景图层，请先将该图层转换为常规图层。

操作3 单击【图层→图层样式】菜单，选取各种图层样式。

5.4.1 设置挖空选项

挖空选项可以设置图层是否是“穿透”的，以使下层图层的内容显示出来。

步骤1 打开本书附带光盘\第5章\“蝴蝶情.psd”文件，选择“蝴蝶”图层，双击该图层打开“图层样式”对话框，设置“混合选项：自定”内容如图5-18所示，设置“挖空”后，图像将被挖空，显示出“背景”图层中的图像，如图5-19所示。

步骤2 如果将“背景”图层关闭，或者将“背景”图层转换为普通图层，该文件相当于没有“背景”图层，那么设置完成的“挖空”效果将挖空到透明区域，如图5-20所示。

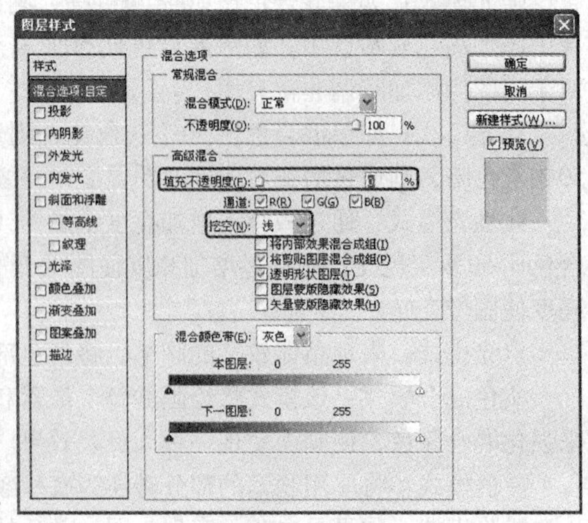

图5-18

记住

注意：设置图层挖空效果时，该图层可以穿越其下方的图层，直达“背景”图层，显示出“背景”图层的内容。

图 5-19

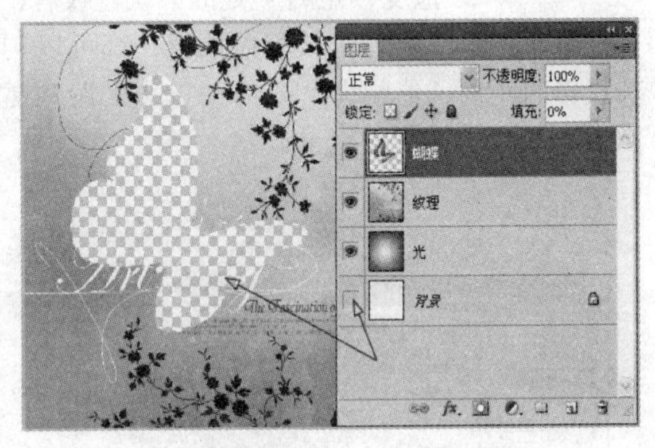

图 5-20

步骤 3 在“蝴蝶”图层下方新建“图层 1”，并填充任意颜色。

步骤 4 按住〖Ctrl〗键同时选中“蝴蝶”图层和“图层 1”，再按下〖Ctrl + G〗快捷键编组。此时，“蝴蝶”图层中的图像将挖空“图层 1”的图像，显示出该图层组下方的“纹理”图层的图像，如图 5-21 所示。

图 5-21

记住

注意：此时可以指定需要“挖空”的图层，只需要将要“挖空”的图层放在设置了挖空效果图层组的下方即可。

5.4.2 投影和内阴影

“投影”样式是根据图像的边线模拟光线照射效果，以创建图像的透视效果。“内阴影”是在图像边缘内侧产生阴影效果，以使图像呈现凹陷或者突出的效果。这两种样式的选项基本相同。

步骤 1 打开本书附带光盘 \ 第 5 章 \ “love.psd” 文件。

提示：“投影”是在图像的后面添加阴影效果，而“内阴影”则是在图像边缘内添加阴影效果。

步骤 2 选择“love”图层，双击该图层缩略图，打开“图层样式”对话框，再用鼠标左键单击“图层样式”对话框左侧的“投影”，右侧出现对应的选项内容，如图 5-22 所示。

注意：只有鼠标单击图层样式中的某个选项，才能在对话框右侧显示参数。如果只是复选而没有选中该项目，则不会显示参数也就无法调整。

步骤 3 拖曳“距离”处的滑块，或者鼠标左键单击每一位置，或者输入相应数值，都可以调整图像和投影的距离，值越大，图像和投影的距离越大，如图 5-23 所示。

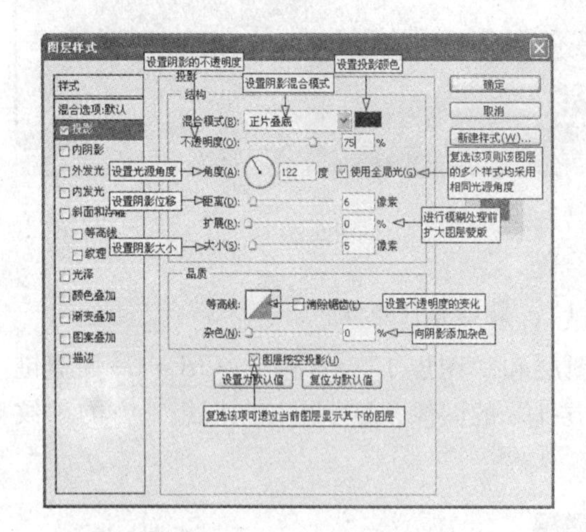

图 5-22

图 5-23

步骤 4 设置“扩展”参数值，值越大，投影的边缘越清晰，如图 5-24 所示。

步骤 5 设置“大小”参数值，值越大，投影影响的范围越大，轮廓越模糊，如图 5-25所示。

图 5-24

图 5-25

步骤 6 设置“阴影颜色”，单击“混合模式”右侧的色块，打开“选择阴影颜色”拾色器，设置相应颜色，并且可以调整“混合模式”选项和“不透明度”，混合模式与图层混合模式相同，如图 5-26 所示。

步骤 7 调整投影角度，可以复选“使用全局光”，此时该样式中所有光线均同一方向。如果不复选“使用全局光”，则可以单独调整“投影”的光源方向，如图 5-27 所示。

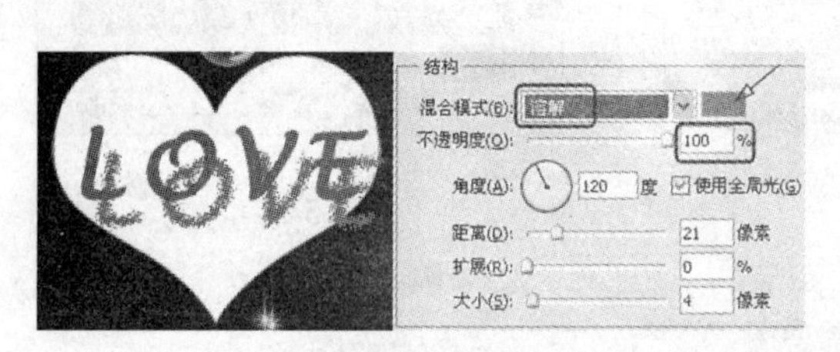

图 5-26

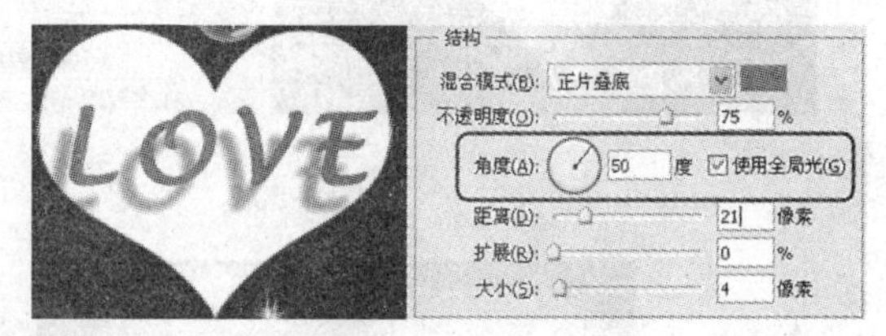

图 5-27

步骤 8 设置“等高线”，等高线的调整也就是调整投影的不透明度变化方式。默认状态下为 1:1 输入输出关系。单击图标，打开“等高线编辑器”对话框，鼠标左键在等高线单击并拖拽到新的位置，设置不同的不透明度，达到如图 5-28 所示效果。

如果单击“预设”选项右侧的三角按钮，可以选择 Photoshop 自带的定义好的投影等高线。

步骤 9 设置“杂色”，在“杂色”位置拖拽滑块或输入相应数值，可以向投影中添加杂色，参数值越大，杂色点数越多，如图 5-29 所示。

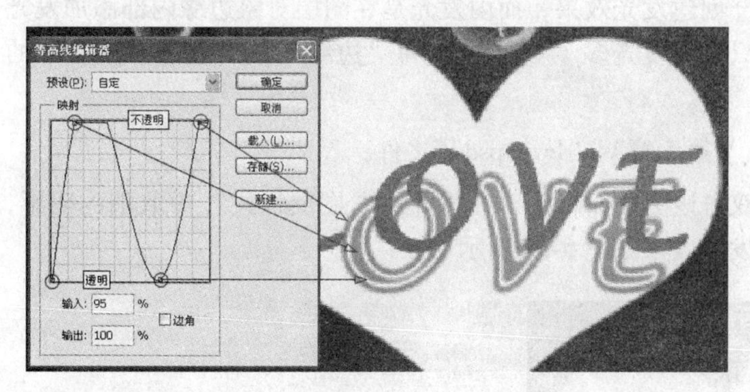

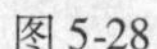
图 5-28

图 5-29

步骤 10 参照图 5-30 的设置内容，得到“投影”样式的效果如图 5-30 所示。单击“确定”按钮完成设置，此时在图层调板中，对应的“love”图层位置出现如图 5-31 所示的图层样式标示。

步骤 11 选择“图层 1”，设置其图层样式“内阴影”，其参数参照图 5-32 所示，得到效果如图 5-32 所示。由于“内阴影”中的设置项目基本与“投影”相同，故不再赘述。

图 5-30

图 5-31

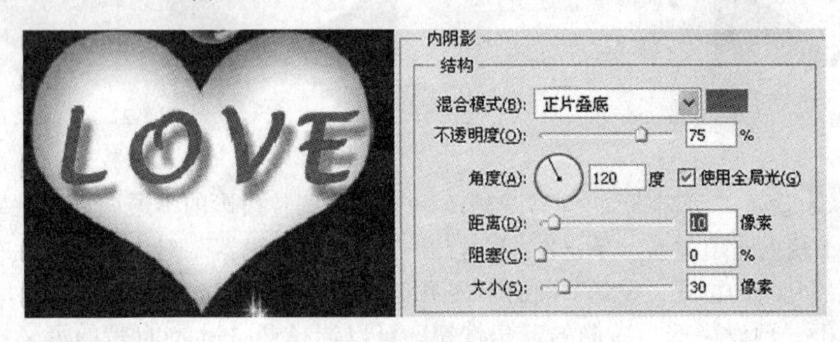

图 5-32

5.4.3 外发光与内发光

外发光是指在图像的边缘外部创建发光效果，而内发光是在图层对象边缘内部添加发光效果。两种设置参数基本相同，只是内发光多了“居中”和“边缘”两个选项。其参数的具体功能与“投影”样式类似。

步骤① 打开本书附带光盘\第 5 章\“love. psd”文件。

步骤② 选择“图层 1”，双击该图层缩略图，在打开的“图层样式”中取消内阴影，复选外发光，设置外发光参数和发光效果如图 5-33 所示。

图 5-33

步骤 3 按下〖Ctrl + Z〗快捷键撤销外发光效果。再次选择“图层 1”，双击该图层缩略图，在打开的“图层样式”中取消外发光，复选内发光，设置内发光参数和发光效果如图 5-34 所示。

图 5-34

5.4.4　斜面和浮雕

斜面和浮雕可以给图层对象添加高光和阴影的不同组合，从而获得凸出或凹陷的斜面与浮雕效果。

步骤 1 打开本书附带光盘 \ 第 5 章 \ “love. psd” 文件。

步骤 2 选择“图层 1”，在打开的“图层样式”对话框中复选斜面和浮雕，可以设置的参数如图 5-35 所示。

步骤 3 为便于观察，在“图层 1”下方添加“图层 2”，并且在“图层 2”创建圆形选区并填充淡紫色，设置该图层的“不透明度”为 50%，如图 5-36 所示。

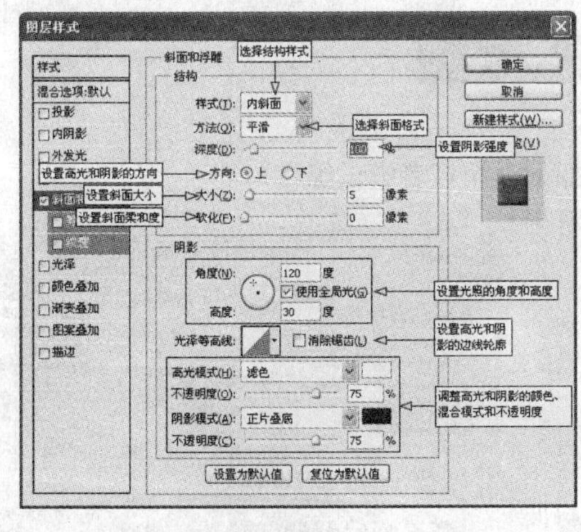

图 5-35

图 5-36

步骤 4 选择“图层 1”，复选“图层样式”中的“斜面和浮雕”，设置“深度”为 500%，大小为 9 像素。

步骤 5 单击“结构”中的“样式”，其中包含五种样式效果，分别为外斜面、内斜面、浮雕效果、枕状浮雕和描边浮雕，如图 5-37 所示。依次选择外斜面、内斜面、浮雕效果、枕状浮雕，效果如图 5-38 所示。

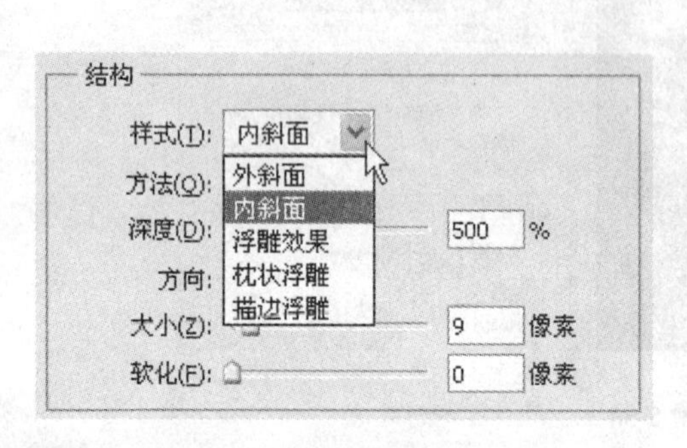

图 5-37

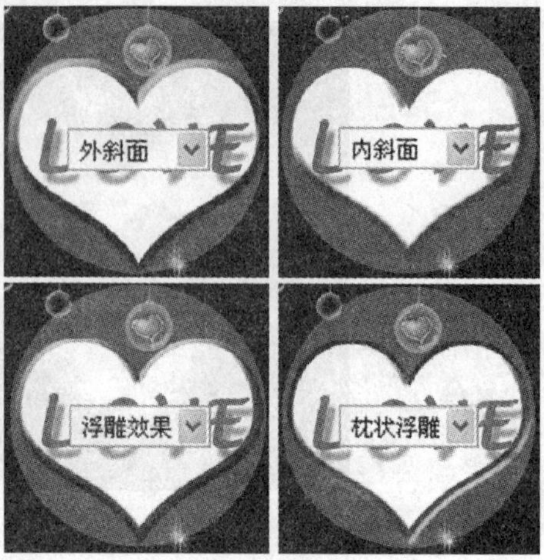

图 5-38

步骤 6 选择“结构”中的“描边浮雕”样式，此时看不出任何变化，必须要给该图层“描边”，才能看到浮雕效果。单击“图层样式”对话框左侧的“描边”样式，参照如图 5-39 所示的参数设置，得到效果如图 5-40 所示。

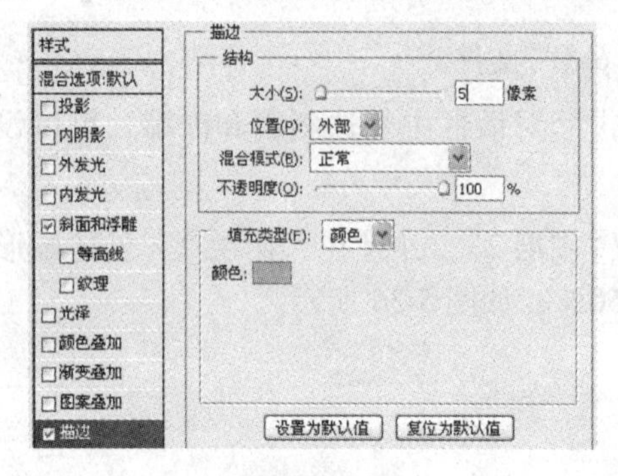

图 5-39

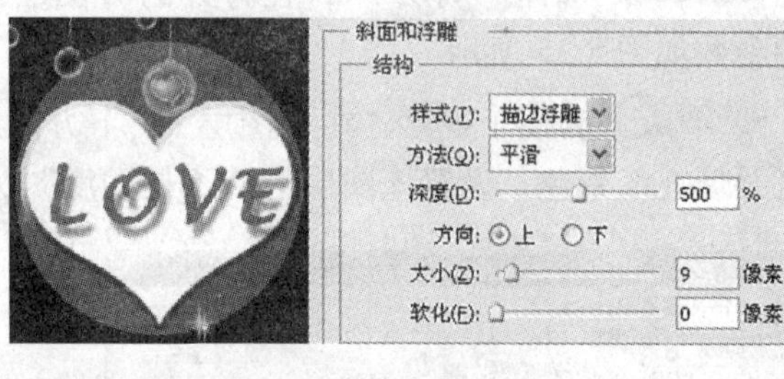

图 5-40

步骤 7 设置“结构”中的其他参数意义如下（请读者尝试练习）。

方法：包括三种类型，分别为平滑、雕刻清晰和雕刻柔和。

深度：指斜面的深度，数值越大效果越突出。

方向：指光线的照射方向。

大小：指产生阴影的大小。

软化：指模糊效果的强弱。

步骤 8 在“图层样式”左侧选项中的“斜面和浮雕”样式的下方附带有两个选项，分别为“等高线”和“纹理”，其相应参数意义如图 5-41 所示。

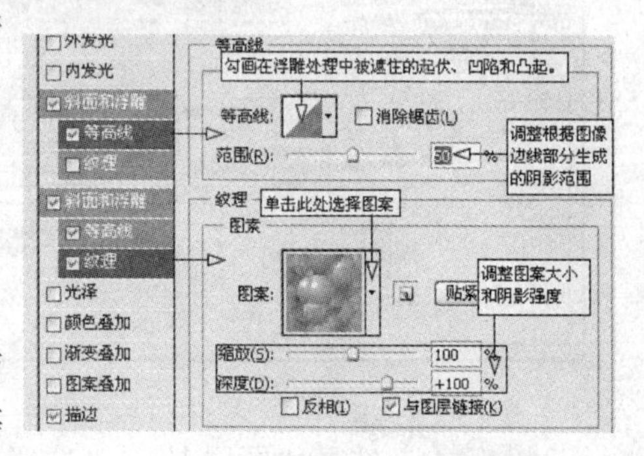

图 5-41

步骤 9 等高线是为调整内阴影的形状和浮雕的效果。设置等高线得到如图 5-42 所示效果。

步骤 10 纹理是为图像添加图案纹理效果的。设置纹理得到如图 5-43 所示效果。

图 5-42

图 5-43

5.4.5 光泽

光泽样式通常和其他样式一起使用。根据图层的形状产生相应的阴影，同时在边缘部分产生柔化效果。

步骤 1 打开本书附带光盘\第 5 章\“love. psd”文件。

步骤 2 选择“图层 1”，在打开的“图层样式”对话框中，取消其他效果，复选光泽，设置参数如图 5-44 所示。

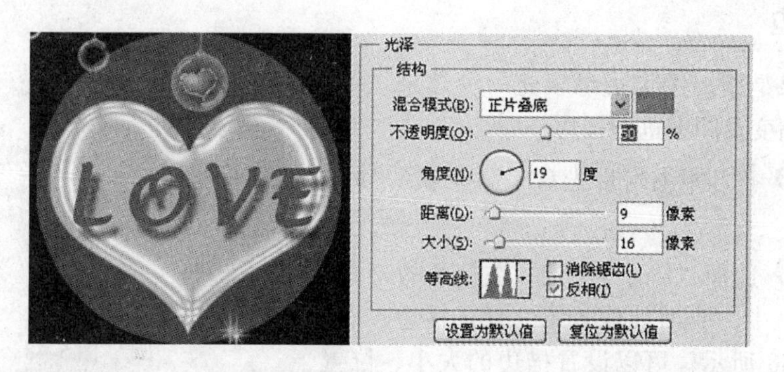

图 5-44

5.4.6 颜色叠加、渐变叠加和图案叠加

叠加指在图层中用颜色、渐变或图案进行填充。添加这三种样式效果，如同在图像上新添加了一个设置有“混合模式”和“不透明度”样式的图层，可以获得绚丽的效果。

图 5-45

步骤1 打开本书附带光盘\第 5 章\“love. psd”文件。

步骤2 选择“图层 1”，在打开的“图层样式”对话框中，取消其他效果，复选颜色叠加，设置参数如图 5-45 所示。通过调整混合模式和不透明度来获得不同的效果。正常模式下，透明度 100% 叠加后将完全覆盖原有色，透明度 0% 则没有叠加效果。参照图 5-45 所示设置叠加后效果如图 5-45 所示。

步骤3 选择“图层 1”，在打开的“图层样式”对话框中，取消其他效果，复选渐变叠加，设置参数如图 5-46 所示。渐变的调整与第 4 章所学方法一样。其中的角度指渐变的光线方向，缩放指渐变影响范围的大小。叠加后效果如图 5-46 所示。

步骤4 选择“图层 1”，在打开的“图层样式”对话框中，取消其他效果，复选图案叠加，设置参数如图 5-47 所示。其中的缩放指填充图案的大小。叠加后效果如图 5-47 所示。

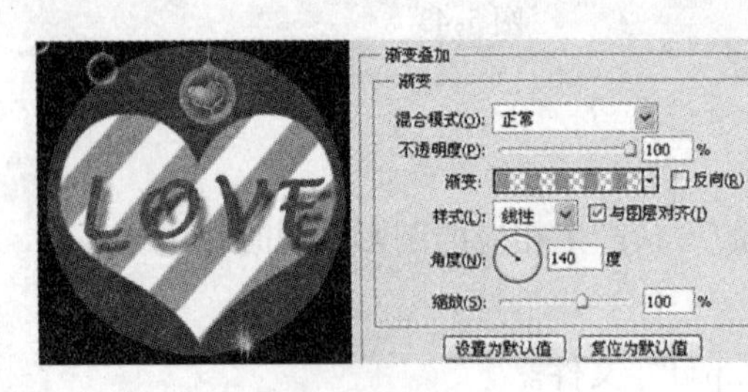

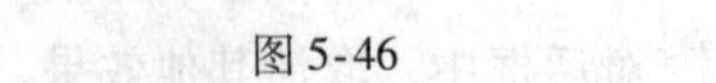
图 5-46

图 5-47

5.4.7 描边

描边效果是指沿图像边缘填充一种效果，可以填充颜色、渐变及图案进行描边。

图 5-48

步骤1 打开本书附带光盘\第 5 章\“love. psd” 文件。

步骤2 选择“love”图层，在打开的“图层样式”对话框中，取消其他效果，复选描边，设置参数如图 5-48 所示。可以设置描边的大小、位置、混合模式以及不同的填充类型。如图 5-48、图 5-49、图 5-50 所示为填充类型分别是颜色、渐变和图案描边后的效果。

图 5-49

图 5-50

5.5　图层样式实例

运用图层样式可以制作出具有真实感的图像，如图 5-51 所示的玉兔和手镯正是运用图层样式的命令一步步制作而成。本例主要练习图层样式的设置，其中包括投影、内发光、斜面和浮雕、描边等编辑命令。

案例中应用了部分滤镜命令，从本章开始在实例制作部分将逐渐学习滤镜的使用。

图 5-51

步骤 1　按〖Ctrl + N〗快捷键新建文件，设置其尺寸为 800 × 600 像素，“分辨率”为 72，“模式”为“RGB 颜色”，命名为“玉器”，如图 5-52 所示。给“背景”图层填充一个深蓝色与白色的渐变效果。

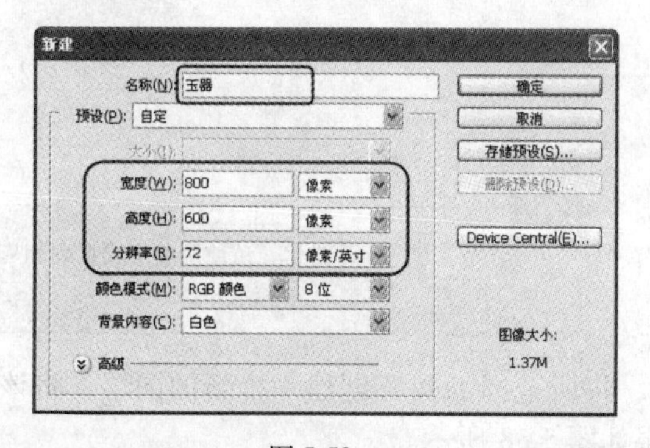

图 5-52

小知识：Photoshop 滤镜基本可以分为三个部分：内阙滤镜、内置滤镜（也就是 Photoshop 自带的滤镜）、外挂滤镜（也就是第三方滤镜）。

内阙滤镜指内阙于 Photoshop 程序内部的滤镜，共有 6 组 24 个滤镜。

内置滤镜指 Photoshop 缺省安装时，Photoshop 安装程序自动安装到 pluging 目录下的滤镜，共 12 组 72 支滤镜。

外挂滤镜就是除上面两种滤镜以外，由第三方厂商为 Photoshop 所生产的滤镜，它们不仅种类齐全，品种繁多而且功能强大，同时版本与种类也在不断升级与更新。

步骤 2　新建一个图层，命名为“云纹”，用来制作玉镯上的云状图案。选择如图 5-53 所示的前景色，背景色选用白色即可。

步骤 3 制作“云纹”图层效果。对“云纹”图层，执行【滤镜→渲染→云彩】命令，得到如图 5-54 所示效果。

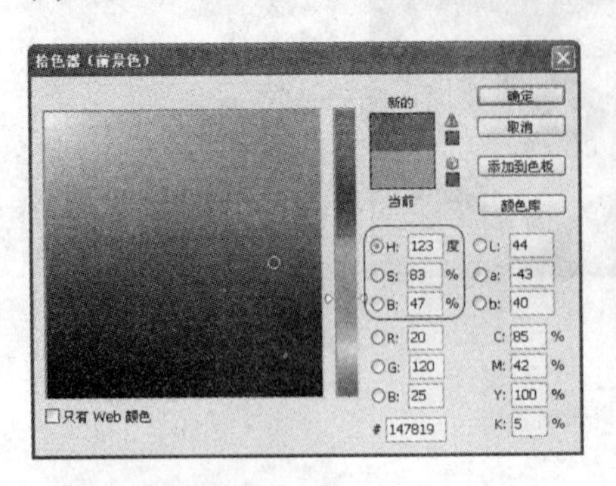

图 5-53

图 5-54

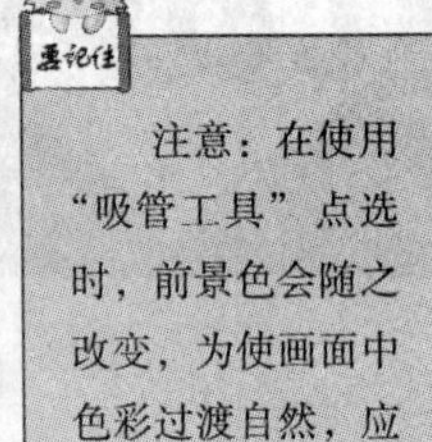

注意：在使用“吸管工具”点选时，前景色会随之改变，为使画面中色彩过渡自然，应选用改变后的前景色进行填充。

从图中效果看出云状花纹并不明显，此时执行【选择→颜色范围】命令，打开如图 5-55 所示的对话框，用吸管工具在图示浅色区域处单击鼠标，选取浅色区域填充白色，同样方法选出深色区域填充前景绿色，从而得到最终效果如图 5-56 所示。

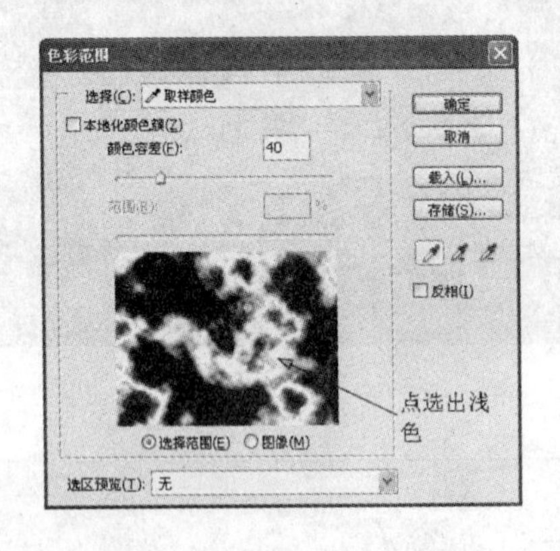

图 5-55

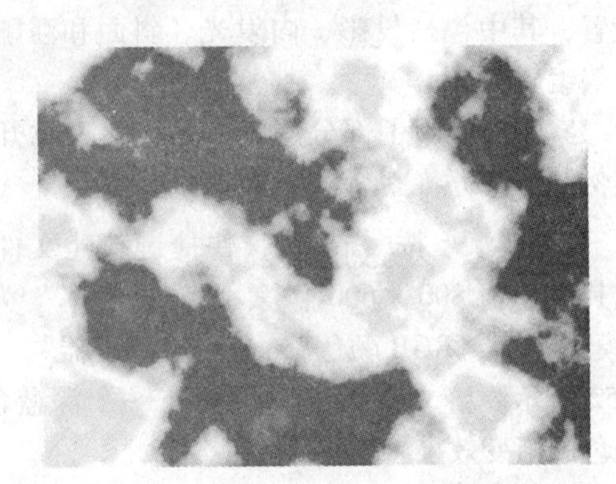

图 5-56

步骤 4 新建“玉镯”图层。执行椭圆选区工具，创建一个圆环状选区，移动选区至如图 5-57 所示位置（应尽量使绿色区域占有较大面积）。

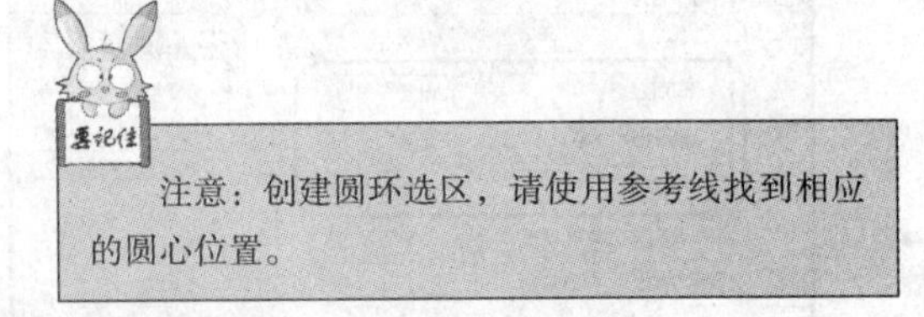

注意：创建圆环选区，请使用参考线找到相应的圆心位置。

在图层面板中单击鼠标左键选中“云纹”图层，按〖Ctrl + J〗快捷键复制图层命令，将所选择的圆环创建一个新的图层，将该图层命名为“玉镯”，关闭“云纹”图层，效果如图 5-58 所示。

步骤 5 鼠标左键双击“玉镯”图层，在弹出的对话框中设置图层样式，设置参数如以下所示。

调整图层样式的“投影”选项，具体设置如图 5-59 所示。

调整图层样式的“内发光”选项，具体设置如图 5-60 所示。

调整图层的“斜面和浮雕”选项，具体设置如图 5-61 所示。

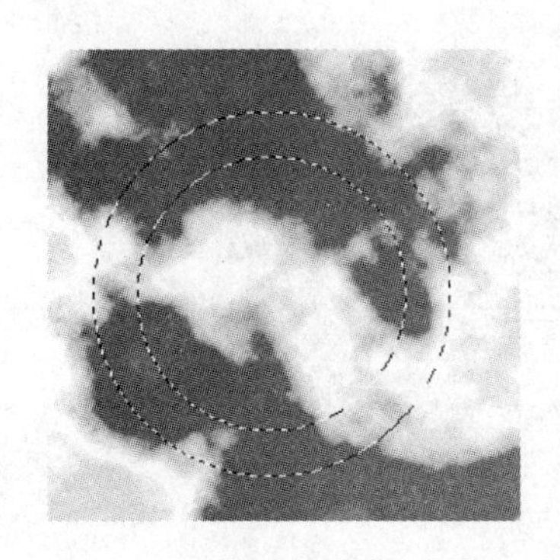

图 5-57

图 5-58

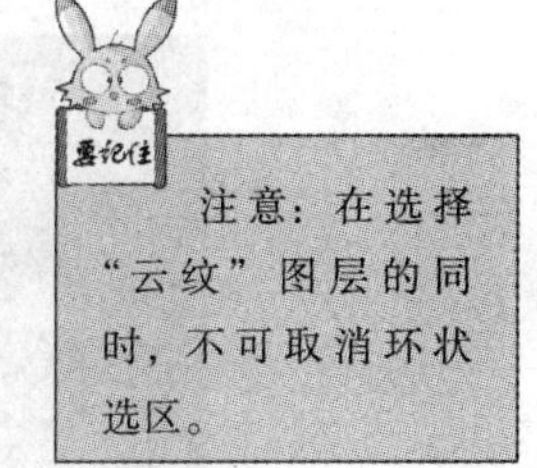

注意：在选择“云纹”图层的同时，不可取消环状选区。

调整图层的“光泽”选项，具体设置如图 5-62 所示。

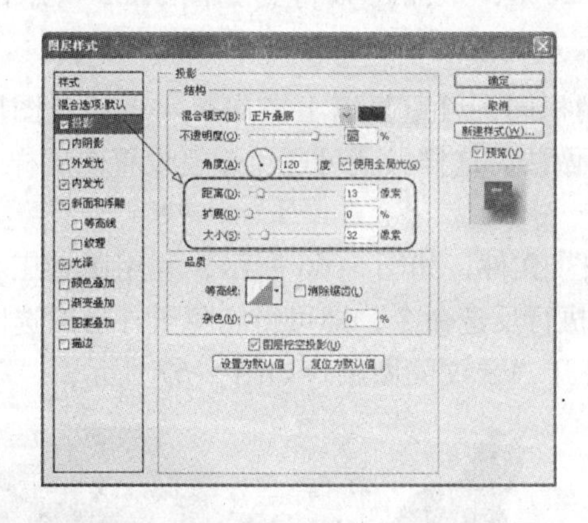

图 5-59

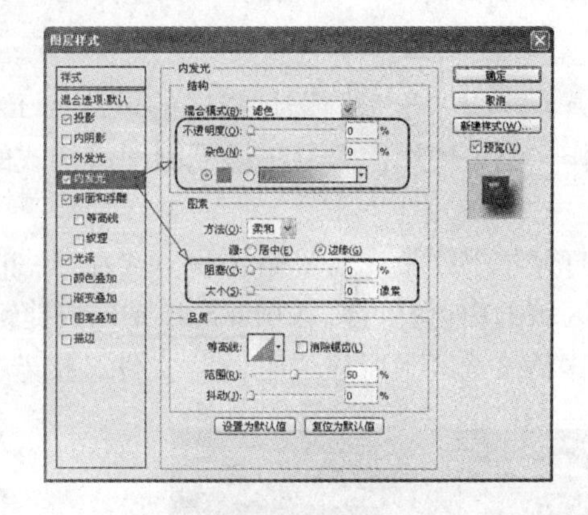

图 5-60

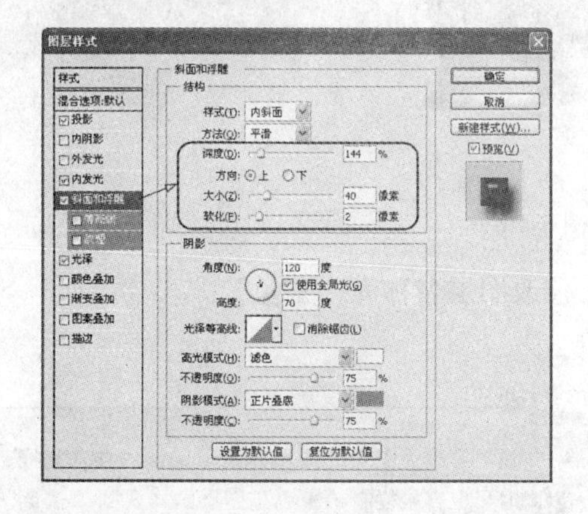

图 5-61

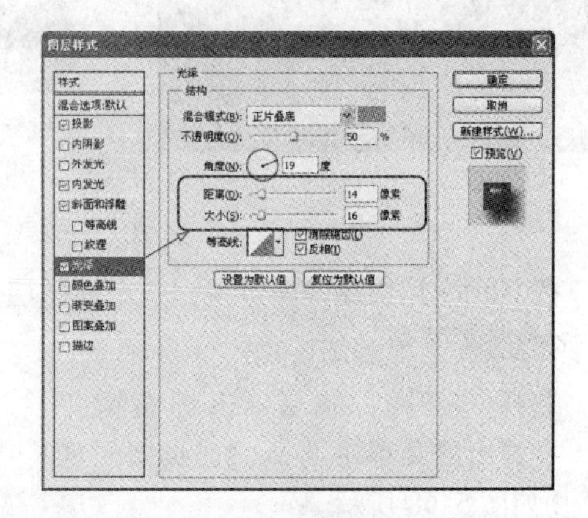

图 5-62

从而得到手镯效果，如图 5-63 所示。

步骤 6　制作“手镯”图层的倒影效果，选中所做“玉镯”图层，按〖Ctrl + J〗快捷键，得到“玉镯副本”图层，如图 5-64 所示。

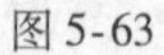
图 5-63

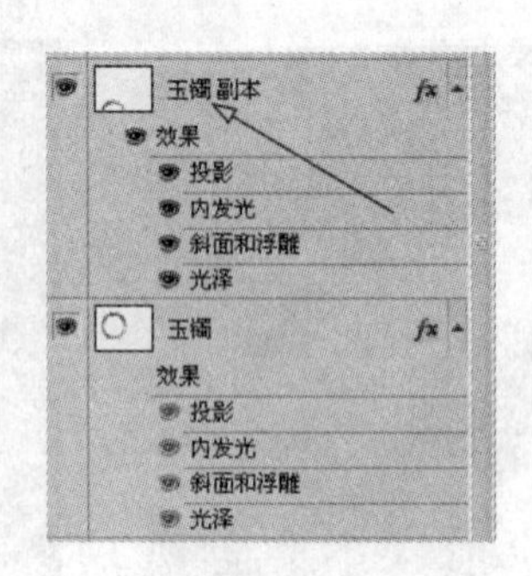

图 5-64

对“玉镯副本”执行【编辑→变换→垂直翻转】，再移动到原玉镯图像的正下方，然后降低“玉镯副本”图层的“不透明度”为 20%，从而可以得到如图 5-65 所示的倒影效果。

步骤 7 “玉兔”图层样式的做法与玉镯相同，可重复以上操作来实现玉兔图层效果的制作，也可使用简单方法即复制图层样式的做法，这样做就可避免重复设置图层样式时的繁琐。

打开本书附带光盘 \ 第 5 章 \ “兔子 . jpg” 文件，如图 5-66 所示，利用魔棒工具选择空白区域的白色，再按〖Ctrl + Shift + I〗快捷键执行反选命令，即可得到兔子外形的选区。

移动该选区到所建“玉器”文件，接着打开“云纹”图层，如图 5-67 所示。

图 5-65

图 5-66

图 5-67

按〖Ctrl + J〗快捷键即可得到一个新图层，修改图层名称为“玉兔”。

步骤 8 复制图层样式。

选择“玉镯”图层，鼠标右键单击，在弹出的菜单中选择“拷贝图层样式”，如图 5-68 所示。

再选择“玉兔”图层。鼠标右键单击，在弹出的菜单中选择“粘贴图层样式”，如图 5-69 所示。

要记住

注意：因为玉兔的图层样式与玉镯的样式相同，所以此时可以直接复制“玉镯”图层的样式到“玉兔”图层的样式，从而得到玉器的效果。

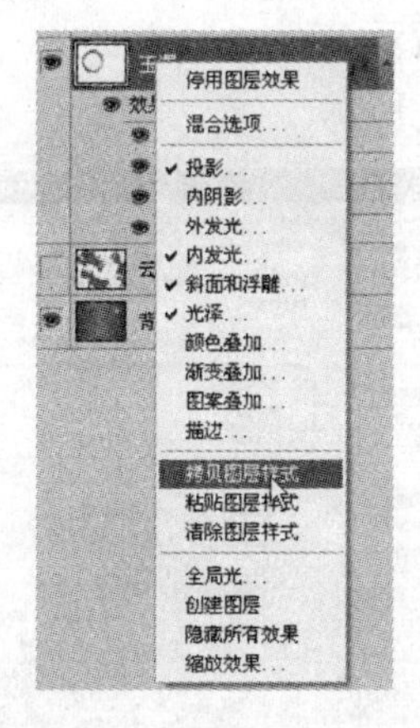

图 5-68

图 5-69

复制“玉兔”图层得到“玉兔副本”图层，并调整其“不透明度”为 20%，得到如图 5-70 所示效果。

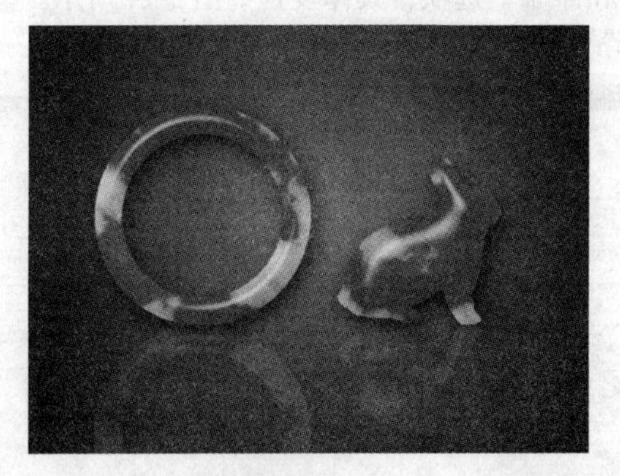

图 5-70

步骤 9　书写文字。

选择工具箱中的文字工具 T，设置文字工具选项栏如图所示，从而得到如图 5-71 所示的字体效果。

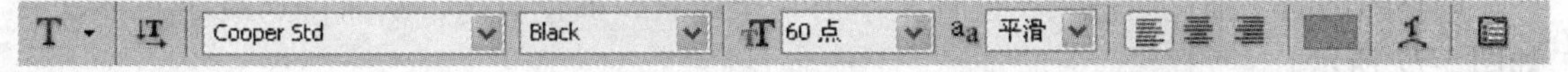

www.PS.com

图 5-71

注意：在输入文字的同时，“图层”调板中会自动生成一个新图层，在取消文字工具或选择其他图层后，该图层会被自动地命名为所书写的内容，所以书写文字不用新建图层。

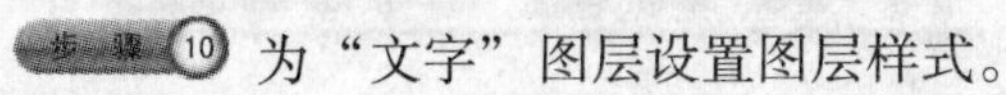

步骤 10　为“文字”图层设置图层样式。

双击该文字图层设置图层样式，分别调整各选项的设置。

调整图层的“投影”选项，具体设置如图 5-72 所示。

调整图层的“内阴影”选项，具体设置如图 5-73 所示。

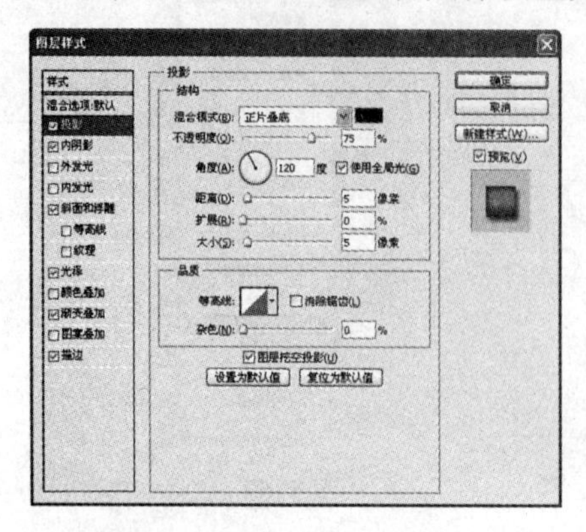

图 5-72

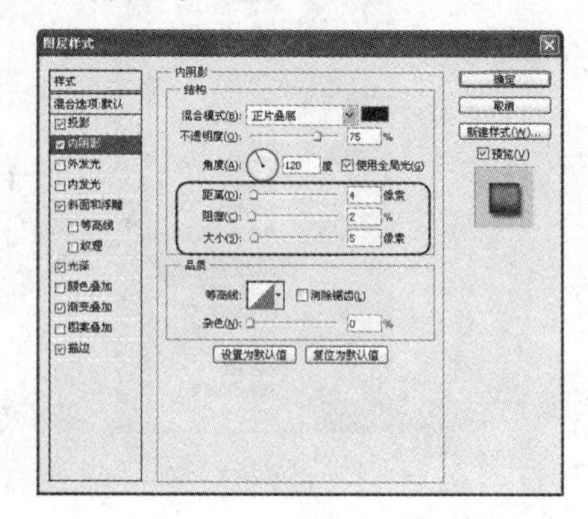

图 5-73

调整图层的“斜面和浮雕”选项，具体设置如图 5-74 所示。

调整图层的“光泽”选项，具体设置如图 5-75 所示。

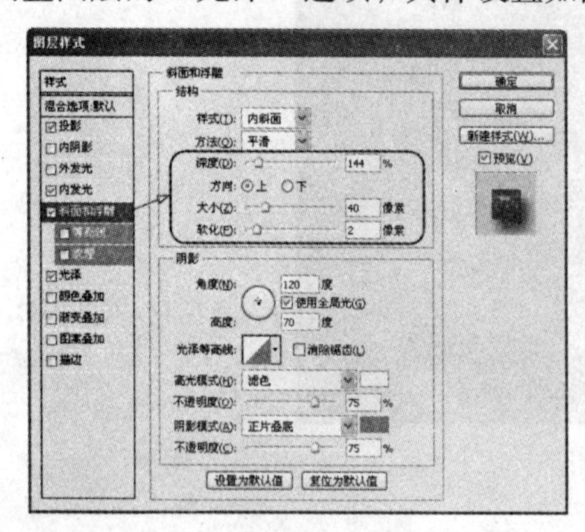

图 5-74

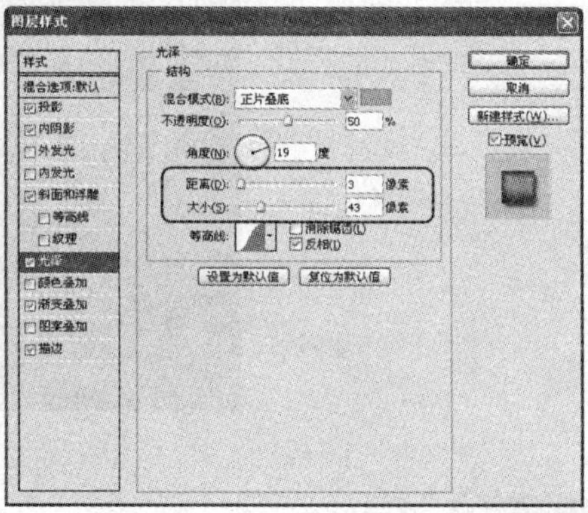

图 5-75

调整图层的“渐变叠加”选项，具体设置如图 5-76 所示。

调整图层的“描边”选项，设置大小为一个像素，颜色自定，从而得到最终文字效果如图 5-77 所示。

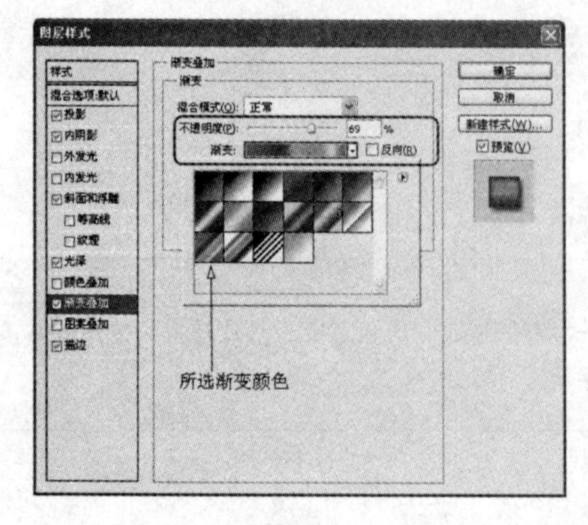

图 5-76

图 5-77

步骤 11 制作按钮效果。

新建图层命名为“按钮”，在图像右下角区域创建矩形选区，填充蓝色。

选择“按钮”图层，设置图层样式中的投影、内发光、斜面和浮雕、图案叠加和描边效果，具体操作参照前文所述文字图层图层样式的设置来定。其中图案叠加选项的设置如图 5-78 所示。得到最终效果如图 5-79 所示。

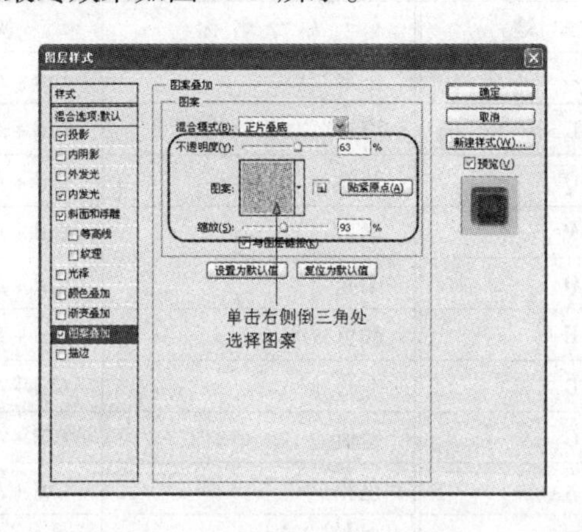

图 5-78

图 5-79

步骤 12 在“按钮”位置上添加文字，选择工具箱中的文字工具 T. 按照如图 5-80 所示设置相关选项。书写内容“Press”，确定。然后对所写文字图层设置图层样式为两个像素的黄色描边效果。

图 5-80

步骤 13 制作镜头光晕效果，执行【滤镜→渲染→镜头光晕】来制作镜头的效果，如图 5-81 所示。

完成以上操作步骤后即可得到图 5-51 所示的最终效果。

图 5-81

【小结】

本章主要讲述了图层的基本用法，利用创建图层和图层组管理及编辑图形，学会对图层的基本编辑操作。

图层混合模式快捷键

命令名称	快捷键	命令名称	快捷键
循环选择混合模式	Alt + - 或 +	正常	Ctrl + Alt + N
阈值（位图模式）	Ctrl + Alt + L	溶解	Ctrl + Alt + I
背后	Ctrl + Alt + Q	清除	Ctrl + Alt + R
正片叠底	Ctrl + Alt + M	屏幕	Ctrl + Alt + S
叠加	Ctrl + Alt + O	柔光	Ctrl + Alt + F
强光	Ctrl + Alt + H	颜色减淡	Ctrl + Alt + D
颜色加深	Ctrl + Alt + B	变暗	Ctrl + Alt + K
变亮	Ctrl + Alt + G	差值	Ctrl + Alt + E
排除	Ctrl + Alt + X	色相	Ctrl + Alt + U
饱和度	Ctrl + Alt + T	颜色	Ctrl + Alt + C
明度	Ctrl + Alt + Y		

第6章 画笔与修饰工具

【学习要点】

1. 学习画笔工具的使用。
2. 学习画笔调板中笔刷的设置。
3. 学会应用画笔绘制图像。
4. 掌握定义画笔以及画笔的应用技巧。
5. 学习铅笔等其他修饰工具的应用。

【学习目标】

通过本章的学习，掌握画笔工具的调整和应用，学会对画笔笔刷的设置和定义，熟练掌握画笔工具应用的技巧。

6.1 画笔工具的使用

画笔是 Photoshop 中最重要的绘画工具，它功能强大，可以创作具有艺术效果的图像，包括画笔、铅笔、颜色替换工具等，在 Photoshop CS5 中还为用户提供了多重特效画笔，以便用户创作复杂特殊的效果。

按下〖B〗键，查看画笔工具选项栏，如图 6-1 所示。

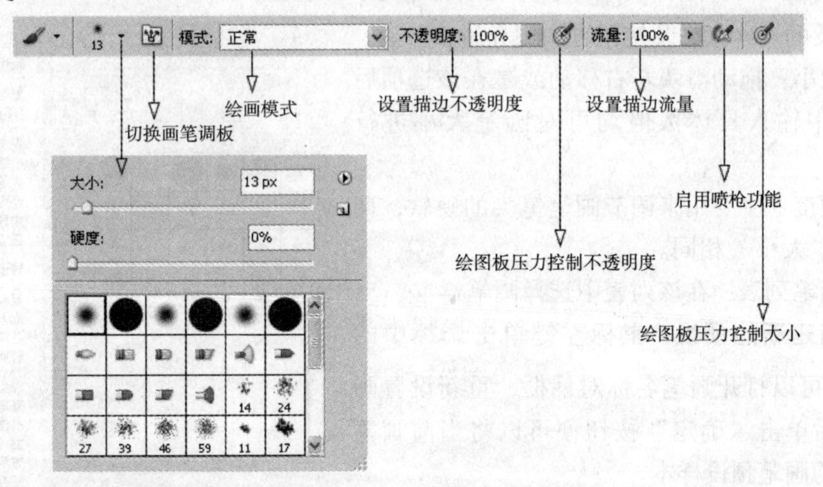

图 6-1

➢ **切换画笔调板**：单击“切换画笔调板”即按钮，可打开“画笔”调板。在“画笔”调板中系统地为我们提供了丰富的设置选项，结合这些选项可以对选中的画笔进行颜色、形状、大小等特征属性的调整。

➢ **模式**：在该选项的下拉列表中可以选择画笔笔迹的颜色混合模式，画笔模式的特点、作用及调整效果类似于图层模式的调整。

➢ **不透明度**：用来设置画笔的不透明度，即数值越小则画笔透明度就越高，调整范围1%～100%。设置方式：可在“不透明度”文本框中直接输入具体数值也可单击文本框后的三角按钮，在弹出的对话框中拖动滑块进行调整。

> 说明：改变画笔不透明度的方法有5种，这5种方法适用于Photoshop中所有与之类似的数值调整的地方。
>
> 1. 将鼠标移到不透明度数值上单击，输入数字。也可在鼠标单击后上下滚动鼠标滚轮（使用键盘上下方向键的效果与滚轮一致，同时按〖Shift〗键可加速，按住〖Alt〗键可减速。
>
> 2. 直接按下〖Enter〗键，此时不透明度数值将自动被选择，然后输入数字。
>
> 3. 单击数字右边的三角箭头，在弹出的滑块上拖动。
>
> 4. 把鼠标移动到选项栏“不透明度”文字上，此时按下鼠标光标会变为双向的箭头，左右拖动即可改变数值，效果与3类似。按〖Shift〗键可加速，按〖Alt〗键可减速。
>
> 5. 直接按键盘上的数字键。如改为80%就按8，40%就按4，100%按下0，15%就连续按下1和5，1%就连续按下0和1。这种方法最快速也最实用，但不是所有地方都适用。

➢ **流量**：用来调整画笔在绘画时流出的油彩数量，所设置的数值数越大则画笔在涂抹时流出的油彩数量越多，所绘制的图案就越浓重。设置方式：可在该选项后的文本框中直接输入具体数值也可拖动滑块到目标位置。

➢ **喷枪选项**：该喷枪选项的功能与生活中的喷枪原理相似，于是可知当鼠标单击喷枪命令进行图案绘制时，在画面上停留的时间越长，喷涂的区域就会越大且颜色也越重。

1. 画笔下拉调板界面分区

如图6-2所示，当鼠标左键单击“画笔”选项栏右侧的 ▾ 符号时将弹出画笔下拉调板。在此画笔调板中可以选择画笔样本并设置画笔大小和硬度。

所涉及的选项意义及使用方法现介绍如下。

➢ **大小**：拖动滑块左右移动或是在该选项后的文本框中输入具体数值均可对画笔大小进行调节。

➢ **硬度**：主要用来调节画笔笔尖的硬软，调节方法与“大小”相同。

➢ **画笔列表**：在该列表中选择画笔样本。

➢ **创建新的预设**：鼠标左键单击调板中的 按钮，可以打开画笔名称对话框，重新设置画笔的名称后单击“确定”按钮便可以将当前画笔保存为新的画笔预设样本。

2. 画笔下拉调板菜单详解

单击画笔下拉调板右上角处的按钮 ▶，可以打开调板下拉菜单如图6-2所示，在该菜单中可以进行载入画笔、删除画笔等相关设置。

所涉及的选项意义及使用方法现介绍如下。

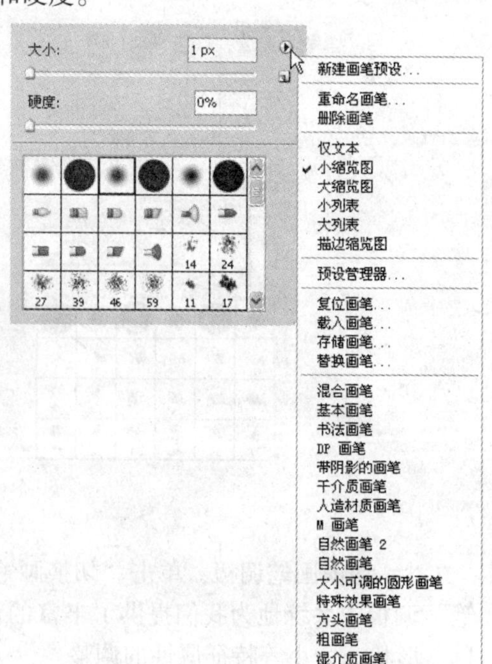

图6-2

➢ **新建画笔预设**：用来创建新的画笔预设样本，命令与画笔调板中的 按钮作用相同。

➢ **重命名画笔**：可以将选中的画笔定义一个新的名字。

➢ **删除画笔**：执行该命令可以将不需要的画笔进行删除。

仅文本/小缩览图/大缩览图/小列表/大列表/描边缩览图：用来调节画笔在下拉调板中的显示方式。选择“仅文本”，仅显示画笔的名称；选择“小缩览图/大缩览图”，显示画笔的缩览图和画笔的大小；选择“小列表/大列表”，系统将以列表的形式显示画笔的缩览图和名称；选择“描边缩览图”，该显示方式是系统默认的显示方式，它可以同时显示画笔的缩览图、画笔的大小以及画笔在使用时的效果（见图 6-3）。

> 说明：图 6-2 中所显示的正是“小缩览图”选项下的画笔调板的显示情况。

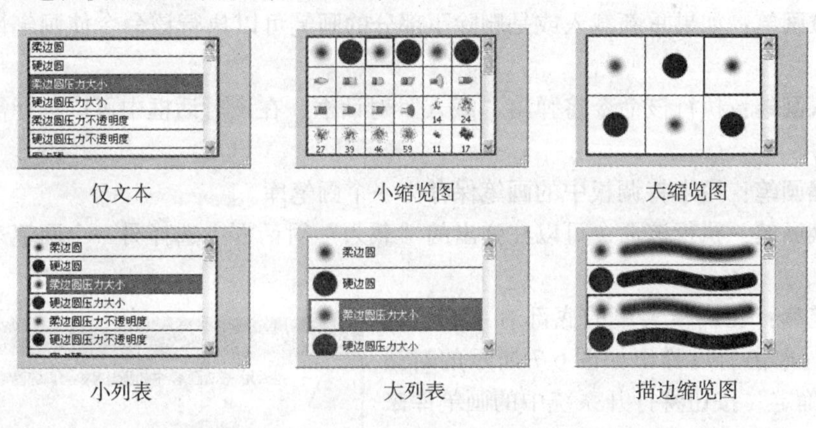

仅文本　　小缩览图　　大缩览图

小列表　　大列表　　描边缩览图

图 6-3

➢ **预设管理器**：执行该命令可以打开“预设管理器”对话框（图 6-4），用来管理、存储和载入 Photoshop 资源，涉及的选项有“画笔”、“色板”、“渐变”、“样式”、“图案”、“等高线”、“自定形状和工具”。执行【编辑→预设管理器】命令也可打开该对话框，具体选项内容如下。

➢ **预设类型**：打开该选项下拉列表在其中选择所要设置的项目。当选中某一选项时便会弹出与之相对应的相关内容。若选中了色板将会弹出相对应的色块如图 6-5 所示。

➢ **载入**：单击该按钮可以打开“载入”对话框，在该对话框中可以选择一个预设库（如画笔库、样式库、形状库等）并将其载入。

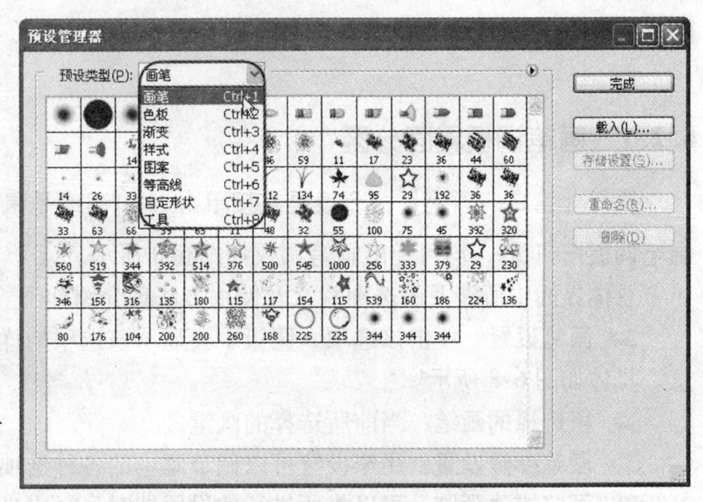

图 6-4

➢ **存储设置**：单击该按钮可在打开的对话框中将当前的一组预设样式存储为一个预设库。

➢ **重命名**：用来修改预设样本的名字。单击“重命名”按钮在打开的对话框中修改其名称。所弹出的对话框如图 6-6 所示。

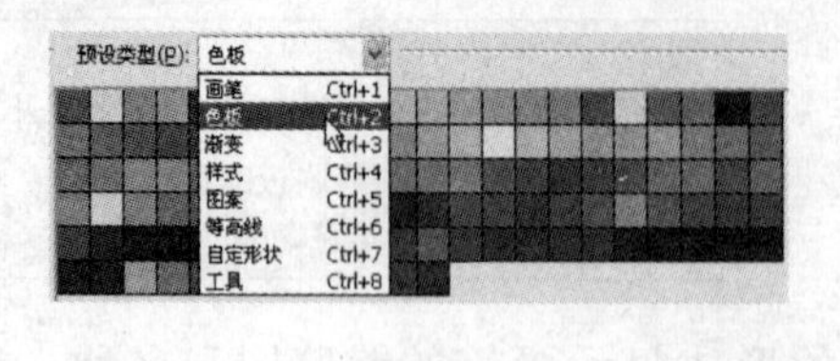

图 6-5

图 6-6

➢ **删除**：单击该选项可将不需要的预设样本删除。

➢ **复位画笔**：如果重新载入或是删除了部分的画笔可以执行该命令使画笔恢复至系统默认的状态。

➢ **载入画笔**：执行该命令将弹出“载入”对话框，在该对话框中可以选择需要载入的画笔样本。

➢ **存储画笔**：用来将调板中的画笔保存为一个画笔库。

➢ **替换画笔**：执行该命令可以在弹出的“载入”对话框中选择另一个画笔来替换当前的画笔。

➢ **画笔库**：在调板菜单的底部有系统所提供的画笔库，单击后可弹出如图 6-7 所示的对话框，单击“确定”按钮将打开系统中的画笔库来替换当前的画笔库；单击“追加”可将画笔库中的画笔添加到当前的画笔库中，原画笔样本保持不变；单击“取消”即取消本次操作。

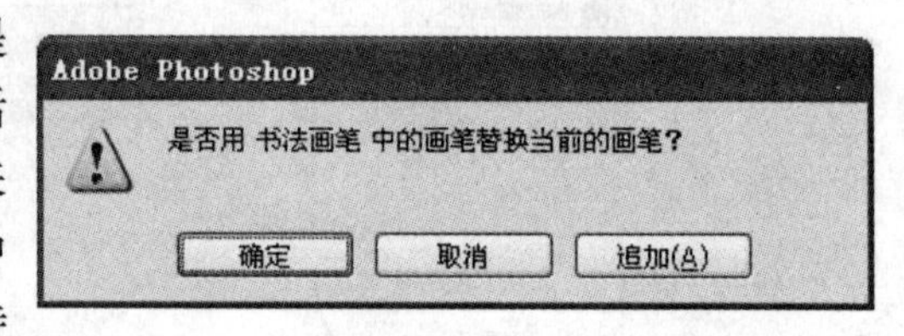

图 6-7

6.2 画笔调板

6.2.1 画笔调板界面分区

执行【窗口→画笔】命令或是直接单击〖F5〗键或是鼠标左键单击工具选项栏中的切换画笔调板按钮，均可弹出画笔调板如图 6-8 所示。

总体界面中所涉及的选项意义及使用方法现介绍如下。

➢ **画笔设置**：单击该选项，调板中会显示该选项的详细设置内容，如大小和形状等信息。具体如图 6-8 所示。

➢ **所选择的画笔**：当前所选择的画笔。

➢ **画笔参数设置**：用来设置可以调节画笔的各种选项。

➢ **画笔描边预览**：可以将所进行的设置即时显示出来，给人以直观的印象。

➢ **创建新画笔**：如果想要对调整好效果的画笔进行保存，可以执行该选项在所弹出的

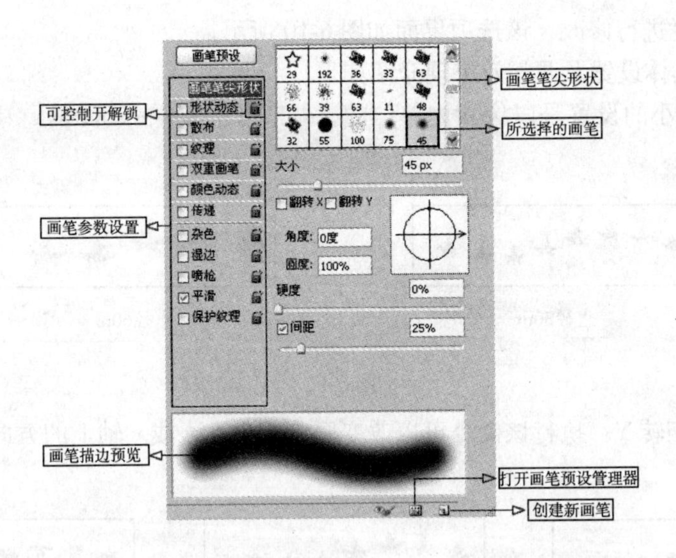

图 6-8

“画笔名称”对话框中为画笔定义一个新的名称。单击“确定”按钮后，即可将当前所设置好的画笔定义为一个新的画笔样本，而该新的名称当鼠标移动到定义好的画笔处时将以提示语出现。

6.2.2　画笔预设

在“画笔”调板中，系统为我们提供了许多预设的画笔，预设画笔中显示的是预存的画笔笔尖，所显示的有诸如大小、形状、硬度等特性，其界面如图 6-9 所示。如果用户对所做的具体设置不满意可以单击按钮或按〖Ctrl + U〗快捷键进行恢复。

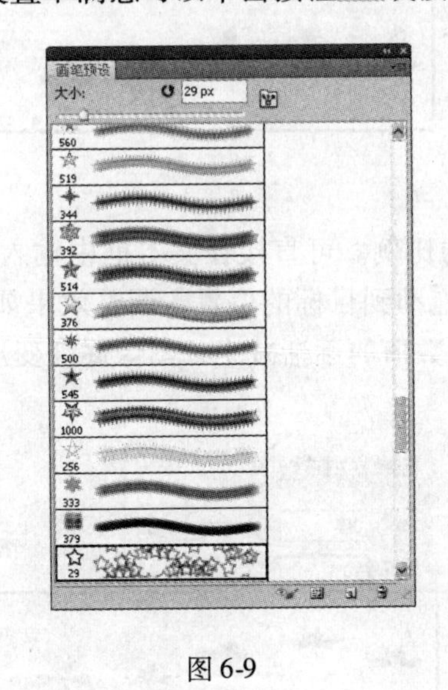

图 6-9

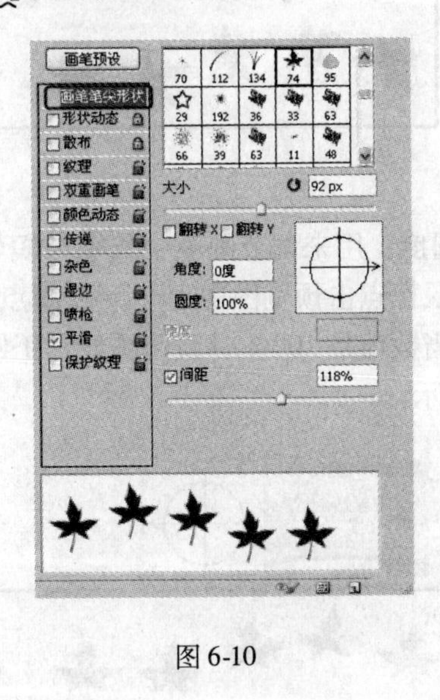

图 6-10

6.2.3　画笔笔尖形状

如果要对画笔的大小、翻转、角度、圆度、偏距等选项进行修改可以通过单击“画笔笔尖形状”选项栏进行修改，该选项界面如图 6-10 所示。

相关选项的具体设置及调整效果现介绍如下。

➢ **大小**：大小的设置是以像素为单位的，调节范围在 1 ~ 2500px。具体效果如图 6-11 所示。

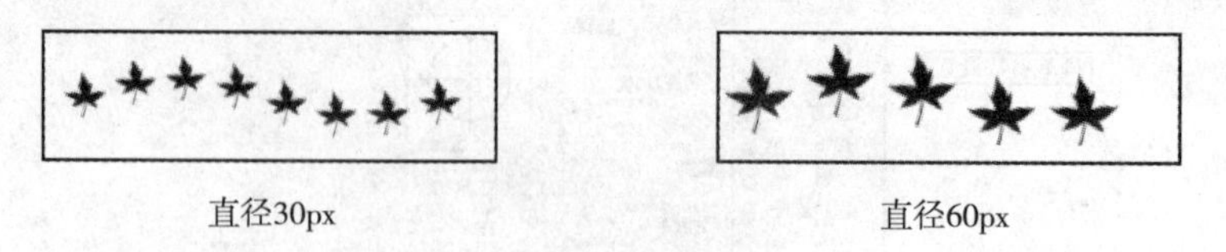

图 6-11

➢ **翻转 X/翻转 Y**：执行该命令可以改变画笔笔尖在 x 或 y 轴上的方向。具体效果如图 6-12 所示。

图 6-12

➢ **角度**：用来调整画笔笔尖的旋转角度，可直接在文本框中输入具体数值，也可用鼠标点击拖动预览框中的箭头到合适位置处，调整效果如图 6-13 所示。

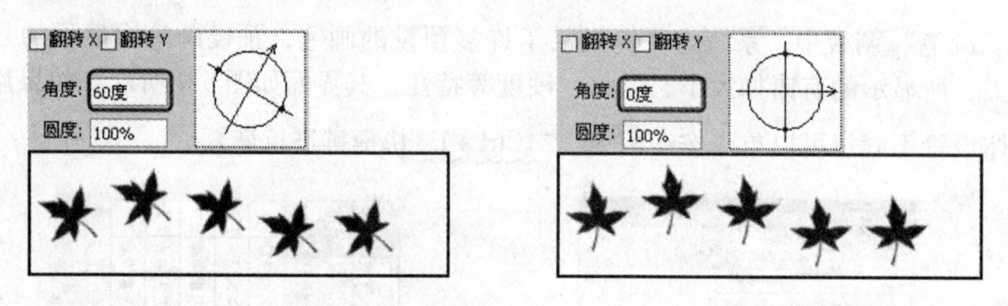

图 6-13

➢ **圆度**：用来调节画笔中长轴与短轴之间的比例。可直接在文本框中输入具体数值，也可以用鼠标点击预览图中上、下控制点来上下拖动到目标的位置，调整效果如图 6-14 所示。其中当数值是 100% 时预览图显示正圆，随着数值的逐渐减小，图像逐渐变扁，效果如图 6-14 所示。

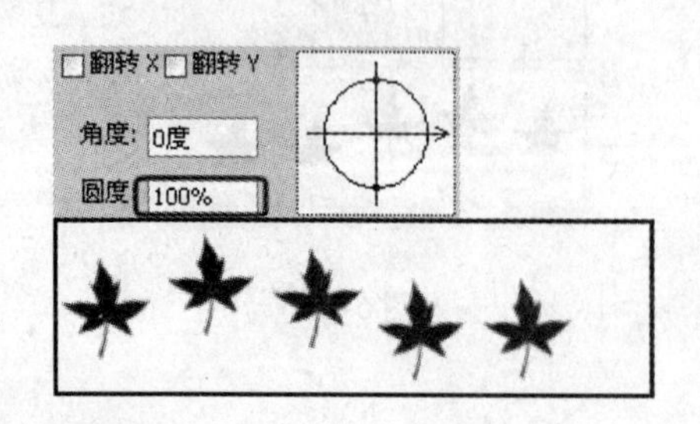

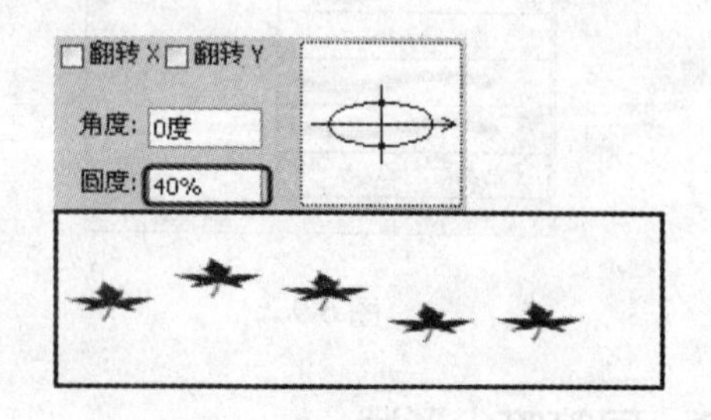

图 6-14

➢ **硬度**：用来设置画笔的软硬，数值越小，画笔的边缘处将越柔和，效果如图 6-15 所示。

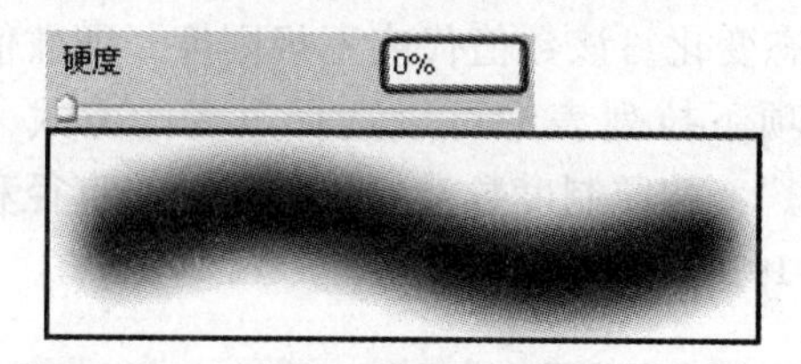

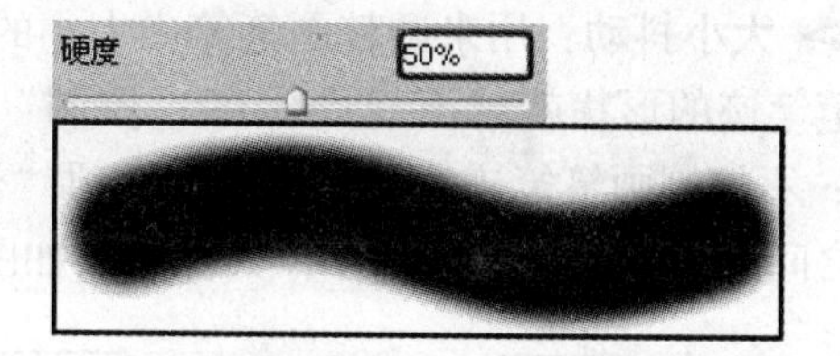

图 6-15

➢ **间距**：用来控制连续的画笔笔迹之间的距离，数值越大则相邻两笔迹之间的距离就越大，其调节范围是 1%~1000%，具体效果如图 6-16 所示。

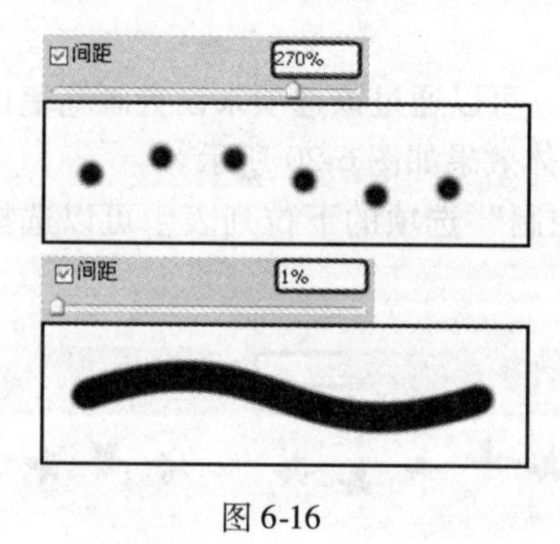

图 6-16

> 说明：当“间距”选项被勾选时，通过输入的具体数值来调节画笔笔迹之间的距离；当“间距”选项未被勾选时，笔迹之间的距离将由光标移动的速度来决定。

6. 2. 4　形状动态

“形状动态”选项决定了画笔形状的动态变化。通过该选项可以对画笔的大小、最小直径、角度、圆度等与形状相关的属性进行动态化调整。该选项在“画笔”调板下拉菜单中的位置及形状动态调整前后图像的对比如图 6-17 和图 6-18 所示。

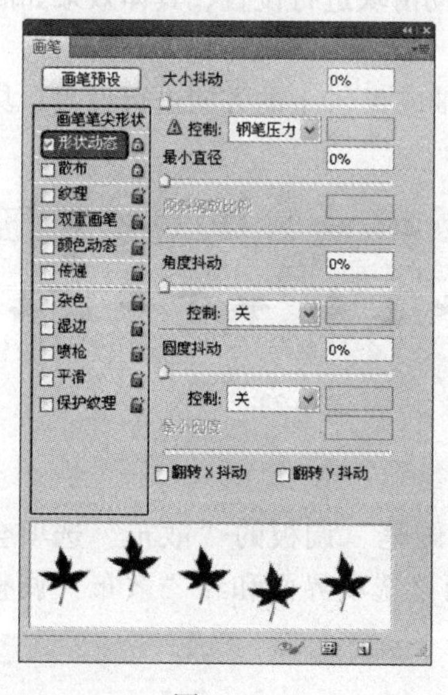

图 6-17

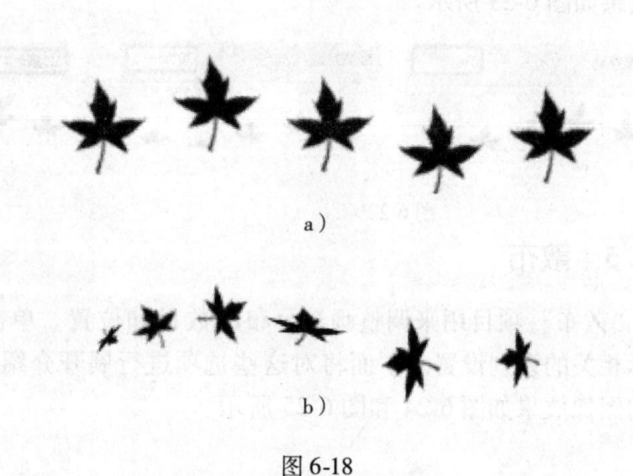

图 6-18

a）调整前　b）调整后

相关选项的具体设置及调整效果现介绍如下。

➢ **大小抖动**：用来调整画笔笔尖大小的动态变化，该数值代表不规则度，即数值越大则画笔笔迹的形状就越不规则。在“控制”选项下拉列表中可以选择改变的方式，选项“关”：不控制画笔笔迹的大小变化；选项“渐隐”：按照制度数量的步长在初始直径和最小直径之间渐隐画笔笔迹的大小，具体效果如图 6-19 所示。

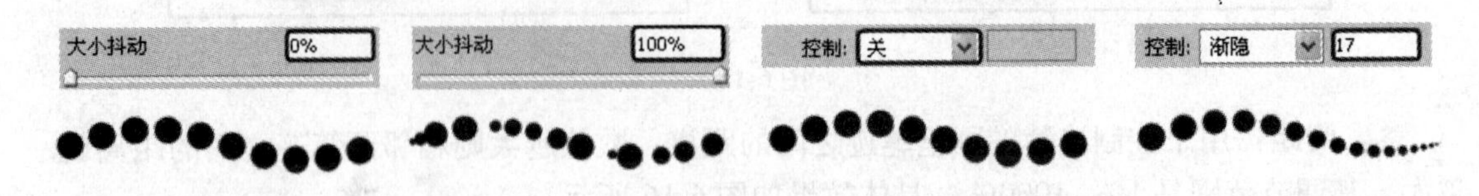

图 6-19

➢ **最小直径**：当启动了“大小抖动”选项后，可以通过该选项来设置画笔笔迹缩放的最小百分比。数值越大则笔尖直径的变化越小，具体效果如图 6-20 所示。

角度抖动：用来改变画笔笔迹的角度。在“控制”选项的下拉列表中可以选择画笔笔迹的角度改变方式，具体效果如图 6-21 所示。

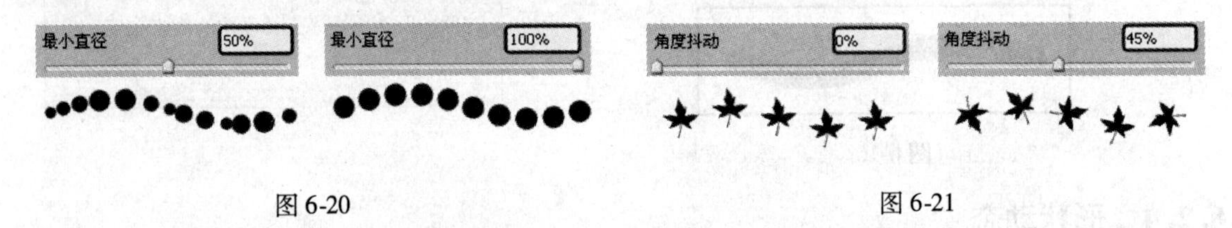

图 6-20　　　　图 6-21

➢ **圆度抖动**：用来调剂画笔笔迹的圆扁程度，在“控制”选项的下拉列表中可以选择画笔笔迹的圆度改变方式。当启用了某种控制方法（即非“关”状态时）可在“最小圆度”选项中设置画笔笔迹的最小圆度，“最小圆度”可以根据画笔的抖动程度，指定画笔的最小直径，调整方式为：在其文本框中输入具体数值或是拖动滑块进行设置，具体效果如图 6-22 所示。

➢ **翻转 X 抖动/翻转 Y 抖动**：用来对画笔的笔尖在 X 轴或 Y 轴上的方向进行设置，具体效果如图 6-23 所示。

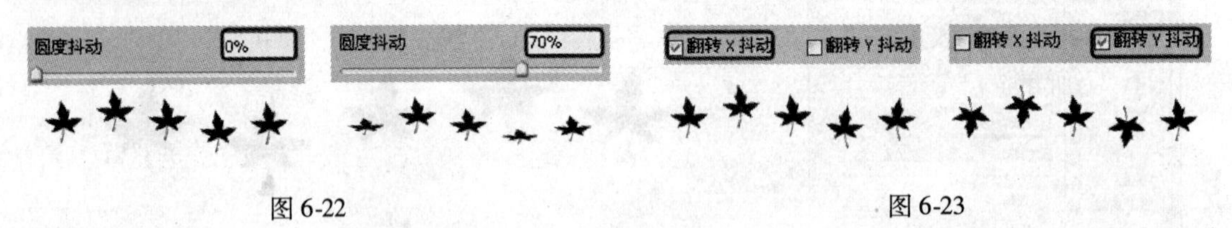

图 6-22　　　　图 6-23

6.2.5 散布

“散布”项目用来调整画笔分布的数目和位置。单击“画笔”调板的“散布”选项会显示相关的系列设置。下面将对这些选项进行展开介绍，而该选项界面和经“散布”调整后的图像效果如图 6-24 和图 6-25 所示。

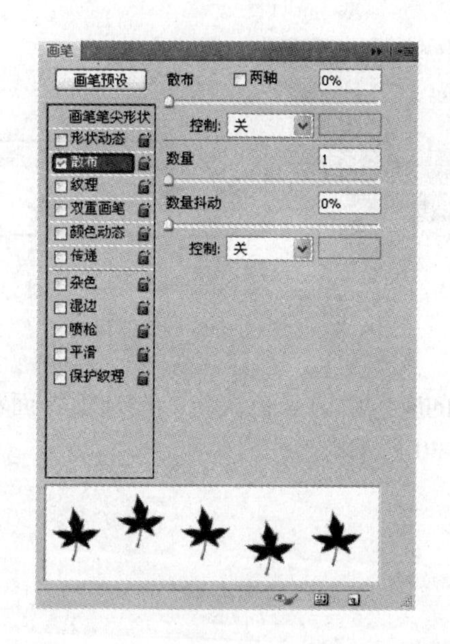

图 6-24

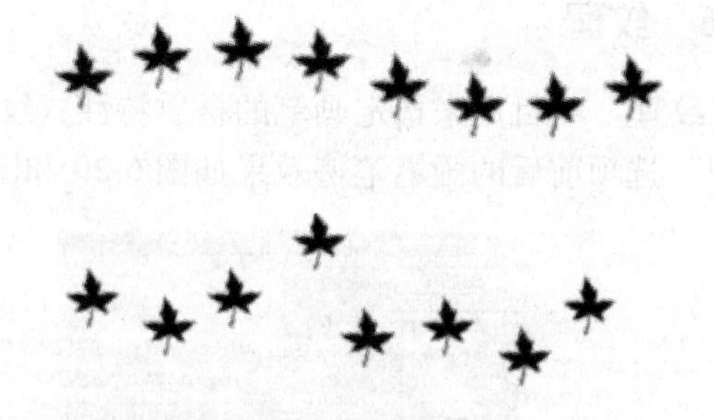

图 6-25

➢ **散布**：用来调节画笔笔迹的分散程度，数值越大则画笔笔迹的分散度越大。调整方式：可在文本框中直接输入数值，也可拖动滑块进行设置。勾选“两轴”选项后，画笔笔迹将以中轴线为基准向两侧分散。其下的“控制”选项用来对散布的方式进行控制，具体效果如图 6-26 所示。

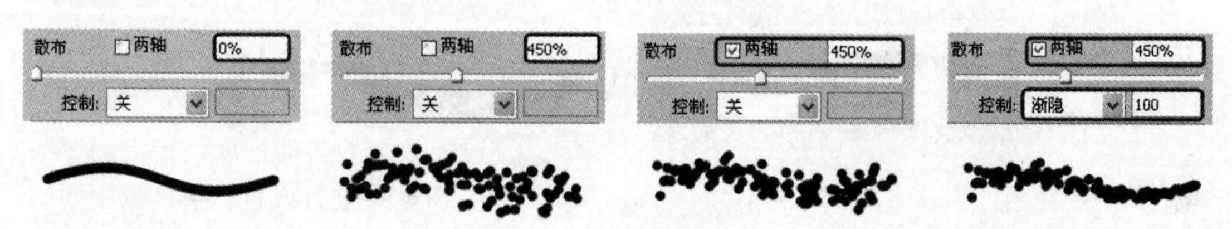

图 6-26

➢ **数量**：用来指定每个单位距离中画笔笔迹的数量。值越大，画笔笔迹数量就越多。调整方式：可以在“数量抖动”文本框中输入具体数值，也可拖动滑块进行设置，具体效果如图 6-27 所示。

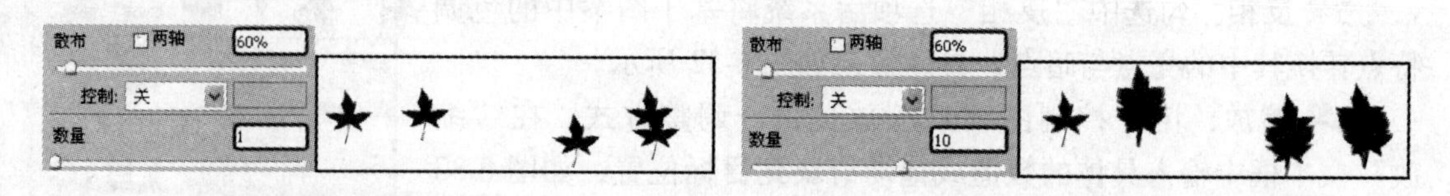

图 6-27

➢ **数量抖动**：用于调整画笔笔触的抖动密度。值越大，抖动密度越高。调整方式：可在“数量抖动”文本框中输入具体数值也可拖动滑块进行设置。“控制”选项用来控制画笔笔迹的变化方式，具体效果如图 6-28 所示。

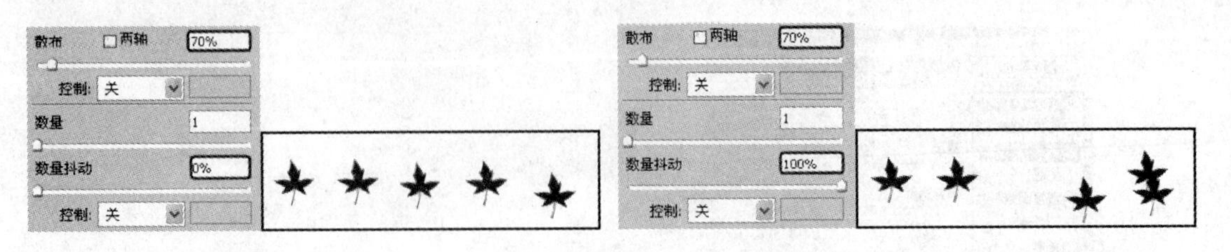

图 6-28

6. 2. 6 纹理

“纹理”项目用来指定画笔的材质特性，纹理的颜色由前景色决定。该选项界面和设置“纹理”选项前后的画笔笔迹效果如图 6-29 和图 6-30 所示。

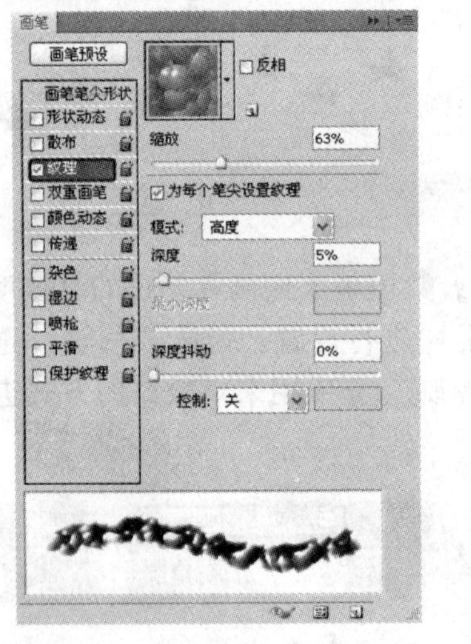

图 6-29

图 6-30

图 6-31

➢ **设置纹理**：单击图案缩览图右侧的符号 ▾，可从下拉菜单中选择一个图案将其设置为纹理。如果图案不足，可单击图案下拉菜单右上角处的按钮 ▶，从其下拉菜单中选择载入图案或是追加一个系统提供的图案库。具体位置如图 6-31 所示。

➢ **反相**：勾选中“反相”选项后系统将基于图案中的色调特点转换其中的亮点与暗点，具体效果如图 6-32 所示。

➢ **缩放**：用于控制图案的缩放比例。调整方式：在“缩放”文本框中输入具体的数值或拖动滑块到目标位置，如图 6-33 所示。

➢ **为每个笔尖设置纹理**：用来对绘图时是否单独渲染每个笔尖进行控制。

➢ **模式**：用来调节图案与前景色之间的混合模式。

➢ **深度**：用来控制油彩深入图案的程度。

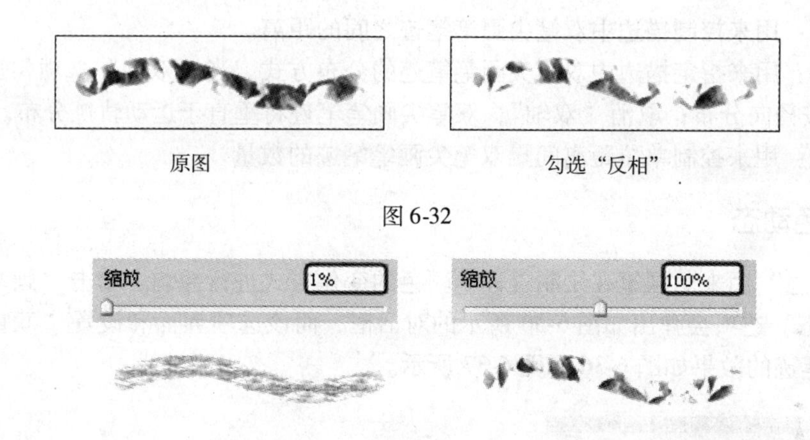

原图　　　　勾选“反相”

图 6-32

图 6-33

➢ **最小深度**：用来设置当深度的“控制”选项为某一具体选项（即非“关”状态）且“为每个笔尖设置纹理”选项被选中的时候，油彩渗入的最小深度。

➢ **深度抖动**：用来设置纹理抖动的最大百分比，在“控制”选项中选择控制画笔笔迹的深度变化方式。在“为每个笔尖设置纹理”选项被选中的情况下才可调节该选项。

6.2.7　双重画笔

“双重画笔”指使用两个笔尖来创建画笔笔迹。在使用“双重画笔”时，首先应在“画笔笔尖形状”下的“形状动态”、“散布”、“纹理”中对主要画笔的特性进行相关设置，然后再在“双重画笔”选项中选择另一画笔，并在该选项的对话框中完成其他设置。该选项界面和设置“双重画笔”选项前后画笔笔迹的效果如图 6-34 和图 6-35 所示。

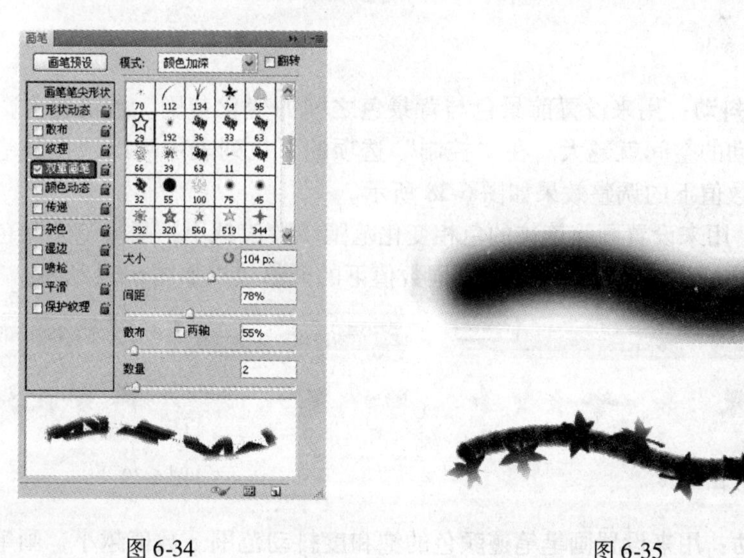

图 6-34　　　　图 6-35

➢**模式**：在其下拉菜单中选择两种笔尖在组合时的混合模式。

➢**大小**：用来设置笔尖大小。若对所设置的画笔大小不满意可单击按钮将笔尖大小恢复到原始状态。

➢ **间距**：用来控制描边中双笔尖画笔笔迹之间的距离。

➢ **散布**：用来指定描边中双笔尖画笔笔迹的分布方式。当“双轴”选项勾选时双笔尖画笔笔迹将按径向分布；取消“双轴”，双笔尖画笔笔迹将垂直于运动轨迹分布。

➢ **数量**：用来控制单位距离间隔双笔尖画笔笔迹的数量。

6.2.8　颜色动态

“颜色动态”用来对画笔在绘制过程中颜色的变化方式进行控制。单击“画笔”调板中的“颜色动态”选项会弹出如图 6-36 所示的对话框，而该选项界面和设置“双重画笔”选项前后画笔笔迹的效果如图 6-36 和图 6-37 所示。

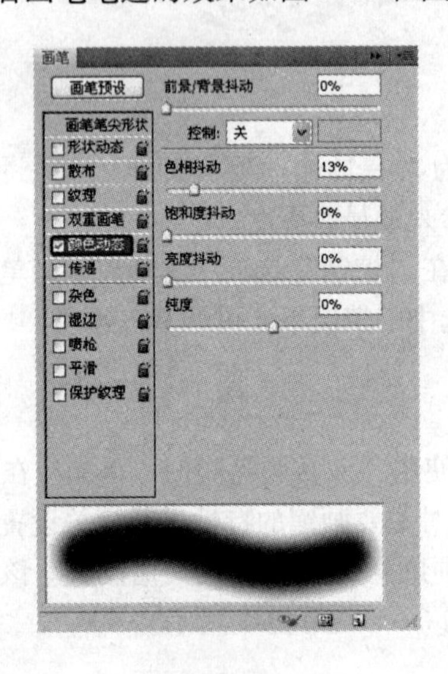

图 6-36

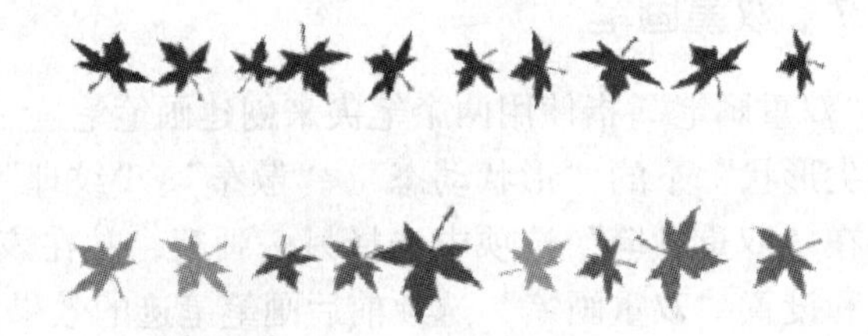

图 6-37

➢ **前景/背景抖动**：用来设置前景色与背景色之间的变化范围。数值越大，代表前景色与背景色之间抖动的空间就越大。在“控制”选项的下拉列表中可以选择画笔笔迹的颜色变化方式。不同数值下的调整效果如图 6-38 所示。

➢ **色相抖动**：用来设置画笔笔迹的色相变化范围。数值越小，画笔笔迹颜色越接近前景色；数值越大，画笔笔迹色相越丰富。不同数值下的调整效果如图 6-39 所示。

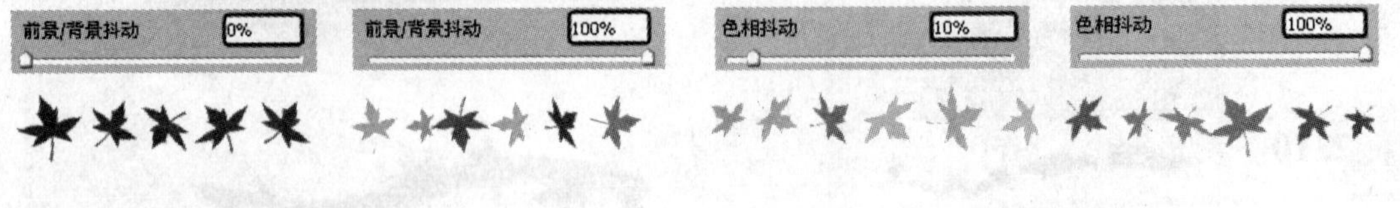

图 6-38　　　　图 6-39

➢ **饱和度抖动**：用来设置画笔笔迹颜色的饱和度抖动范围。数值越小，画笔笔迹饱和度越接近前景色；数值越大，画笔笔迹色彩的饱和度就越高。

➢ **亮度抖动**：用来设置画笔笔迹颜色的亮度抖动范围。数值越小，画笔笔迹亮度越接近前景色；数值越大，画笔笔迹色彩的亮度就越高。

➢ **纯度**：用来设置画笔笔迹颜色的纯度。当数值为 -100% 时，笔迹颜色为黑白色；

数值越高，颜色的饱和度就越高。

6.2.9　传递

“传递”选项用来调整画笔颜色的改变方式，单击“画笔”调板中的“传递”选项，可见如图 6-40 所示的具体选项。而该选项界面和设置“双重画笔”选项前后画笔笔迹的效果也如图 6-40 和图 6-41 所示。

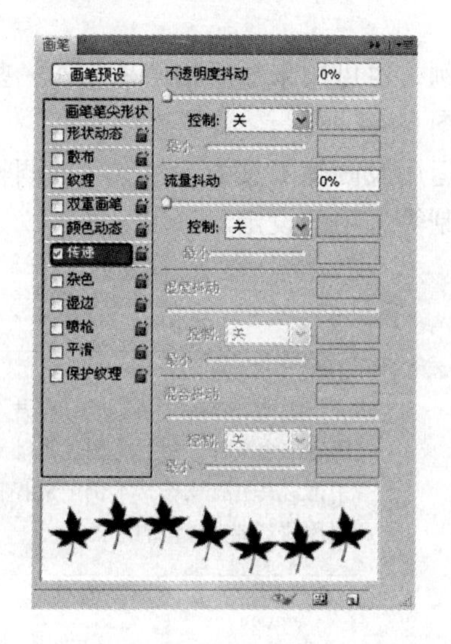

图 6-40

图 6-41

➢“不透明度抖动”：用来调整画笔笔迹的不透明度。调整方式：在“不透明度抖动”后的文本框中输入具体数值或拖动滑块到目标位置。数值越大，不透明度越大，笔触越不明显，效果如图 6-42 所示。

➢“流量抖动”：用来设置画笔笔迹中油彩流量的变化程度，可在其下方的“控制”选项中选择流量抖动的控制方式，调整效果如图 6-43 所示。

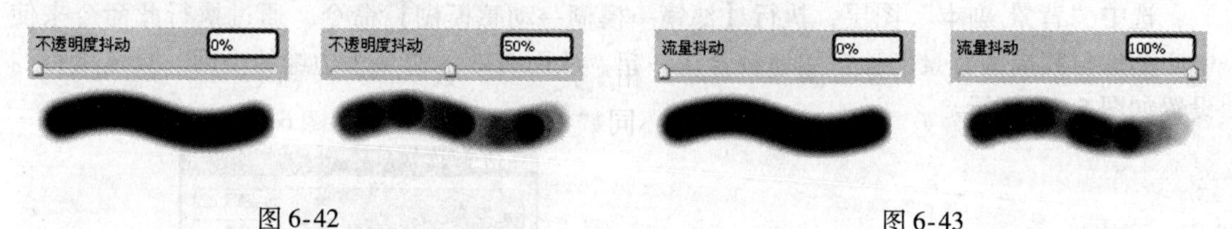

图 6-42　　　　图 6-43

6.2.10　其他选项

在“画笔”调板的左下角处还有一些为画笔增添附加效果的选项。有“杂色”、“湿边”、“喷枪”、“平滑”、“保护纹理”选项。

➢ **杂色**：可以为画笔的边缘部分添加杂色，当应用于柔性画笔时效果更加明显。

➢ **湿边**：可以沿画笔的边缘增加油彩量，从而为画笔笔迹增加水彩画特色的画笔笔触效果。

➢ **喷枪**：与选项栏中的“喷枪”即按钮的效果相同，作用参见本书“6.1 节画笔工具的使用”中对喷枪选项的介绍。

➢ **平滑**：可以为画笔添加平滑的画笔笔触感。

➢ **保护纹理**：可对所有具有纹理的画笔预设应用相同的图案和比例。选择此项后，在使用多个纹理画笔笔尖绘画时，可以模拟出一致的画布纹理。

6.3 画笔工具实例

下面来学习运用画笔工具来制作一些具体实例，也可用来对所拍照片制作一些效果，从而给照片添加一些意想不到的意境。最终效果如图 6-44 所示。

在本例中将学习到运用滤镜中的部分效果的运用及画笔工具中一些选项的调整，如笔刷大小的选择、模式的选择、不透明度的调整与控制等选项的设定。

图 6-44

说明：本实例可直接在图片上操作也可新建一个文件，然后将图片拖动到新建文件中再对其进行操作，本例中选择直接在原有图片的基础上操作的方式。

操作步骤：

步骤 1 打开文件

打开本书附带光盘\第 6 章\“维尼熊.jpg”，选择背景图层按〖Ctrl + J〗快捷键，从而新建一个与原背景层相同的图层如图 6-45 所示（这样做就可以保证原有图层不被任意修改，从而保证了背景层的完整性）。

步骤 2 对图片进行“滤镜”效果编辑

选中“背景 副本”图层，执行【滤镜→模糊→动感模糊】命令，通过执行此命令来使中心图像与其周围背景能够自然地融合在一起，从而有效地避免了边缘的生硬。具体项目的设置如图 6-46 所示。

图 6-45

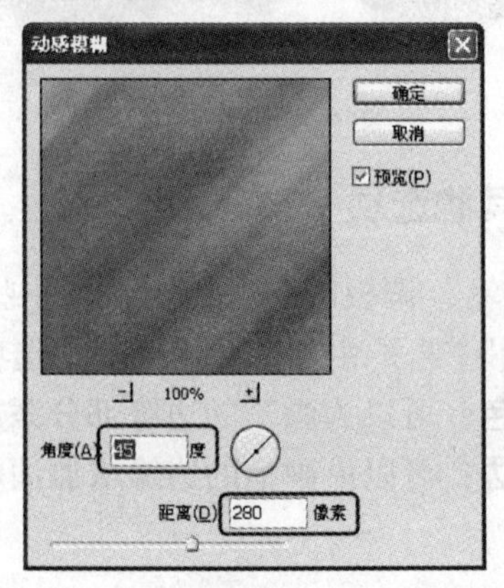

图 6-46

然后执行【滤镜→像素化→马赛克】命令来给图像增加一个马赛克花纹的效果。具体选项的设置如图 6-47 所示。

继续执行【滤镜→画笔描边→墨水轮廓】命令进一步制作马赛克的效果。其中墨水轮廓选项的设定如图 6-48，从而得到如图 6-49 所示的效果。

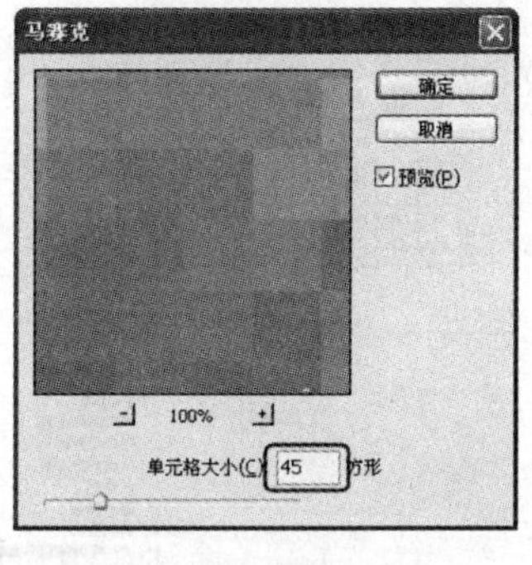

图 6-47

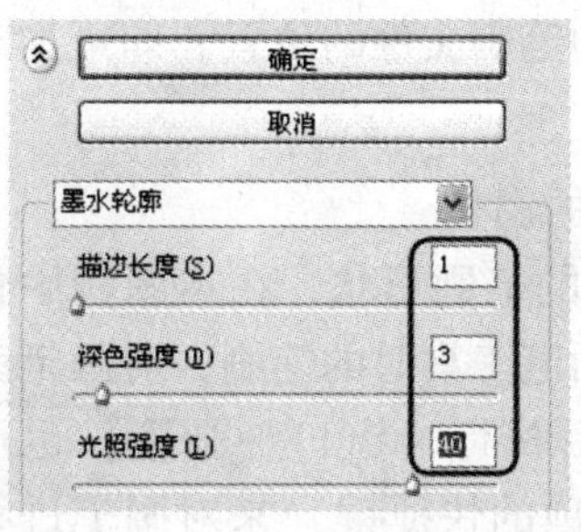

图 6-48

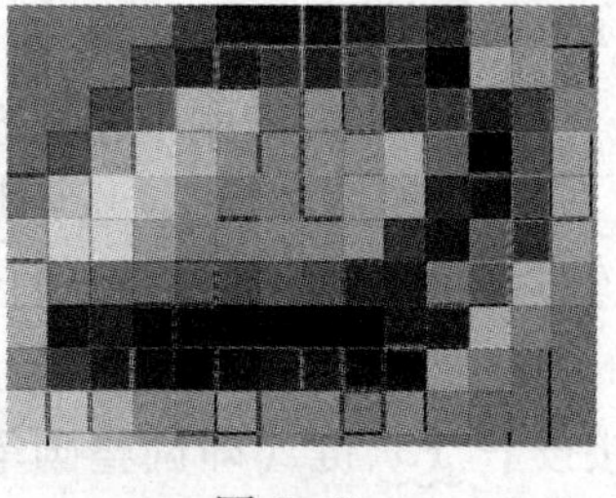

图 6-49

步骤 3　历史记录画笔工具的运用

选择"历史记录画笔工具"然后在历史记录选项栏中选择到还原的初始位置，并在该位置前的方框内单击，从而进行标记，如图 6-50 所示。然后直接在该图像上进行涂抹，即可擦出小熊的外形轮廓，如图 6-51 所示。

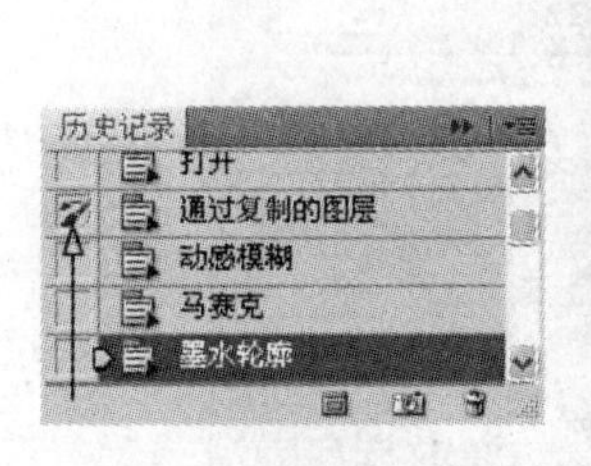

图 6-50

图 6-51

请注意：历史记录画笔工具作用便是将所做的操作进行内部的记录，当该工具处于被选择的情况下时，可以将自文件被保存到最近一步的修改进行还原。

在擦出图案的过程中应注意随着所擦图像位置的变化同时调整笔头的大小及实或虚的效果，来使得所得到的图案边际效果自然。过程结束后可得到最终擦出的效果，如图 6-52 所示。

图 6-52

请注意：此时可先将"背景 副本"图层的透明度降低，然后透过"背景"图层的形状来对"背景 副本"图层进行涂抹，如此操作可以使擦出的背景图案更有针对性，也更准确。

步骤 4 画笔工具的选择与加载

下面要对该图像进行星光效果的编辑，就要用到画笔的调整与运用。新建一个图层并命名为“星”，然后选择画笔，并选择一个类似星光效果的图案，若系统中默认的画笔预设中并没有满意的星光效果的画笔，此时可以加载一些画笔形状，如图 6-53 所示。此时在弹出的对话框中选择到你所下载的笔刷文件的位置，即可加载上你想要的笔刷。

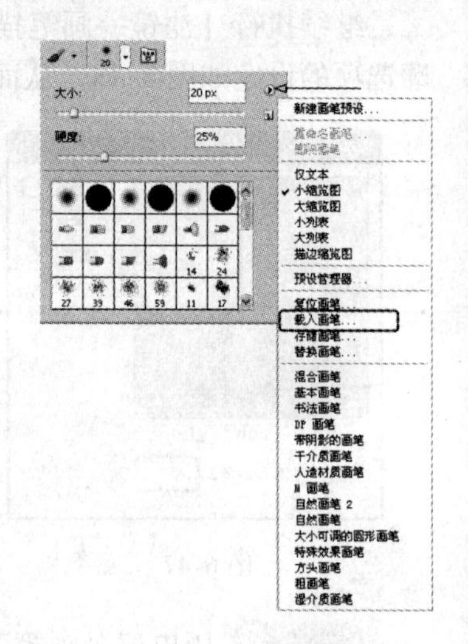

图 6-53

步骤 5 笔刷中相关选项的调整

选择图层“星”，选中想要的笔刷形状，在本图例中首先选择点状效果即系统默认打开画笔工具时的笔刷，对画笔颜色的调整放在后面进行介绍。然后执行【窗口→画笔】也可直接按下〖F5〗键（即调整画笔选项的快捷键）来对画笔进行相关选项的设置，即可弹出调整画笔各部分选项的对话框。调整画笔选项栏中的“画笔笔尖形状”选项，具体设置如图 6-54 所示。然后调整画笔选项栏中的“形状动态”选项，具体设置如图 6-55 所示。

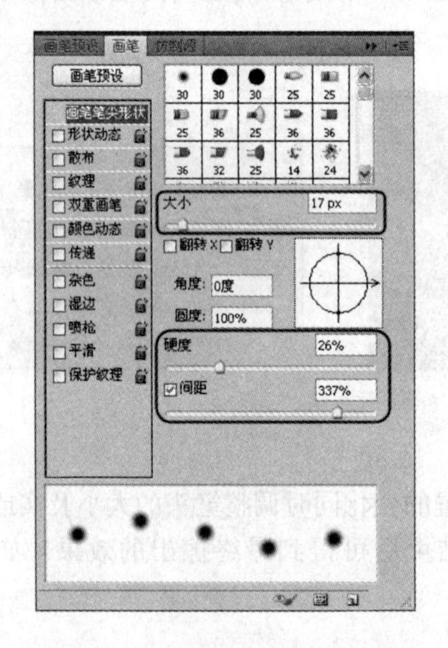

图 6-54

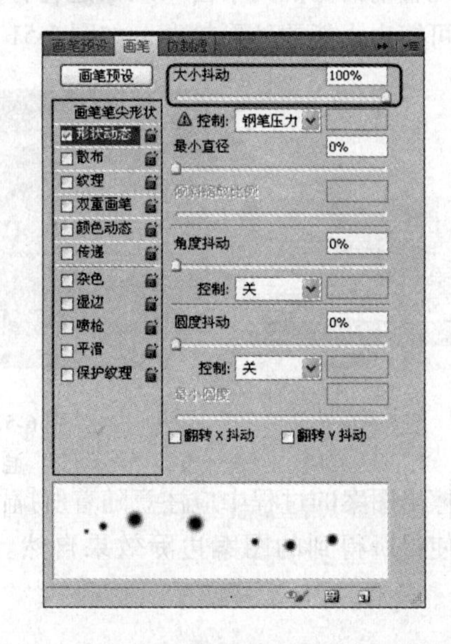

图 6-55

画笔选项栏中的其他按钮可视情况自己尝试进行调整，此处不再进一步修改其他选项，然后为该画笔选择一个如图 6-56 所示的亮黄色。然后在“星”图层上绘制星状图案即可。绘制完成后可得到如图 6-57 所示效果。

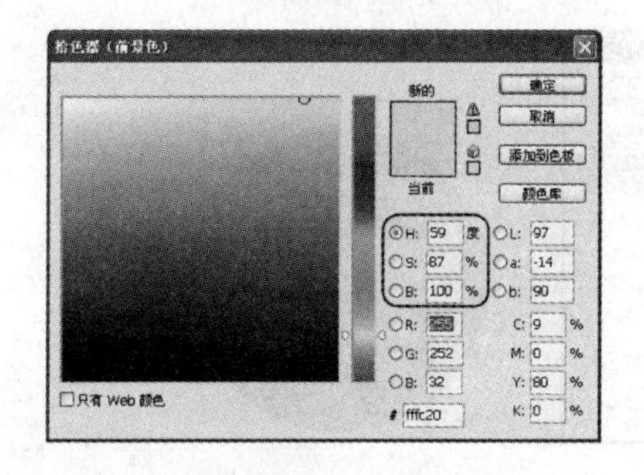

图 6-56

图 6-57

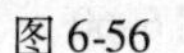 为图片添加文字主题

为该图片加上一个主题词，来作为点缀，用画笔工具画出即可。即新建一个图层命名“文字”，并参照以上所讲的相关选项的作用来对画笔进行设定，然后用画笔工具写出“miss u”，并为该文字加上一个描边白色的图层样式，从而完成该图像的绘制，最终效果如图 6-58 所示。

图 6-58

请注意：用画笔工具绘制图案的时候，画笔的颜色默认的是前景色，此时既可通过对前景色的调整来实现对画笔颜色的调整，也可以通过对画笔调整选项栏中的“颜色动态”来实现对画笔颜色从前景色到背景色的逐渐过渡。

6.4　定义画笔

正如上面实例中所讲的，在选择画笔工具的时候可以用系统中已有的笔刷形式，也可加载笔刷，还可以自己绘制画笔并定义为画笔预设。接下来将讲述一下如何自定义画笔预设。我们以定义水泡形画笔预设为例来进行具体操作。

操作步骤：

步骤 1 新建文件

按〖Ctrl + N〗快捷键新建一个文件并设置其尺寸大小为 600 × 600 像素，“分辨率”为 72，“模式”为“RGB 颜色”单击“确定”按钮，命名为“泡泡”，如图 6-59 所示。

步骤 2 绘制泡泡图形

新建一个图层命名为“泡泡”。选择圆形选区，绘制出一个正圆，然后给该选区填充一个黑色的前景色，右键单击选区选择“变换选区”，同时按着〖Shift〗键和〖Alt〗键将选区沿着中心缩小，如图 6-60 所示。单击“确定”按钮，接着右键单击选区区域，选择“羽化”并设置相关羽化值为 16，单击“确定”按钮。操作过程如图 6-61 所示。

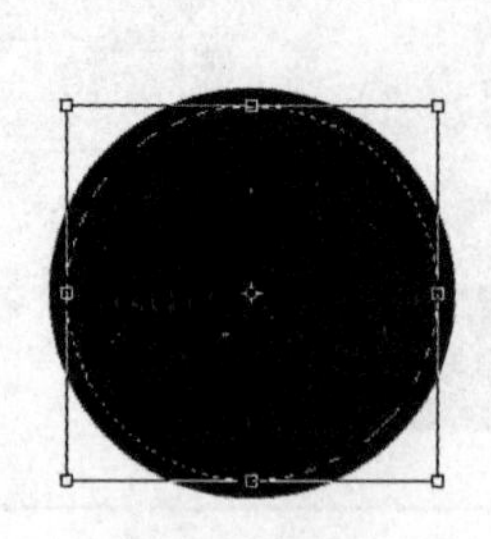

图 6-59　　图 6-60

图 6-61

然后将选区所选择的内容按〖Delete〗键进行删除。从而得到如图 6-62 所示效果。然后新建一个图层命名“高光”，选择画笔工具来对该泡泡图形画上高光部分，从而使所绘制的泡泡图案更具有真实感。从而得到完整的泡泡状图形如图 6-63 所示。

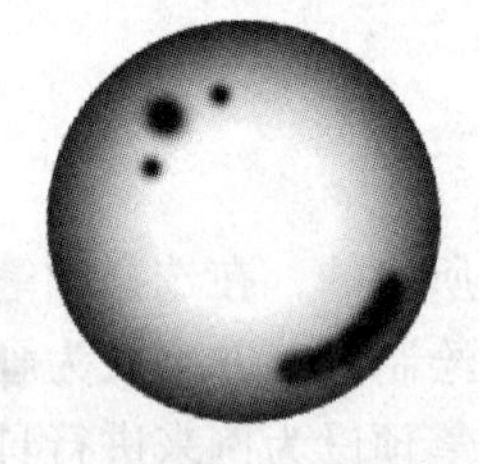

图 6-62　　图 6-63

步骤 3 定义画笔预设

选中所做的“泡泡”和“高光”图层，按〖Ctrl + E〗快捷键，从而合并所选图层，并命名该合并图层为“泡泡 2”。然后按着〖Ctrl〗键的同时鼠标左键单击“泡泡 2”图层的缩略图（从而可以选择到该图层的所有像素），再执行【编辑→定义画笔预设】命令来定义该图案为画笔形状，命名为“泡泡”后单击“确定”按钮，如图 6-64 所示。完成以上操作后即可得到泡泡状画笔，位置通常位于画笔工具中的最后一个。

图 6-64

步骤 4 泡泡状画笔的运用

打开本书附带光盘\第 6 章\ “美人鱼 . jpg” 如图 6-65 所示，选择到画笔工具，选中所做的泡泡状画笔。为该图片添加白色泡泡，效果如图 6-66 所示。

图 6-65

图 6-66

另外，也可以做出其他一些效果，依据自己的爱好做一些尝试，如图 6-67 所示。

除了上面所讲的一些效果，还可以运用自己定义的画笔制作出其他的一些意想不到的效果，从而实现运用简单的图案来达到梦幻般的效果，如图 6-68 所示。

图 6-67

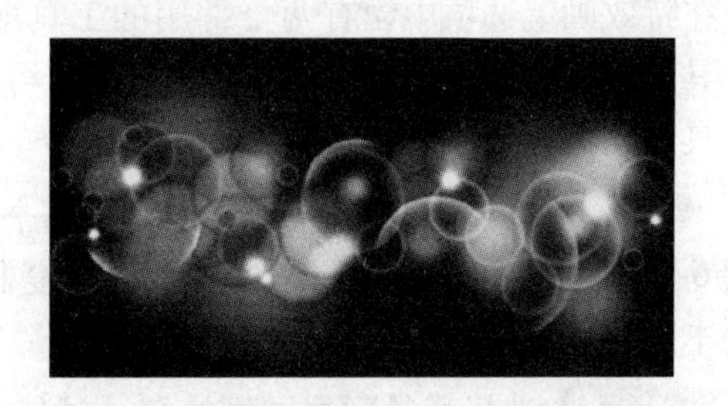

图 6-68

6.5　铅笔工具

“铅笔工具” 即 也是利用前景色来绘制线条的工具。它与画笔工具的不同在于，画笔可以绘制边缘较软的线条，但铅笔工具只能绘制硬边缘线条。将图像放大后，用铅笔工具绘制出的斜线将呈现出锯齿的效果。“铅笔工具” 的工具选项栏如图 6-69 所示，除 “自动抹除” 功能外，其他功能与画笔功能相同。

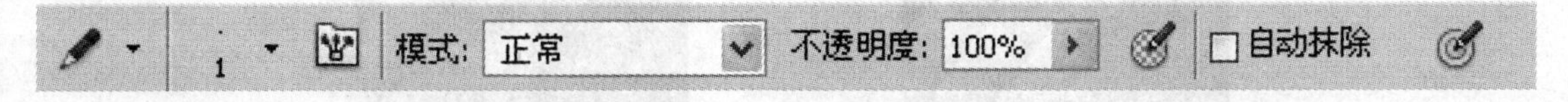

图 6-69

自动涂抹：选择 “自动涂抹” 选项后，在绘制时，若图像的颜色与前景色相同，则该工具的使用会擦除掉前景色而填充背景色。

6.6 颜色替换工具

“颜色涂改工具”即 也是对图像进行颜色替换和修改的工具之一，执行此命令时可以对图像所存在的偏色等问题进行校正。单击按钮 ，将弹出颜色涂改工具所涉及的相关设置选项如图 6-70 所示。

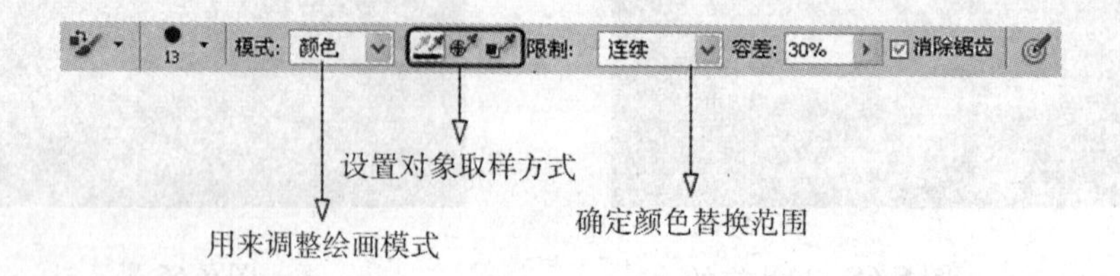

图 6-70

6.7 历史记录画笔工具

在特效画笔选项中含有两个常用的工具即“历史记录画笔工具”和“历史记录艺术画笔工具”。其中运用“历史记录画笔工具”可以实现图像状态在当前画面的快速复制。以下通过具体实例的运用来理解和掌握这一命令。

步骤 1 按〖Ctrl + O〗快捷键，打开本书附带光盘\第 6 章\“彩色火柴.jpg”文件。如图 6-71 所示，为了保护原图像还是选择复制背景图层即按〖Ctrl + J〗快捷键，从而得到背景副本图层。

步骤 2 选择背景副本图层执行【滤镜→扭曲→海洋波纹】命令，选择默认设置，单单“确定”按钮。从而得到图 6-72 所示效果。

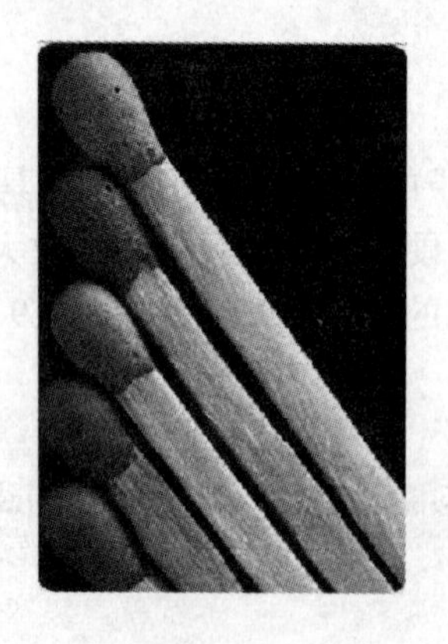

图 6-71

图 6-72

步骤 3 执行【窗口→历史记录】命令也可直接单击位于右侧选项调板中的按钮 来打开“历史记录”对话框，如图 6-73 所示。

图 6-73

说明：历史记录选项中的“历史记录画笔”符号位于最上角，用来设置历史记录的源。调整其位置，然后在画面上进行涂抹便可以实现对图像所做种种处理的还原。而图 6-73 中三角箭头所指的位置正是当前图像所处的历史记录状态，也是对图像进行修改后目标位置，通过对该三角形位置的调整可以对图像所做的设置进行一步步、有顺序的还原。

步骤 4 选择历史记录画笔选项栏中的默认选项。在画面中火柴头部位进行涂抹（涂抹时应确定已选中了工具栏中的“历史记录画笔”选项，且应随时注意对涂抹时的画笔笔头大小进行调整）。从而得到如图 6-74 所示效果。从图中可以看出，画面中经过涂抹的部分，被还原到了没有做任何处理之前的效果。

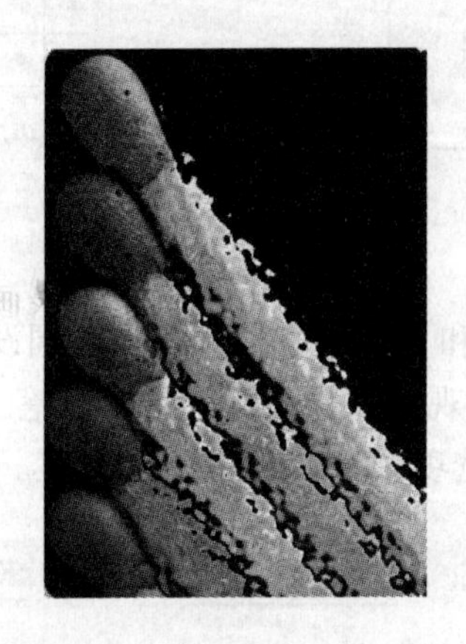

图 6-74

6.8 历史记录艺术画笔工具

在“历史记录艺术画笔工具”下，通过对其所涉及的选项如“样式”、“区域”、“容差”等进行具体设置可以为图像创造出具有艺术风格的相关绘画效果。“历史记录艺术画笔工具”与前面所讲的“历史记录画笔工具”相比，所涉及的选项略有不同，具体位置及作用如图 6-75 所示。

图 6-75

➢ **样式**：用来控制绘画描边的形状，其所涉及的具体选项如图 6-76 所示。

➢ **区域**：其数值用来指定绘画描边所覆盖的区域。此值越大，覆盖的区域越大，描边的数量也越多。

➢ **容差**：通过在文本框中输入具体数值或拖移滑块来对其数据进行调整，该选项用来限定可以应用绘画描边的区域。低容差代表在图像中的任何地方均可绘制无数条描边。高容差则将绘画描边限定在与源状态或快照中的颜色明显不同的区域。

该命令的具体运用仍将通过对具体实例的操作来进一步理解并掌握。

步骤1 按〖Ctrl + O〗快捷键，打开本书附带光盘 \ 第 6 章 \ “山花烂漫 . jpg” 文件。

步骤2 参照如图 6-77 所示，为“历史记录艺术画笔工具”选择一个画笔样式。然后尝试着在不同“样式”、“容差”和“区域”数值下对画面进行涂抹。

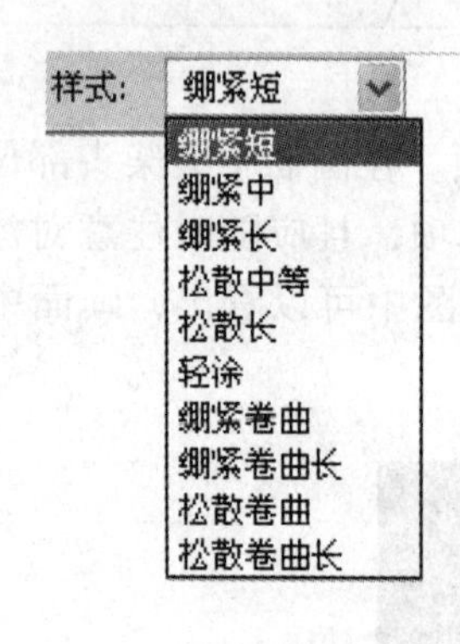

图 6-76

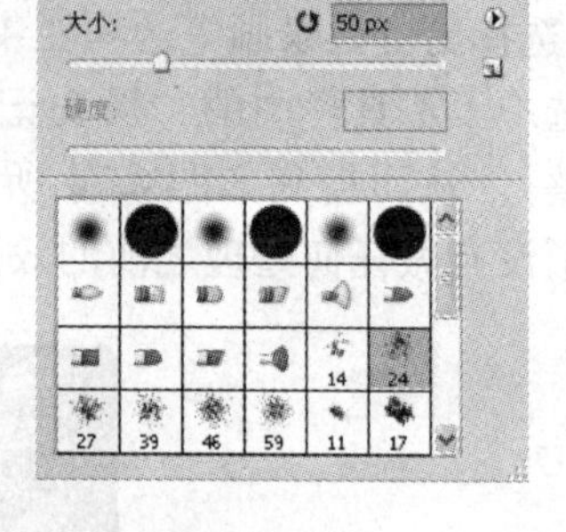

图 6-77

步骤3 本例在“样式”和“区域”选项中做相同设置，仅仅以在不同容差情况下对图像所作出的调整效果为例，来观察“历史记录艺术画笔工具”对画面调整所起到的作用。再分别对“样式”和“区域”选项做如图 6-78 所示调整。

样式: 绷紧短 区域: 50 px

图 6-78

步骤4 然后设置不同的“容差”数值，从而得到如图 6-79 所示效果。

a）

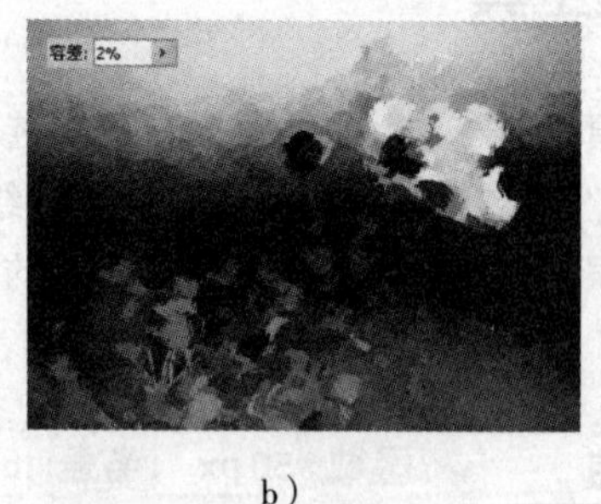

b）

c）

图 6-79

【小结】

本章主要讲述了画笔与修饰工具组内的工具用法，主要学习了画笔的相关设置并利用画笔及其他工具做了相应实例说明。

工具箱快捷键

命令名称	快捷键	命令名称	快捷键
矩形、椭圆选框工具	M	裁剪工具	C
移动工具	V	魔棒、快速选择工具	W
套索、多边形套索、磁性套索	L	喷枪工具	J
画笔工具	B	橡皮图章、图案图章	S
历史记录画笔工具	Y	橡皮擦工具	E
铅笔、直线工具	N	模糊、锐化、涂抹工具	R
减淡、加深、海绵工具	O	钢笔、自由钢笔、磁性钢笔	P
添加锚点工具	+	删除锚点工具	-
直接选取工具	A	文字、文字蒙版、直排文字、直排文字蒙版	T
度量工具	U	直线渐变、径向渐变、对称渐变、角度渐变、菱形渐变	G
油漆桶工具	K	吸管、颜色取样器	I
抓手工具	H	缩放工具	Z
默认前景色和背景色	D	切换前景色和背景色	X
切换标准模式和快速蒙版模式	Q	标准屏幕模式、带有菜单栏的全屏模式、全屏模式	F
临时使用移动工具	Ctrl	临时使用吸色工具	Alt
临时使用抓手工具	空格	打开工具选项面板	Enter
快速输入工具选项（当前工具选项面板中至少有一个可调节数字）	0~9	循环选择画笔	[或]
选择第一个画笔	Shift+[	选择最后一个画笔	Shift+]

第 7 章　Photoshop 路径

【学习要点】

1. 学习直线形锚点路径、曲线形锚点路径和半曲线锚点路径绘制。
2. 掌握路径编辑。
3. 学会路径绘制和编辑的应用。

【学习目标】

通过本章的学习，学会路径的绘制，以及全面了解与学会使用路径编辑，可以独立完成路径的绘制和编辑，熟练掌握钢笔路径的使用。

在 Photoshop CS5 中，用钢笔工具来创造路径，完成后还可再编辑。

钢笔工具属于矢量绘图工具，其优点是可以勾画平滑的曲线，在缩放或变形之后仍能保持平滑效果。

钢笔工具画出来的矢量图形称为路径，路径是矢量的路径，允许是不封闭的开放状，如果把起点与终点重合绘制就可以得到封闭的路径。

在 Photoshop CS5 中，路径是由一个或多个直线段或曲线段组成。而在路径组成中，又含有多个术语，如图 7-1 所示，锚点是用于标记路径段的端点。片段指的是锚点之间的线段。在曲线段的路径中，每个选中的锚点显示一条或两条方向线，方向线以方向点结束。方向线和方向点的位置决定曲线段的大小和形状。移动这些图素将改变路径中曲线的形状。

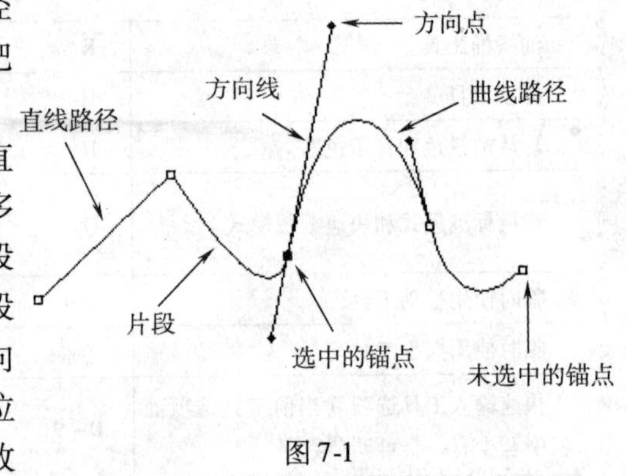

图 7-1

7.1　路径绘制

7.1.1　绘制直线形锚点路径

首先绘制一个简单的路径，如图 7-2 所示在工具栏选择钢笔工具或按下快捷键〖P〗，并保持钢笔工具的选项如图 7-3 所示（在工具栏上方）：选择第二种绘图方式（单纯路径），并取消橡皮功能。然后用钢笔在画面中单击，会看到在单击的点之间有线段相连，按住快捷键〖Shift〗可以让所绘制的点与上一个点保持 45°的整数倍夹角（比如 0°、45°、90°等），这样可以绘制水平、

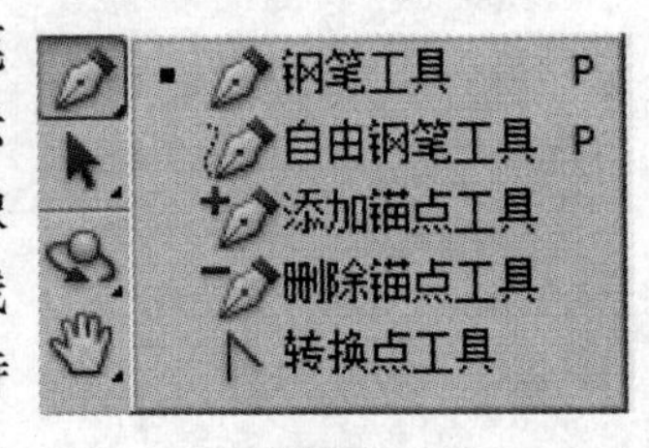

图 7-2

垂直或者 45°倾斜的线段，如图 7-4 所示（图中相邻点之间夹角均为 45°的整数倍）。

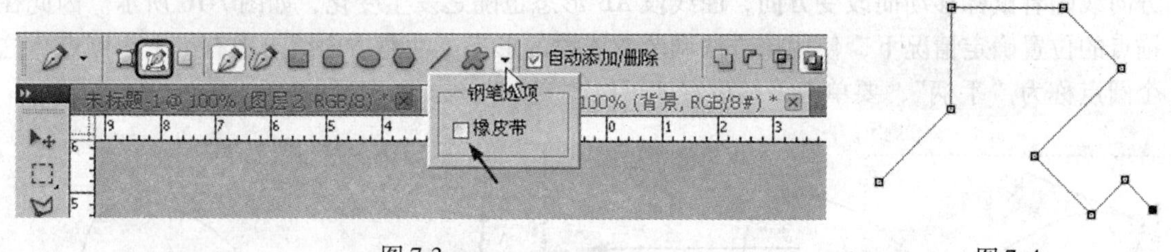

图 7-3　　　　图 7-4

在上面的练习中可以得出两个规律：创建直线形路径不需要直接绘制线段，而是定义路径各个锚点的位置，系统则在锚点间连线而成；控制直线形路径形态（方向、距离）的不是路径线段本身，而是线段中各个锚点的位置。

7.1.2　绘制曲线形锚点路径

下面通过实例来学习曲线形锚点路径：

步骤 1　使用钢笔工具单击鼠标左键之后不要松手，即会出现如图 7-5 所示的情况，出现两个方向的方向线。

步骤 2　松开鼠标左键，在任意位置单击第二个点并且不要松开鼠标左键，拖曳出两个方向的方向线，发现第一点的方向线只剩下靠近第二点一侧的一根，如图 7-6 所示。

步骤 3　重复步骤 2，绘制出如图 7-7 所示的路径。

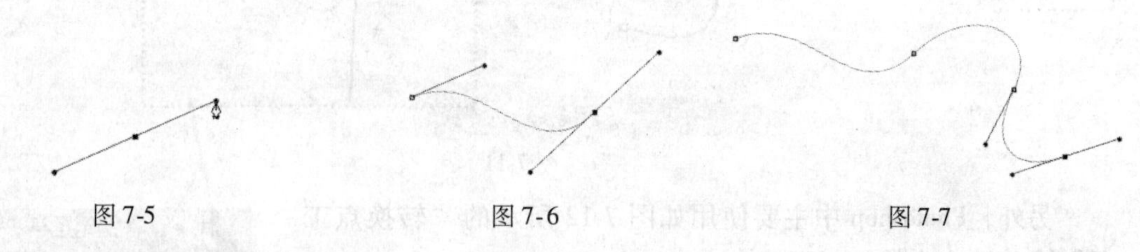

图 7-5　　　　图 7-6　　　　图 7-7

由实例练习得出，在绘制出第二个及之后的锚点并拖动方向线时，曲线的形态也随之改变。曲线是怎样生成的，又该如何来控制曲线的形态呢？除了具有直线的方向和距离外，曲线多了一个弯曲度的形态，方向和距离只要改变锚点位置就可以做到，但是弯曲度该如何控制？

如图 7-8 所示在工具栏中选择“直接选择工具”，注意是下方那个空心的箭头。

假设刚才绘制的 4 个锚点分别是 A、B、C、D，用“直接选择工具”去单击位于点 A、B 之间的片断，会看到刚才绘制 A、B 锚点时定义的方向线，如图 7-9 所示。

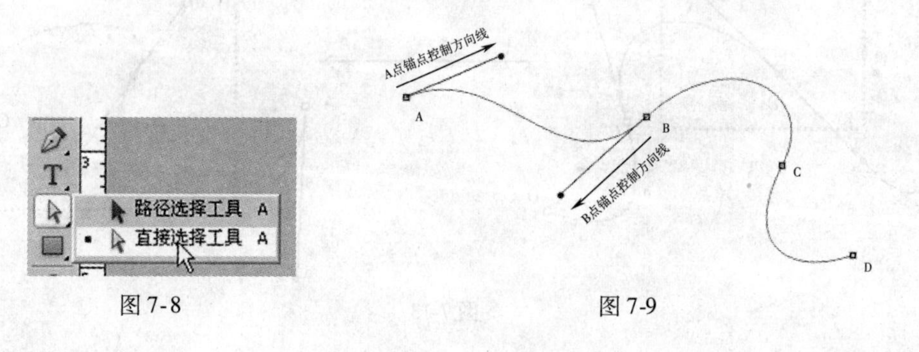

图 7-8　　　　图 7-9

使用“直接选择工具”单击 A 锚点方向线末端黑色实心圆，不松开鼠标，并移动鼠标，方向线随着鼠标移动而改变方向，曲线段 AB 形态也随之发生变化，如图 7-10 所示。因此在锚点的位置确定情况下，使用该方法调节曲线段的形态。注意方向线末端有一个小圆点，这个圆点称为“手柄”，要单击手柄位置才可以改变方向线。

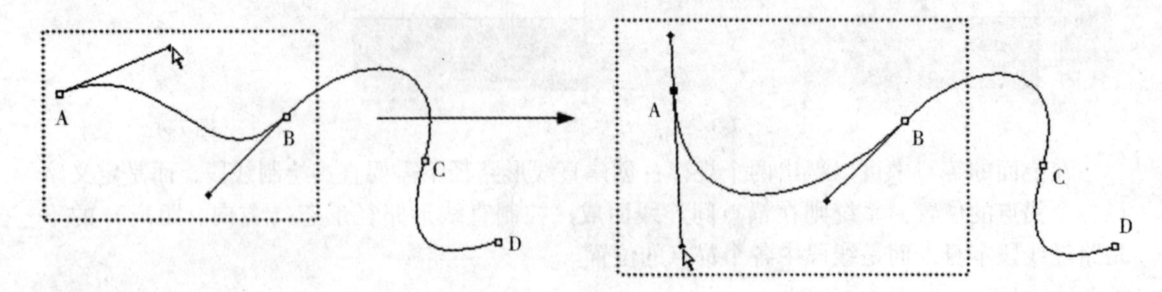

图 7-10

使用“直接选择工具”改变锚点的位置，鼠标单击 A 点，不松开鼠标，并移动鼠标，A 点位置随着鼠标移动而改变位置，曲线段 AB 形态也随之发生变化，如图 7-11 所示。

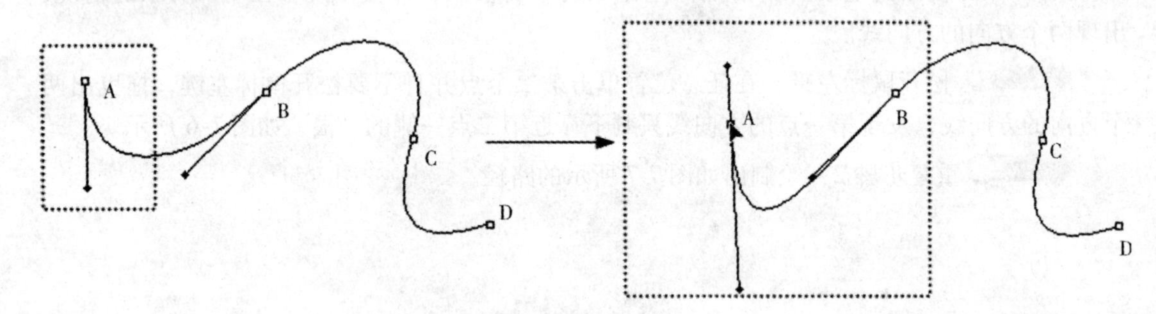

图 7-11

另外，Photoshop 中主要使用如图 7-12 所示的“转换点工具”来修改方向线。

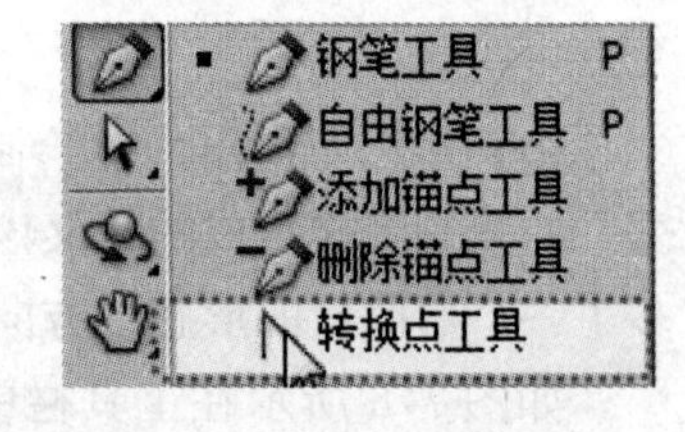

图 7-12

鼠标单击 B 点的方向线，不松开鼠标，方向线随着鼠标改变方向，曲线段 BC 也随之发生变化，如图 7-13 所示。

注意：使用“直接选择工具”、“转换点工具”在曲线段上单击，不松开鼠标，可以同时控制曲线段两端的锚点（B 点

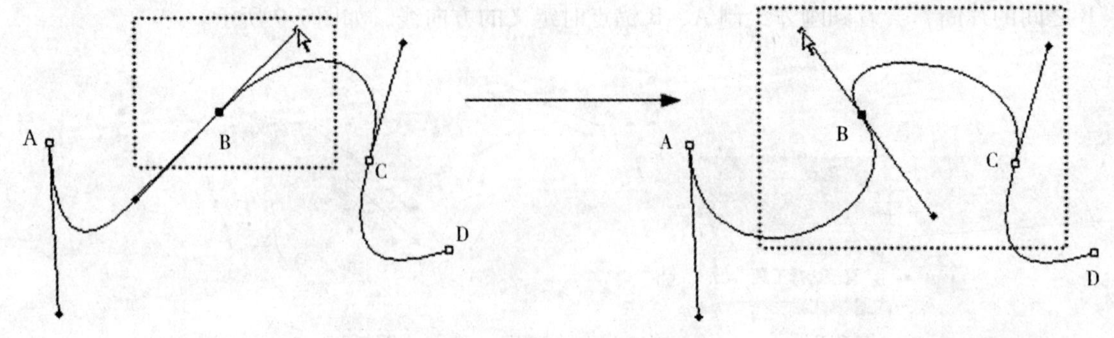

图 7-13

和 C 点）的方向线的长度和方向（只控制 0°和 180°方向），一般很少用，效果如图 7-14 所示。但是这并不能说是“修改了片断”，而应该说是“同时修改了两个锚点”。

牢记原则：片断是由锚点组成的，只有修改锚点才能改变片断形态，这是不可逆的因果关系。

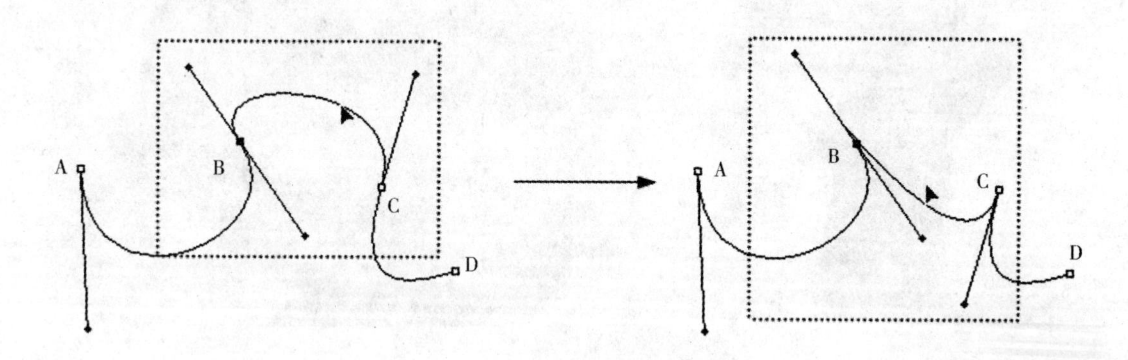

图 7-14

方向线长短对路径造成的影响如图 7-15 所示（在同一方向上拖拉方向线，可使用“直接选择工具”）。对于一个锚点而言，如果方向线越长，那么曲线在这个方向上走的路程就越长，反之就越短。可以这样设想，曲线是一个橡皮筋，在头尾两端有两个力在往各自的方向上拉，哪个方向上力大，则橡皮筋就朝向这个方向多靠拢一些。

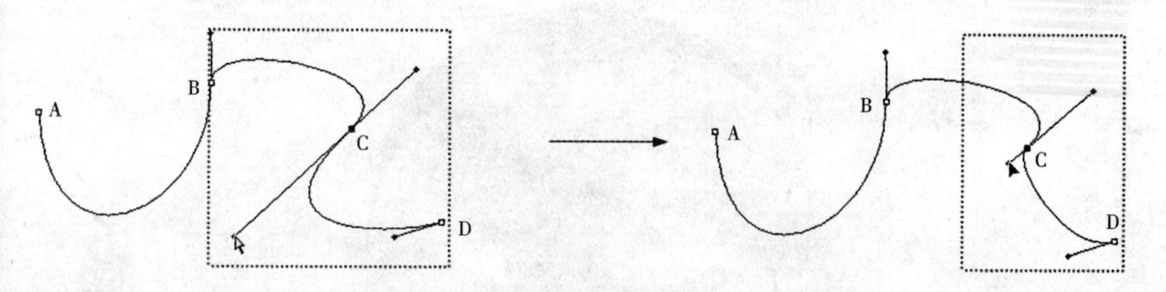

图 7-15

小结：

这条曲线上除了起点和终点，对于 BC 两个锚点而言，都存在两条方向线：一条是从上一个锚点“来向”的方向线；另一条是通往下一个锚点的“去向”的方向线。对于起点，只存在“去向”的方向线。对于终点，只存在“来向”的方向线。

7.1.3　路径实例

打开本书附带光盘\第 7 章\“卡通人物.jpg”文件，如图 7-16 所示。

要求在卡通人物两个耳朵之间绘制一条紧贴卡通人物头部外轮廓的曲线。初学者绘制出来的路径很有可能如图 7-17 所示。

图 7-16

图 7-17

虽然达到了要求，但是路径上使用了多个锚点。

正确的绘制方法如图 7-18 所示，这里只用了三个锚点来绘制。

图 7-18

换一个位置再进行面部轮廓的曲线路径绘制，初学者绘制的效果很有可能如图 7-19 所示。

而正确的绘制方法只需要用两个锚点就可以绘制出这条曲线，如图 7-20 所示。

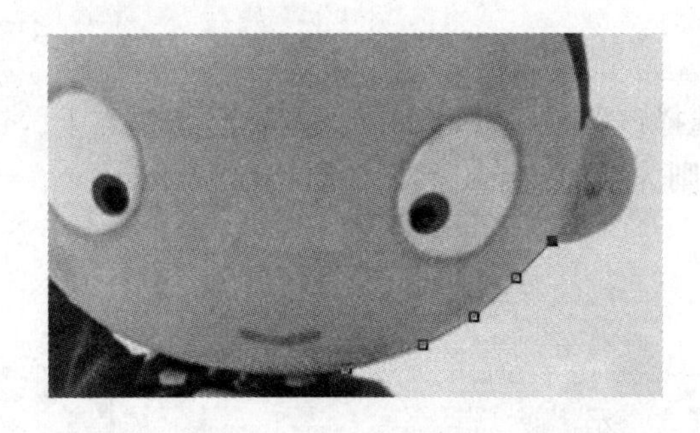

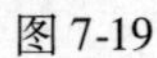

图 7-19

图 7-20

记住一个原则：绘制曲线的锚点数量越少越好。

因为如果锚点数量增加，不仅会增加绘制的步骤，同时也不利于后期的修改。

7.1.4 绘制半曲线锚点路径

当需要一个锚点左边是曲线，右边是直线，就需要用半曲线锚点路径来绘制，如图 7-21 所示。绘制锚点后，按住〖Alt〗键单击一下锚点，这个锚点的“去向”就变为直线。

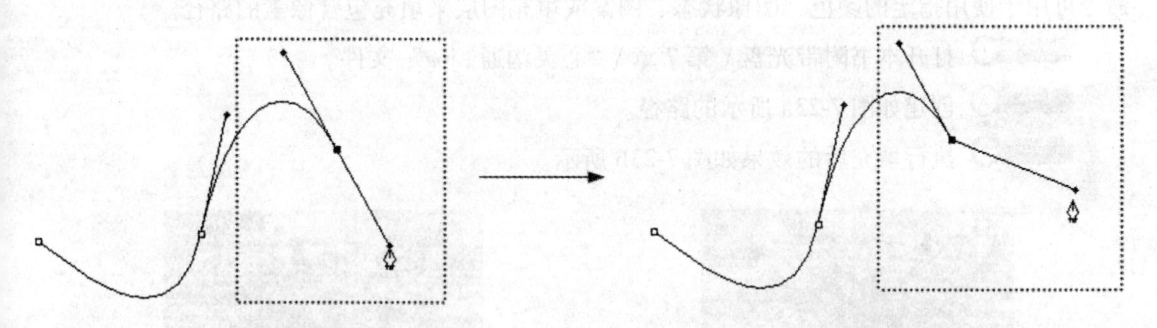

图 7-21

请注意：只有“去向”能改变为直线，如果需要“来向”为直线，则需要在上一个锚点操作，即使转换为半曲线锚点了，绘制下一个锚点的时候仍然是可以带有方向线的。

7.2 路径编辑

除了转换锚点类型外，还可以在已有的路径上增加或减少锚点的数量。

7.2.1 添加删除锚点

绘制路径过程中使用“路径选择工具”选择该路径。此时如果停留在已有锚点上，钢笔工具变为删除锚点工具，如果停在片断上，则为增加锚点工具，如图 7-22 所示。

图 7-22

既然钢笔工具本身就附带了增加和删除的功能，那么为何在工具栏中还有单独的增加锚点和删除锚点工具呢?

这是因为有时候可能需要在锚点密集区增加更多锚点，如果就用钢笔工具的话，则有可能误删已有的锚点。

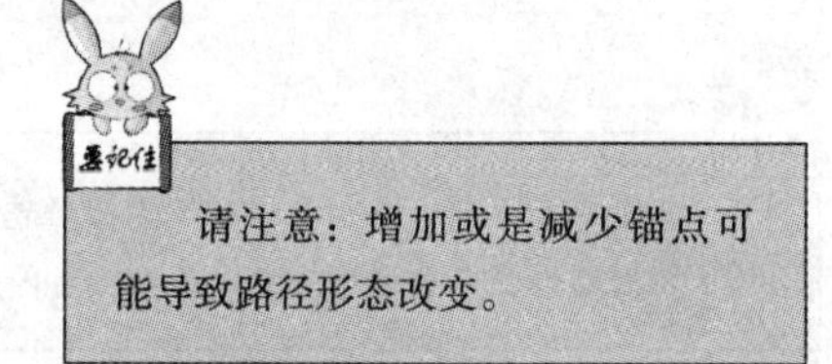

7.2.2 填充路径

使用钢笔工具创建的路径只有在经过描边或填充处理后，才会成为图素。“填充路径”命令可用于使用指定的颜色、图像状态、图案或填充图层来填充包含像素的路径。

步骤 1 打开本书附带光盘\第 7 章\“心灵沟通 . jpg” 文件。

步骤 2 创建如图 7-23a 所示的路径。

步骤 3 执行填充后的效果如图 7-23b 所示。

a）

b）

图 7-23

重要说明：当填充路径时，颜色值会出现在现用图层中。开始之前，所需图层一定要处于现用状态。当图层蒙版或文本图层处于现用状态时无法填充路径。

填充路径方法有以下两种：

1. 第 1 种

（1）在“路径”调板中选择路径。

（2）单击右侧“路径”调板底部的“用前景色填充路径”按钮，路径内部被前景色填充。

2. 第 2 种

（1）在“钢笔工具”、“直接选择工具”或者“路径选择工具”任意图标工具选择下；

（2）单击鼠标右键，选择“填充路径”选项，在填充路径对话框中（如图 7-24 所示）进行进一步填充设置。

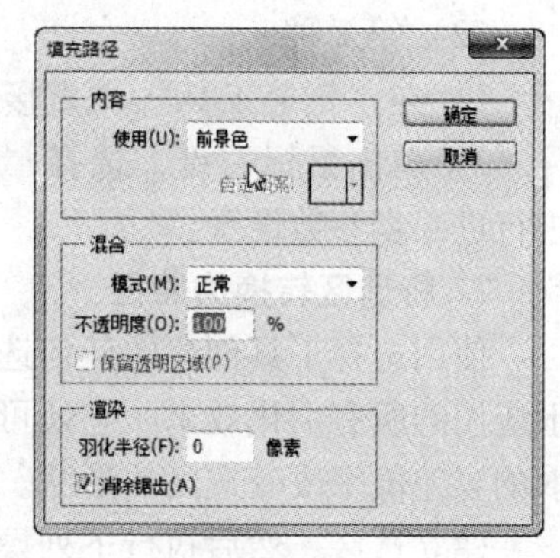

图 7-24

7.2.3 描边路径

“描边路径”命令可用于绘制路径的边框。“描边路径”命令可以沿任何路径创建绘画描边（使用绘画工具的当前设置）。这和“描边”图层的效果完全不同，它并不模仿任何绘画工具的效果。

> 重要说明：在对路径进行描边时，颜色值会出现在现用图层上。开始之前，所需图层一定要处于现用状态。当图层蒙版或文本图层处于现用状态时无法对路径进行描边。

描边路径方法有以下两种：

1. 第 1 种

（1）在“路径”调板中选择路径。

（2）单击“路径”调板底部的“用画笔描边路径”按钮。每次单击“用画笔描边路径”按钮都会增加描边的不透明度，在某些情况下使描边看起来更粗。

2. 第 2 种

（1）在“钢笔工具”、“直接选择工具”或者“路径选择工具”任意图标工具选择下；

（2）单击鼠标右键，选择“描边路径”选项，在描边路径对话框中（如图 7-25 所示）进行进一步描边设置。

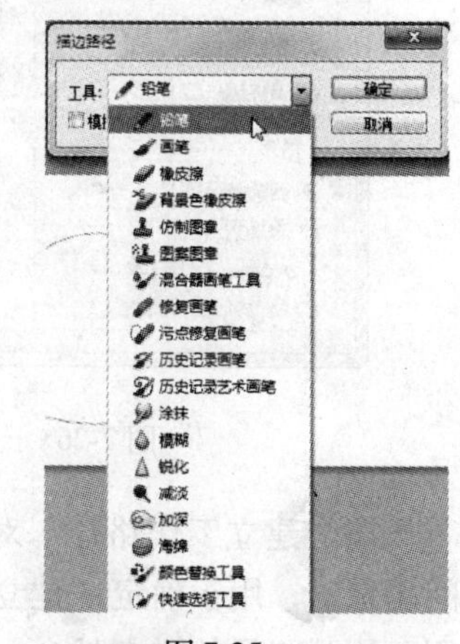

图 7-25

7.2.4 路径和选区间的转换

1. 路径转换为选区

任何闭合路径都可以定义为选区边框。可以从当前的选区中添加或减去闭合路径，也可以将闭合路径与当前的选区结合。

在“路径”调板中选择路径。

转换路径的方法有以下两种：

（1）第 1 种

1）单击“路径”调板底部的“将路径作为选区载入”按钮。

2）按住〖Ctrl〗键并单击“路径”调板中的路径缩览图。

（2）第2种

1）在“钢笔工具”、“直接选择工具”或者“路径选择工具”任意图标工具选择下；

2）单击鼠标右键，选择“建立选区”选项，在建立选区对话框中（如图7-26所示）进行进一步参数设置。

2. 将选区转换为路径

使用选择工具创建的任何选区都可以定义为路径。“建立工作路径”命令可以消除选区上应用的所有羽化效果。它还可以根据路径的复杂程度和在“建立工作路径”对话框中选取的容差值来改变选区的形状。

建立选区，然后执行下列操作之一：

1）单击“路径”调板底部的“从选区生成工作路径”按钮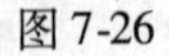以使用当前的容差设置，而不打开“建立工作路径”对话框。

2）按住〖Alt〗键并单击“路径”调板底部的“建立工作路径”按钮，出现如图7-27所示的“建立工作路径”对话框，可以设置容差值。

3）在任意图标工具选择下，单击鼠标右键，选择“建立工作路径”选项，也出现如上所说的“建立工作路径”对话框。

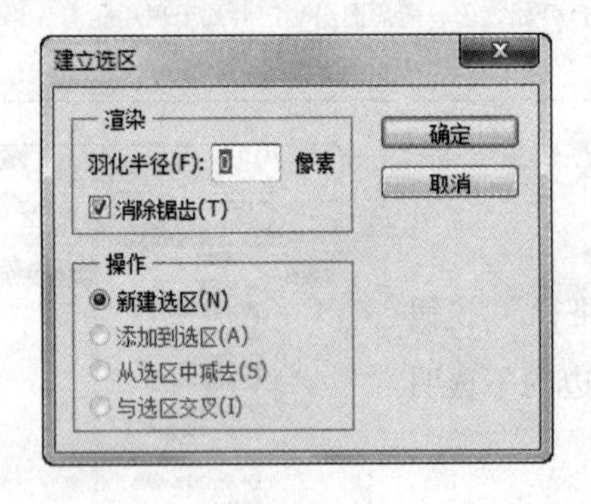

图7-26

图7-27

在“建立工作路径”对话框中，输入容差值或使用默认值。容差值的范围为0.5~10之间的像素，用于确定“建立工作路径”命令对选区形状微小变化的敏感程度。容差值越高，用于绘制路径的锚点越少，路径也越平滑。如果路径用作剪贴路径，并且在打印图像时遇到问题，则应使用较高的容差值。

单击“确定”按钮，路径便出现在“路径”调板中，同时图形中也可以看到该路径。

7.2.5 基本形状变换路径

Photoshop提供了一些基本的路径形状。可以在这些基本路径的基础上加以修改形成需要的形状，这样不仅快速，并且效果也比完全手工绘制的要好。

在工具选项板（如图7-28所示）或者在工具栏（如图7-29所示）选择自定形状工具，在工具栏里可以更细致地对其进行形状设置。

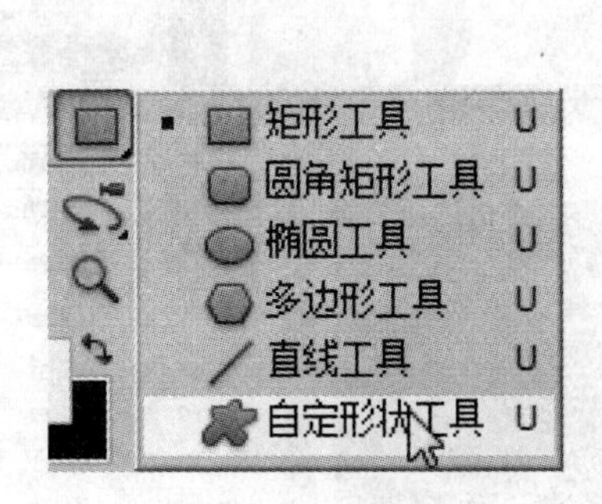

图 7-28

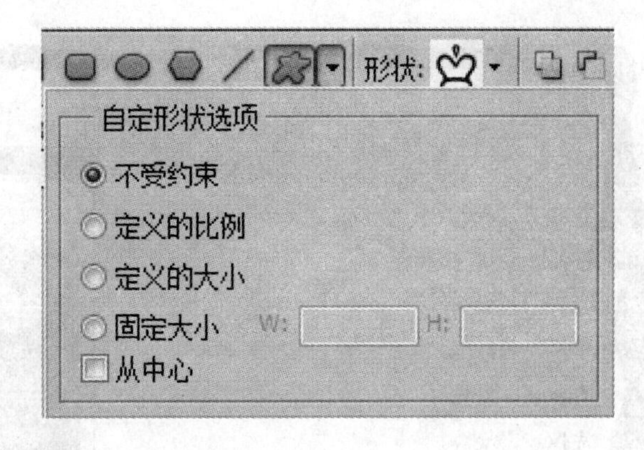

图 7-29

使用第一种绘制方式（建立一个用前景色填充的矢量层），如图 7-30 所示。

注意样式要关闭，选择一个颜色作为填充色，如图 7-31 所示。

图 7-30

图 7-31

然后在图像中绘制一个矩形的形状，如图 7-32 所示。

画好之后注意图层面板上就有一个带路径的色彩填充层，如图 7-33 所示。

图 7-32

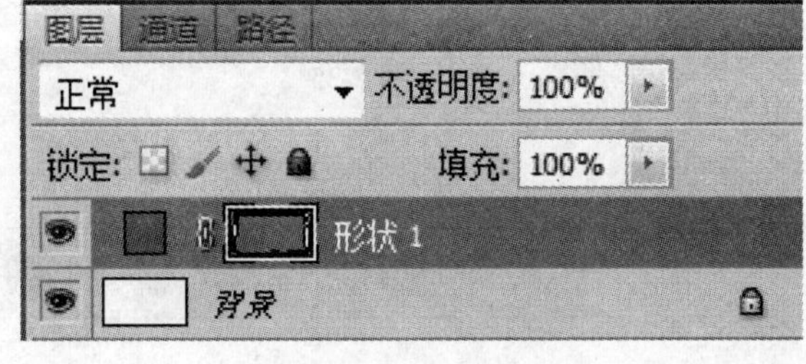

图 7-33

单击[形状 1]可以隐藏或显示路径，双击其前方的色彩块[■]可以更改填充色，如图 7-34 所示。

继续使用这种方法绘制出如图 7-35 所示的效果。

使用第二种绘制方法，如图 7-36 所示。

绘制路径效果如图 7-37 所示，并且使用“添加锚点工具”为路径添加两个锚点，调整其形状如图 7-38 所示。

对路径进行填充，并且移动图层顺序，最后效果如图 7-39 所示。

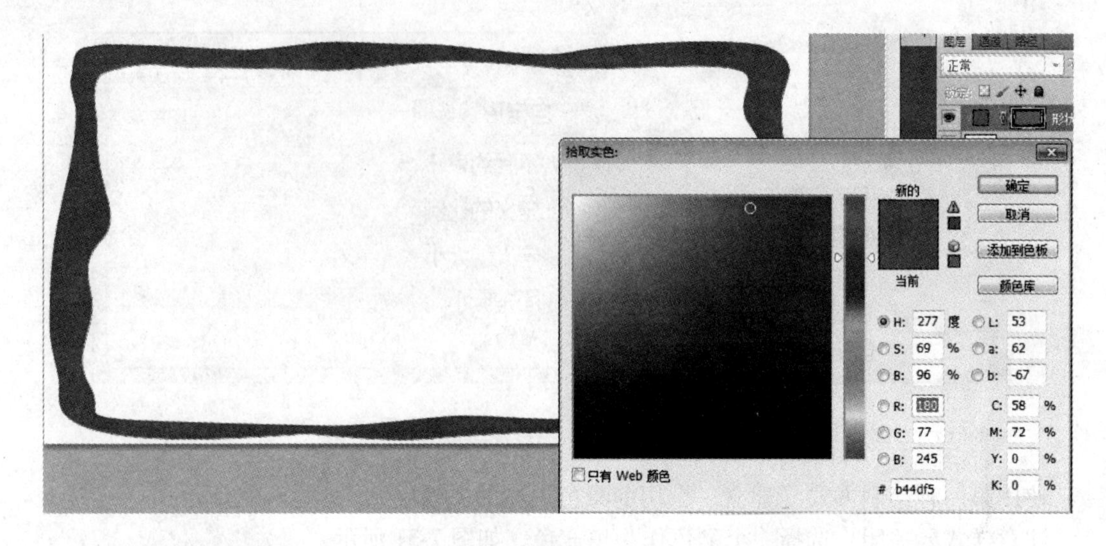

图 7-34

图 7-35

请注意：如果要修改图层中的路径，则路径必须在显示状态。如果路径显示会影响到一些（如描边等）制作时的视觉效果，则应先隐藏路径。由于要修改这条路径，所以要先将路径显示。

图 7-36

图 7-37

图 7-38

图 7-39

记住：无论在直线还是曲线上增加锚点，所增加默认的都是曲线形锚点，如果需要直线形锚点，则要使用“转换点工具”单击增加出来的锚点。

7.3 路径实例练习

经过上面的练习，已经掌握了路径的基本操作知识，下面进行一个简单的实例练习，对其进行进一步的巩固熟悉。

步骤 1 打开本书附带光盘\第 7 章\“脸谱.jpg”文件。

步骤 2 选择工具箱中“钢笔工具”或者按下快捷键〖P〗，选用路径，在文件上绘制钢笔路径如图 7-40 所示。

步骤 3 使用“直接选择工具”和“转换点工具”调整路径形状，如图 7-41 所示。

步骤 4 将胡须路径填充为黑色，并且绘制嘴唇路径，填充为淡红色，效果如图 7-42 所示。

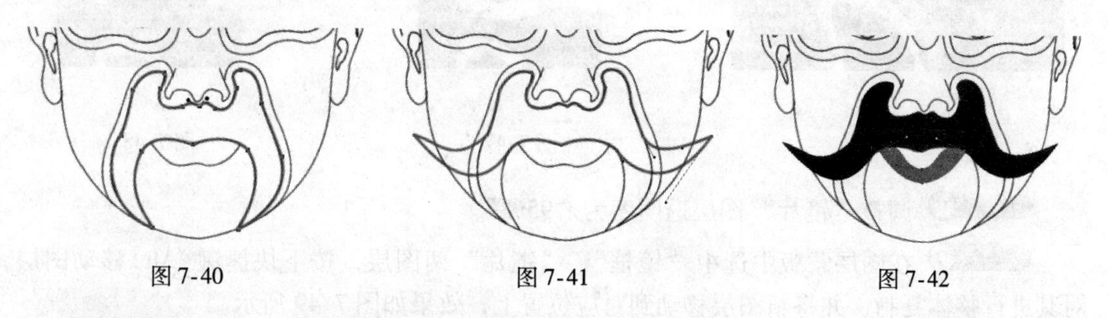

图 7-40　　图 7-41　　图 7-42

步骤 5 绘制路径如图，并填充上颜色，如图 7-43 所示。

步骤 6 使用“直接选择工具”和“转换点工具”重复步骤 3 画出路径，并且进行描边或者填充，效果如图 7-44 所示。

步骤 7 执行【编辑→变换→水平翻转】命令，并且移动到对称位置，如图 7-45 所示。

步骤 8 绘制如图 7-46 所示的圆形路径。

步骤 9 新建图层“镜框”，描边路径，画笔大小为“2px”，硬度为“100%”，透明度为“100%”，流量为“100%”，颜色为天蓝色，如图 7-47 所示。

图 7-43

图 7-44

图 7-45

步骤 10 新建图层“镜片”，填充路径为黑色；按住快捷键〖Ctrl〗单击该图层，出现选区，并使用白色画笔（设置其画笔大小为“11px”，硬度为“0%”，透明度为“20%”，流量为“30%”），画出墨镜高光，如图 7-48 所示。

图 7-46

图 7-47

图 7-48

步骤 11 调整“镜片”图层透明度为“95%”。

步骤 12 在图层蒙版中选中“镜框”、“镜片”两图层，按下快捷键〖Alt〗移动图层，对其进行整体复制，并将新图层移动到对应位置上，效果如图 7-49 所示。

步骤 13 绘制出如图 7-50 所示的镜框鼻架路径，描边路径，画笔大小为“5px”，硬度为“100%”，透明度为“100%”，流量为“100%”，并添加图层样式“斜面和浮雕”，效果如图 7-51 所示。

图 7-49

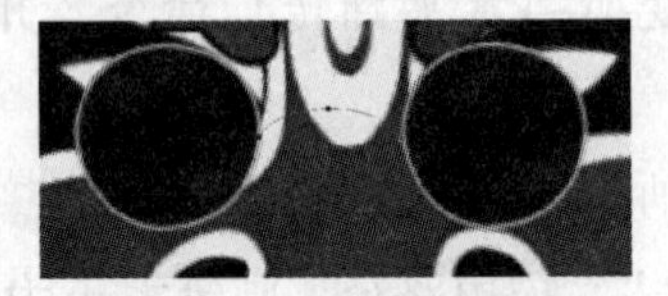
图 7-50

图 7-51

步骤 14 最终效果图如图 7-52 所示。

图 7-52

【小结】

本章主要讲述了路径的基本用法，利用路径绘制和路径编辑来制作图形，学会对路径的基本编辑操作。

滤镜快捷键

命令名称	快捷键	命令名称	快捷键
重复上次滤镜及参数	Ctrl + F	退去上次所做滤镜的效果	Ctrl + Shift + F
重复上次所做的滤镜（可调参数）	Ctrl + Alt + F	立方体工具（在“3D 变化”滤镜中）	M
选择工具（在“3D 变化”滤镜中）	V	球体工具（在“3D 变化”滤镜中）	N
柱体工具（在“3D 变化”滤镜中）	C	轨迹球（在“3D 变化”滤镜中）	R
全景相机工具（在“3D 变化”滤镜中）	E		

第 8 章　通道的应用

【学习要点】

1. 理解通常意义上的三种通道形式的概念。
2. 掌握通过通道对图像的编辑与管理技巧。
3. 掌握通道运算与通道混合器的应用。

【学习目标】

通过本章的学习，初学者需要了解和认识三种通道即颜色信息通道、Alpha 通道、专色通道各自的概念、用途，并理解和掌握运用通道来创建选区时的基本命令与技巧，掌握通道混合器的应用，以此来进一步地学习 Photoshop 的各项命令。

通道是指用于存储不同类型信息的灰度图像，用于记录颜色信息。通道记录颜色信息通常通过黑白灰不同的灰度表示，因此俗称“黑社会”。

通常意义上通道可分为三类，如图 8-1 所示。

1. 颜色信息通道

颜色信息通道是在打开新图像时自动创建的通道。图像的颜色模式决定了所创建的颜色通道的数目。例如 RGB 图像的每种颜色（红色、绿色和蓝色）都有一个相应的通道，并且还有一个用于编辑图像的复合通道。

2. Alpha 通道

将选区存储为灰度图像时，可以添加 Alpha 通道来创建和存储蒙版，而这些蒙版可用于处理或保护图像的某些部分。

3. 专色通道

专色通道是指定用于专色油墨印刷的附加印版。

一个图像最多可有 56 个通道。所有的新通道都具有与原图像相同的尺寸和像素数目。通道所需的文件大小由通道中的像素信息决定。某些文件格式（包括 Tiff 和 Photoshop 格式）可以压缩通道信息并且可以节约空间。当从文档窗口底部状态栏▶处单击鼠标左键，在弹出的菜单中选择“文档大小”时，未压缩文件的大小（包括 Alpha 通道和图层）将显示在窗口底部状态栏的最右边。

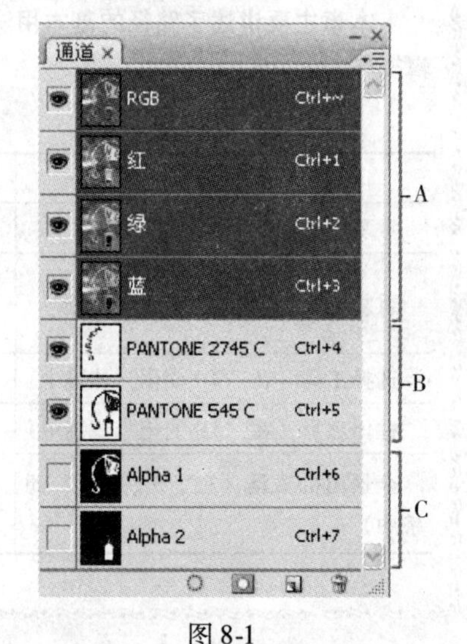

图 8-1

A—颜色通道　B—专色通道　C—Alpha 通道

8.1　通道调板

“通道”调板的作用是列出图像中的所有通道，对于 RGB、CMYK 和 LAB 图像，则将最先列出复合通道。通道内容的缩览图显示在通道名称的左侧；在编辑通道时会自动更新缩览图。

8.2　通道的编辑及管理

对通道的编辑与管理可以通过通道调板右上角的控制选项来完成，如图 8-2 所示。对于通道常用的操作有新建通道、复制通道、删除通道等。

8.2.1　创建通道

1. 创建 Alpha 通道

方法① 通过鼠标左键单击通道调板右下角处的“创建新通道”按钮来创建，具体位置如图 8-3 所示。

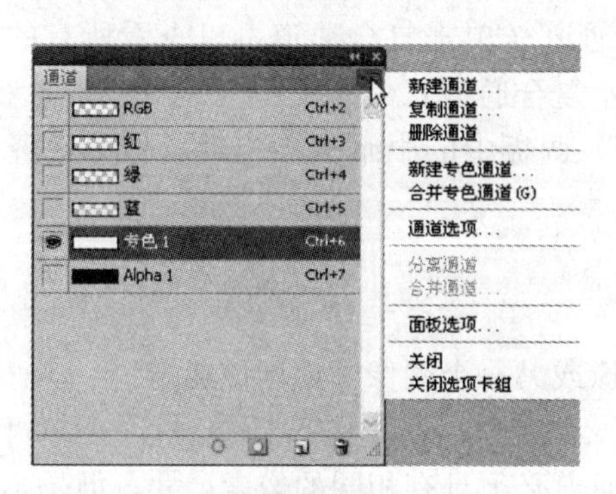

图 8-2

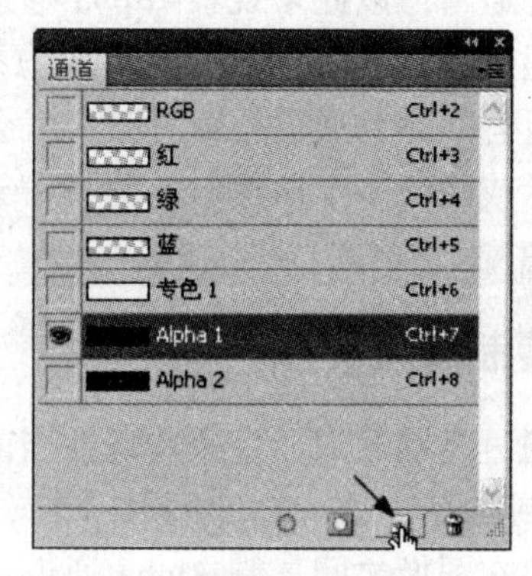

图 8-3

方法② 通过单击通道调板右上角处的控制选项来创建，具体位置如图 8-2 所示。

2. 创建专色通道

专色通道可以通过两种方法创建。

方法① 通过通道调板控制选项中的新建专色通道来创建，如图 8-4 所示。

方法② 通过一个通道与其他类型通道之间的转换来实现专色通道的创建，即在通道调板控制选项中选择通道选项，如图 8-5 所示。在弹出的相应通道选项中选择“专色”即可，如图 8-6 所示。

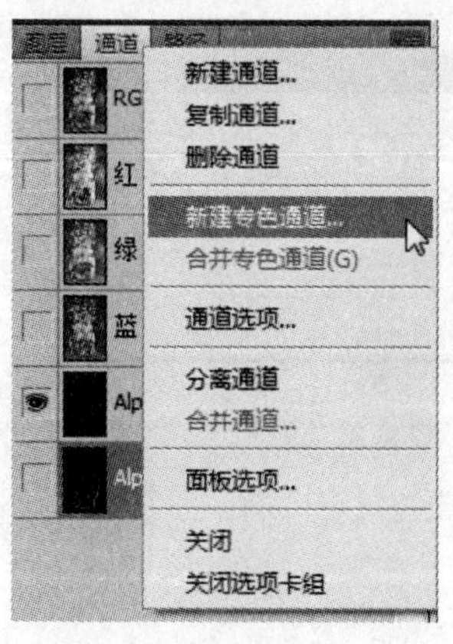

图 8-4

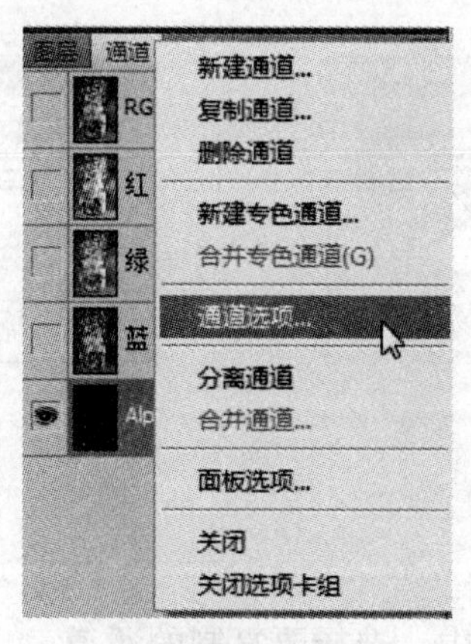

图 8-5

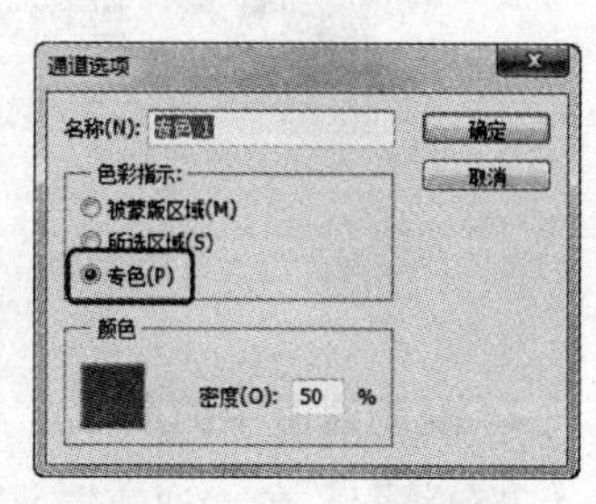

图 8-6

下面以简单实例来了解创建专色通道的具体步骤。

步骤1 打开本书附带光盘\第 8 章\“幸运星 .jpg”文件，在通道调板中按前文所述内容创建一个“Alpha1 通道”。

步骤2 单击通道调板控制选项菜单，执行“通道选项”命令，在弹出的相关对话框中执行如图 8-6 所示的相应设置，在“色彩指示”选项内选择“专色”，单击“确定”按钮，关闭该对话框。

这时即实现了由“Alpha 1 通道”向“专色 1 通道”的转换。

8.2.2 显示或隐藏通道

可以使用“通道”调板来查看文档窗口中的任何通道组合。例如，可以同时查看 Alpha 通道和复合通道，以此来观察 Alpha 通道中的更改会为整幅图像带来怎么样的变化。

单击通道旁边的眼睛即可显示或隐藏该通道（单击复合通道可以查看所有的默认颜色通道，当所有的颜色通道均可见时，就会显示复合通道）。

要显示或隐藏多个通道时，请在“通道”调板中的眼睛列中拖动鼠标以选择多个通道被显示或隐藏。

8.2.3 复制通道

可以通过复制通道命令来实现在当前图像或另一个图像中使用该通道。

1. 复制通道

如果要在图像之间复制 Alpha 通道，则通道必须具有相同的像素尺寸。但是不能将通道复制到位图模式的图像中。具体操作步骤如下：

步骤1 在“通道”调板中，选择要复制的通道。

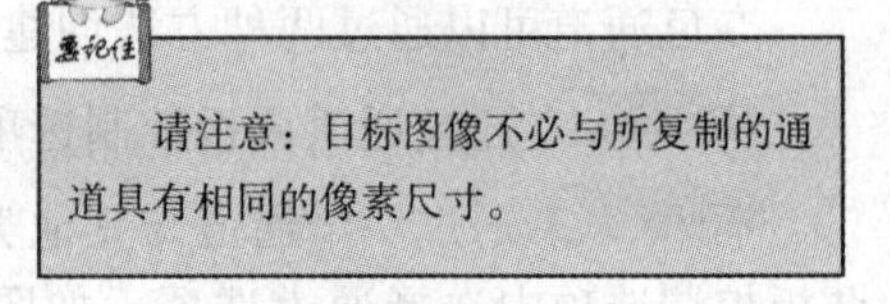

步骤2 从“通道”调板菜单中选取“复制通道”选项，或直接在要复制的通道上单击鼠标右键选择“复制通道”选项，如图 8-7 所示。

步骤3 键入复制的通道的名称，如图 8-8 所示。

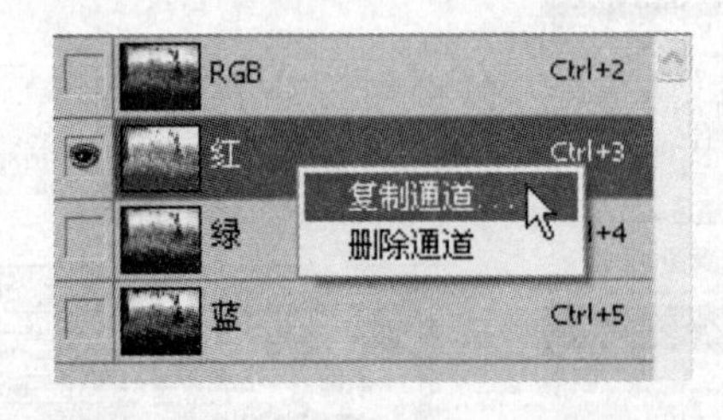

图 8-7

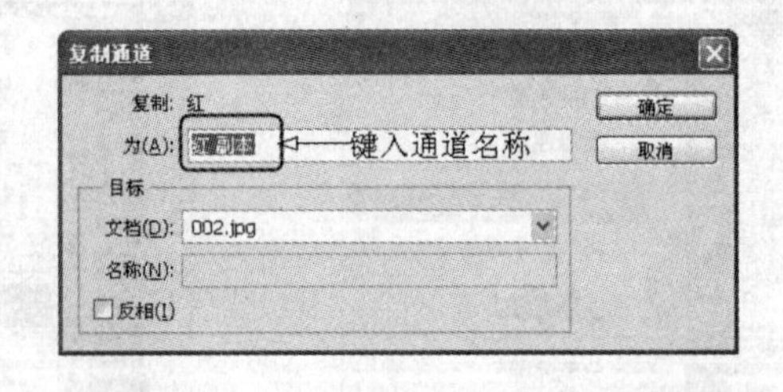

图 8-8

2. 复制通道中的图像

步骤1 在“通道”调板中，选择要复制的通道。

步骤2 将该通道拖动到调板底部的“创建新通道”按钮 上即可。

3. 复制通道到另一图像当中

步骤① 在"通道"调板中，选择要复制的通道。

步骤② 确保目标图像已打开。

步骤③ 执行下列两种方法之一即可实现将通道复制到另一个图像当中：

方法① 将该通道从"通道"调板拖动到目标图像窗口。复制的通道即会出现在"通道"调板中。

方法② 执行【选择→全部】或按〖Ctrl + A〗快捷键，然后执行【编辑→复制】或按〖Ctrl + C〗快捷键。在目标图像中选择通道，并选取【编辑→粘贴】或按〖Ctrl + V〗快捷键。所粘贴的通道将覆盖原有所有通道。

8.2.4 通道分离

为了将不同的通道显示成单独的文件，可以通过单击"通道"调板右上角的按钮，在弹出的下拉菜单中选择"分离通道"、"合并通道"选项来进行相应的编辑命令。

在将通道分离为单独的图像时，只能分离拼合图像的通道。当需要在不能保留通道的文件格式中保留单个通道信息时，分离通道就显得尤为重要。下面通过具体事例来详细介绍一下分离通道的具体步骤：

步骤① 打开本书附带光盘\第 8 章\"马克笔.jpg"文件，如图 8-9 所示，在通道选项栏下的"通道"调板菜单即调板右上角的按钮中选取"分离通道"选项，该选项位置如图 8-10 所示。

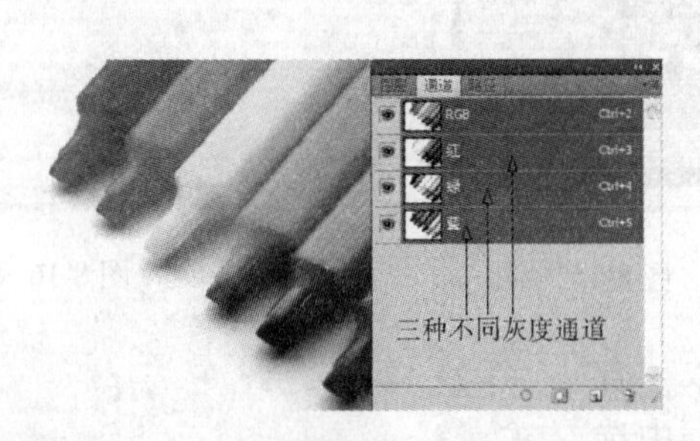

图 8-9

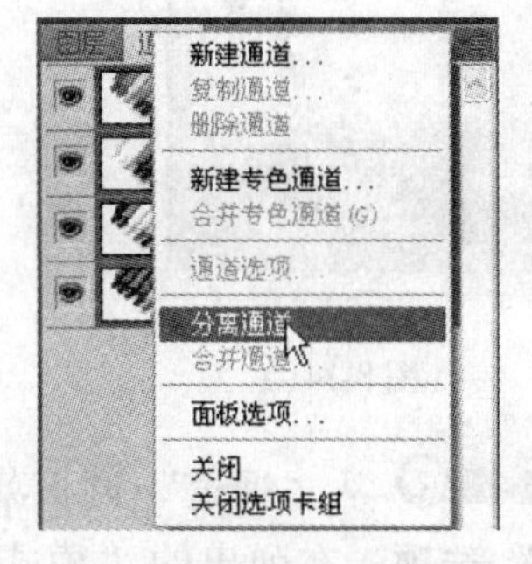

图 8-10

步骤② 原文件被自动关闭，分离后的图像以单独的窗口方式显示，这些图都是灰度图，它们的命名形式为：在原图像名称的后面加上该通道相应的英文缩写，新图像均可以分别被存储和编辑。分离后的效果如图 8-11 ~ 图 8-13 所示。

图 8-11

图 8-12

图 8-13

请注意：一旦分离后，将不可再回退到原来的通道状态，它们将成为独立存在的文件整体。

8.2.5 合并通道

合并通道命令即将多个灰度图像合并为一个图像。要合并的图像必须满足以下三个条件即：①需合并的图像处于灰度模式；②文件已被拼合（没有图层）且具有相同的像素尺寸；③图像要处于打开状态。

同时已打开的灰度图像的数量决定了合并通道时可用的颜色模式。例如，如果打开了三个图像，可以将它们合并为一个 RGB 图像；如果打开了四个图像，则可以将它们合并为一个 CMYK 图像。下面通过对实例的具体操作来进行进一步的讲解。

步骤1 打开包含要合并的通道的灰度图像，本例中打开由光盘中所给的三个灰度图像即“75.jpg”、“76.jpg”、“77.jpg”并使其中任意一个图像成为当前图像，本例中将图像“77.jpg”指定为当前图像，如图8-14～图8-16所示。

图8-14

图8-15

图8-16

步骤2 从“通道”调板菜单中选取“合并通道”选项。在弹出的“模式”对话框中选择“RGB颜色”（适合模式的通道数量出现在“通道”文本框中如图8-17和图8-18所示），完成后鼠标左键单击“确定”按钮。

步骤3 在弹出的“合并RGB通道”中，查看要合并的图像位置是否正确，如果不正确可单击输入框右侧的三角箭头处进行调整，如图8-19所示，再单击“确定”按钮。从而可得到如图8-20所示的最终彩色效果。

请注意：

1. 合并通道时，打开的灰度图像必须具备合并通道的三个基本特点。

2. 为使“合并通道”选项可用，必须打开多个图像。

3. 指定哪个图像为当前图像则合并后的图像将优先显示哪个图像的元素。

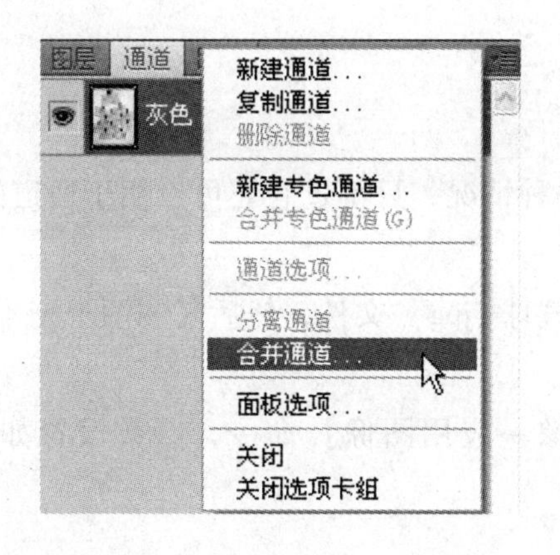

图 8-17

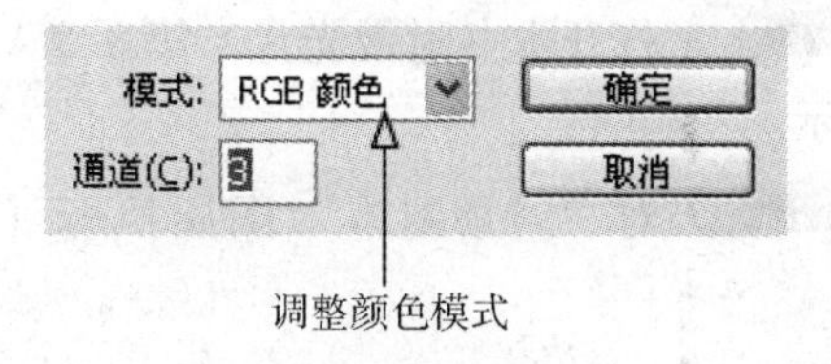

图 8-18

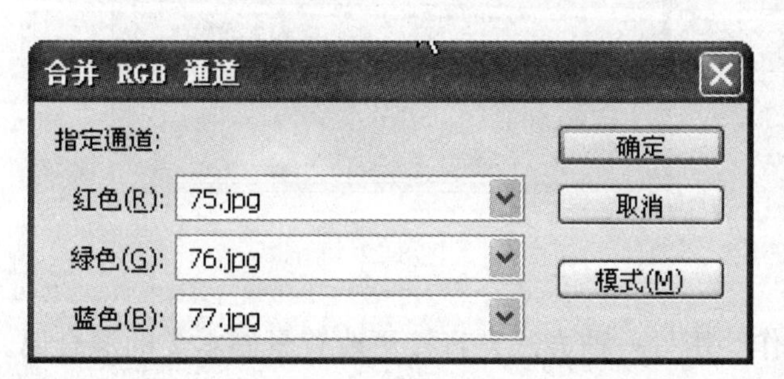

图 8-19

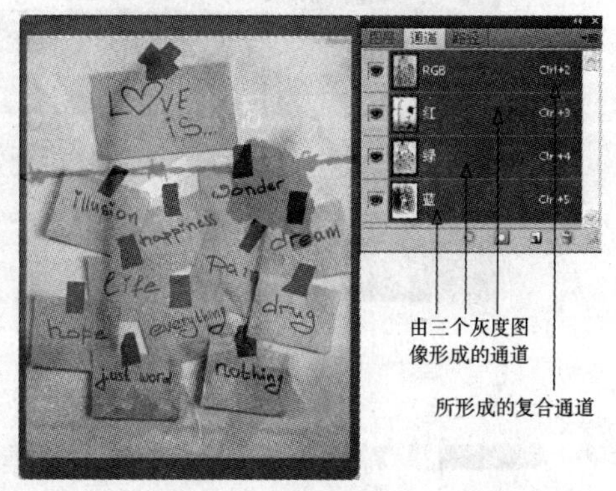

图 8-20

8.2.6　删除通道

由于通道增多相应会增加图像文件的体积，占有不必要的磁盘空间，所以当完成对于图像的处理工作后可将不再需要的通道信息及通道进行删除。

具体删除通道的方法如下：

方法 1　打开文件中的“通道”调板，选中要删除的通道直接拖动到调板右下角处的“删除当前通道”按钮处即可。

方法 2　选中要删除的通道后，按下〖Alt〗键的同时鼠标左键单击“删除当前通道”按钮，即可。

方法 3　选中要删除的通道后，鼠标右键单击该通道所在位置，在弹出的选项中选择“删除通道”命令即可。

8.3　通道运算

通过通道运算，可以将一个图像内的各个通道或者将不同图像内的通道按照一定方式进行合成的处理，从而得到想要的特殊效果。

8.3.1 应用图像

应用图像，其实可以看作是图层混合的另一种情况，只不过它还可以用于通道的混合，也就是把通道像图层一样混合。请看下面的例子。

步骤 1 打开本书附带光盘\第8章\“气球.jpg”文件，然后复制两个副本，如图8-21所示。

步骤 2 对“背景副本”图层执行【图像→应用图像】命令，参数设置如图8-22所示。

图 8-21

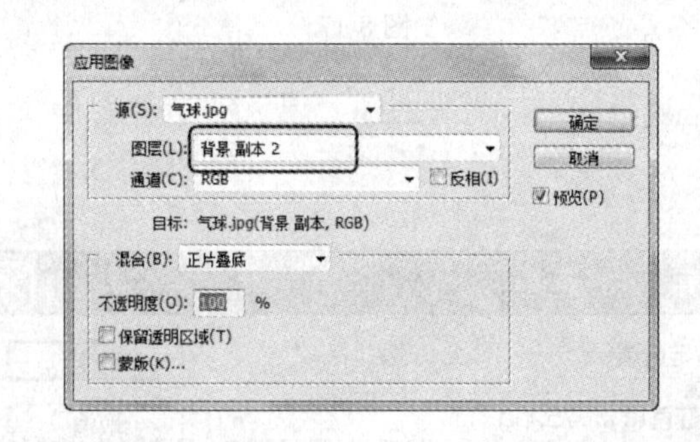

图 8-22

步骤 3 看清效果后取消刚才的操作。用另一种方法，直接更改背景副本2的混合属性，改成正片叠底，会发现效果和刚才的应用图像效果一样。因而得知应用图像就相当于图层混合。

步骤 4 在通道应用图像中，选择蓝通道，混合模式正片叠底，不透明50%，反相勾选，如图8-23所示的效果。

步骤 5 由上图可见效果明显，取消上步操作。然后对蓝通道按〖Ctrl + A〗快捷键全选，再按〖Ctrl + C〗快捷键复制，转回到图层面板，新建两个图层，命名为蓝通道1和蓝通道2。然后，分别按〖Ctrl + V〗快捷键粘贴，得到相应的两幅灰度图，选择蓝通道2图层，更改混合模式为正片叠底，不透明50%，再执行【图像→反相】命令或按〖Ctrl + I〗快捷键，得到如图8-24所示的效果。

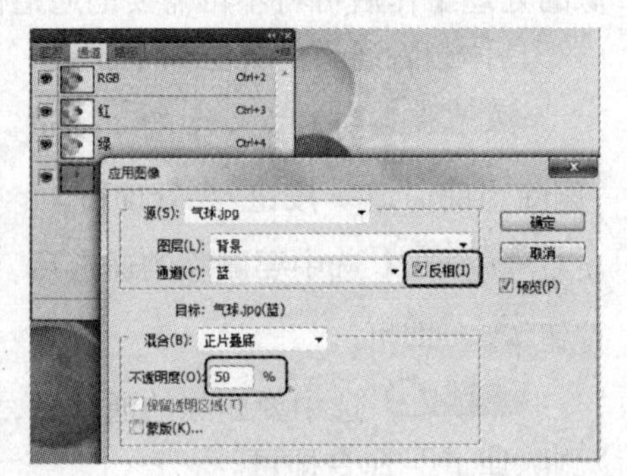

图 8-23

步骤 6 最后将蓝通道1和蓝通道2合并，复制粘贴回蓝通道，最后的效果和刚才利用应用图像作出的效果一样，如图8-25所示。由以上可知应用图像就是图层混合的另一种实现方法。

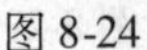

图 8-24

图 8-25

8.3.2　通道计算

“计算”命令用于对两个来自一个或多个源图像的单个通道进行混合，然后可以将结果应用到新图像、新通道或使用图像的选区当中。但是需要注意的是不能对复合通道应用“计算”命令。

下面通过实例来对如何使用通道计算命令来实现抠图进行讲解。打开图“浪漫蒲公英.jpg”,如图 8-26 所示，将图中的蒲公英抠出后放入其他背景当中得到如图 8-27 所示的最终效果。

图 8-26

图 8-27

具体步骤如下：

步骤 1　打开本书附带光盘 \ 第 8 章 \ “浪漫蒲公英.jpg”文件后，观察各个通道中目标对象蒲公英与周围背景的色彩对比情况，发现蓝色通道下的背景色与目标对象蒲公英的颜色对比最为明显，如图 8-28 所示。

步骤 2　回到背景层下进行通道计算即执行【图像→计算】，这里采用“正片叠底”模式，这样混合产生的背景比原来的色彩要更暗一些，而蒲公英的白色部分经混合后几乎不会产生什么明显的变化。

步骤 3　这时得到通道 Alpha1。按〖Ctrl + L〗快捷键调整色阶，设置如图 8-29 所示，以使图像中目标图像蒲公英与周围的背景颜色对比得更为强烈。

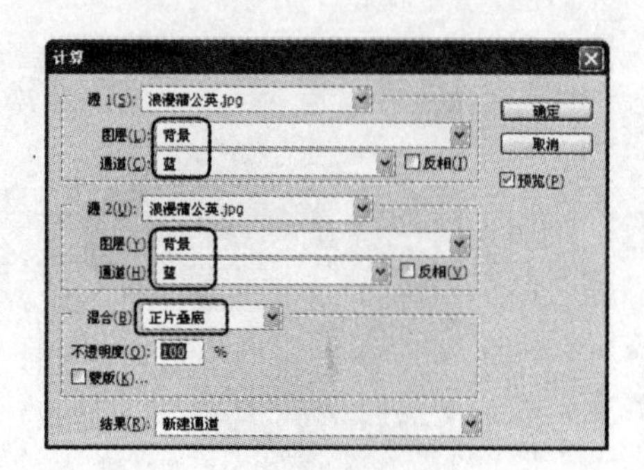

图 8-28

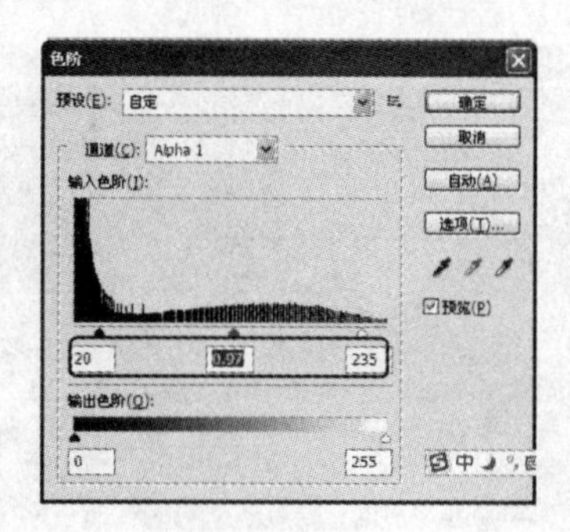

图 8-29

步骤 4 按住〖Ctrl〗键的同时，鼠标左键单击通道 Alpha1，得到选区。选择背景图层按〖Ctrl + J〗快捷键得到图层 1，并命名为“目标”，如图 8-30 所示。

步骤 5 由以上所做出的效果可以看出，因图层目标对象为白色所以边界处看不清晰，在“目标”图层的下方创建一个新的图层 2 并命名为“背景 2”，并填充一种区别于背景的其他颜色，此处填充黑色，从而便于观察，并可以对目标图像的边界处进行修改，如图 8-31 所示就是在使用钢笔工具进行边界处修改。

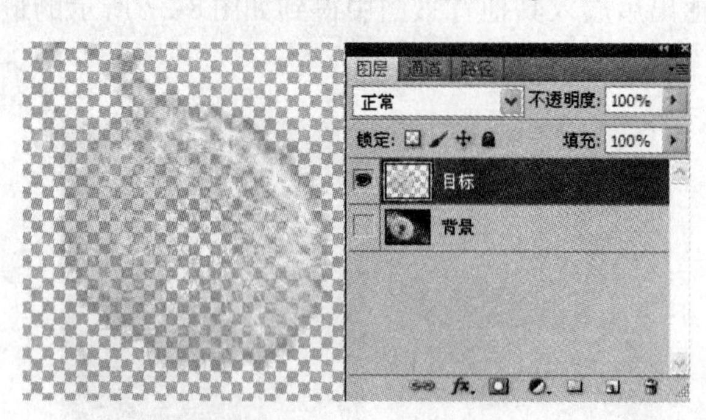

图 8-30

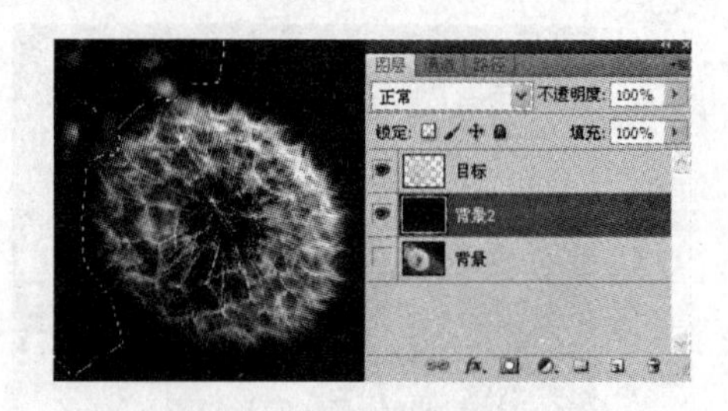

图 8-31

步骤 6 由上图 8-31 可知，蒲公英的根部没有被一并选出，所以需要使用其他工具将其进行抠出。这里同样可以使用钢笔工具将其从背景图层中抠出，按〖Ctrl + J〗快捷键建立一个新的图层并命名为“根”，得到最终效果如图 8-32 所示。然后同时选中“目标”图层和“根”图层后按〖Ctrl + E〗快捷键将它们合并。

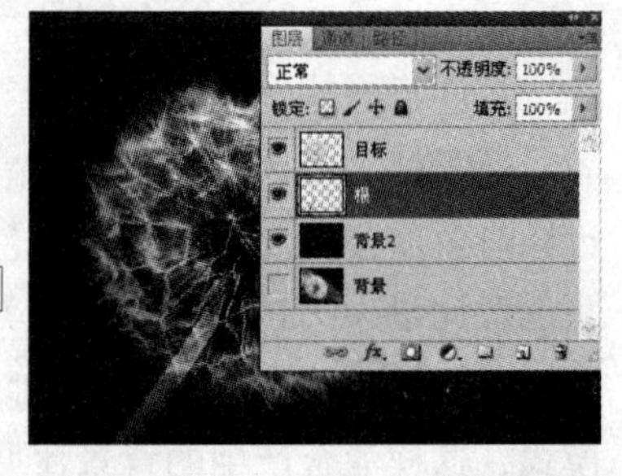

图 8-32

步骤 7 将做好的蒲公英移动到其他背景图片下并结合使用一些形状变换命令就可以形成多种多样的效果，如图 8-33 和图 8-34 所示。

图 8-33
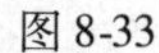

图 8-34

8.4　通道混合器

8.4.1　通道混合器概念

利用“通道混合器”，可以创建高品质的灰度图像、棕褐色调图像或其他色调图像，也可以对图像进行创造性的颜色调整。要创建高品质的灰度图像，需在“通道混合器”对话框中选择每种颜色通道的百分比。要将彩色图像转换为灰度图像并为图像添加色调，请在通道混合器的“默认值”位置选择各种特殊的“黑白”效果命令。

“通道混合器”对话框选项使用图像中现有（源）颜色通道的混合来修改目标（输出）颜色通道。颜色通道是代表图像（RGB 或 CMYK）中颜色分量色调值的灰度图像。在使用“通道混合器”命令时，将通过源通道向目标通道加减灰度数据。但是向特定颜色成分中增加或减去颜色的方法不同于使用“可选颜色”命令时的情况。

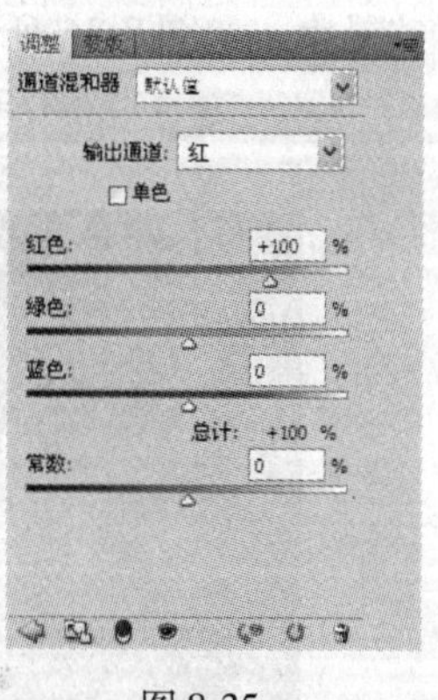

图 8-35

8.4.2　通道混合器的执行

1. 打开“通道混合器”对话框的方法有如下几种，执行下列操作之一即可打开图 8-35 所示“通道混合器”对话框。

方法① 选取【图像→调整→通道混合器】。

方法② 单击图层调板下方的第四个图标，选择“通道混合器”选项。

方法③ 选取【图层→新建调整图层→通道混合器】，在“新建图层”对话框中单击“确定”按钮。

2. 调整通道混合器的内容

1）对于“输出通道”，选择要在其中混合一个或多个现有通道的目标通道。

选取哪个输出通道就会将该通道的源滑块设置为 100%，并将所有其他通道设置为 0%。例如，如果选取“红”作为输出通道，则将“红色”的“源通道”滑块设置为 100%，并将“绿色”和“蓝色”的滑块设置为 0%（在 RGB 图像中）。

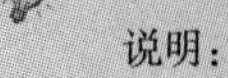

说明：

Photoshop 将在“总计”字段中显示源通道的总计值。如果合并的通道值高于 100%，Photoshop 会在总计旁边显示一个警告图标。

2）若要减少一个通道在输出通道中所占的比重，就将相应的源通道滑块向左拖动。若要增加一个通道的比重，就将相应的源通道滑块向右拖动，或在文本框中输入一个介于－200%和＋200%之间的值。使用负值可以使源通道在被添加到输出通道之前反相。

3）拖动滑块或为“常数”选项输入数值。

此选项用于调整输出通道的灰度值。负值代表增加黑色，正值代表增加白色。－200%值使输出通道成为全黑，而＋200%值将使输出通道成为全白。调整好以后，可以存储“通道混合器”对话框设置以便在其他图像上继续使用。

8.4.3 通道混合器的应用

利用“通道混合器”可以对图像或是照片进行颜色等的修改，如下面的实例就是利用对“通道混合器”的操作来实现图片中季节变换的。

步骤 1 打开本书附带光盘\第8章\“浓夏.jpg”文件，是一张夏季充满绿色的风景图片，如图8-36所示。

步骤 2 在图层面板中单击底部第四个图标，选择“通道混合器”选项，如图8-37所示。

图8-36

图8-37

步骤 3 在“通道混合器”对话框中作如下具体设置：输出通道：红，红色－51，绿色＋166，蓝色：－26，如图8-38所示。那么秋天的景色就出现了，如图8-39所示。

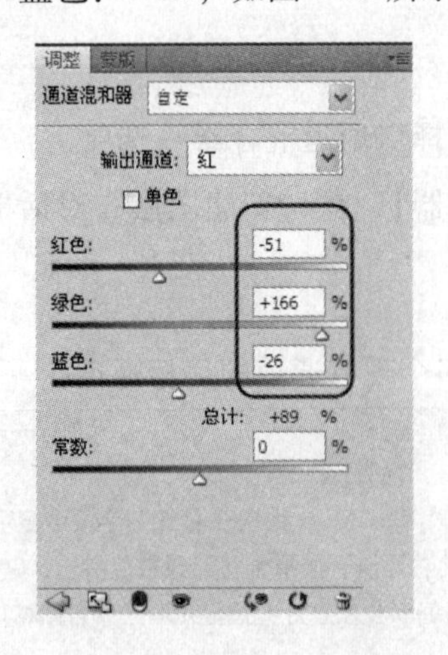

图8-38

图8-39

【小结】

本章主要讲述了通道的原理和应用，利用通道创建选区实现对复杂图像的选择，并完成相应的图像编辑。

第 9 章　蒙版的应用

【学习要点】

1. 理解蒙版样式的概念并掌握其应用方法。
2. 掌握对蒙版的编辑技巧。
3. 掌握蒙版与图层和通道之间的联系。

【学习目标】

通过本章的学习，初学者需要了解和认识各种蒙版各自的概念、用途、并理解和掌握运用蒙版来处理图像时的基本命令跟技巧，以此来进一步地学习 Photoshop 的各项命令。

在 Photoshop CS5 进行图形处理时，常常需要保护一部分图像，以使它们不受各种处理操作的影响，蒙版就是这样的一种工具，它是一种灰度图像，其作用就像一张布，可以遮盖住处理区域中的一部分，当我们对处理区域内的整个图像进行模糊、上色等操作时，被蒙版遮盖起来的部分就不会受到改变。

换一个角度理解，Photoshop CS5 中的蒙板是将不同灰度色值转化为不同的透明度，并作用到它所在的图层，使图层不同部位透明度产生相应的变化。从而达到保护该图层信息的目的。在蒙版中，黑色被完全遮挡，白色为完全显示，灰色则是部分显示。因而蒙板就是一种选区，但它跟常规的选区颇为不同。常规的选区表现了一种操作趋向，即将对所选区域进行处理；而蒙版却相反，它是对所选区域进行保护，让其免于操作，而对非掩盖的地方应用操作。

蒙版具有许多优点，首先是对于图像修改方便，不会因为使用橡皮擦、剪切或删除而造成不可挽回的遗憾；其次是可以运用不同滤镜，以产生一些意想不到的特效；再就是任何一张灰度图都可用来作为蒙版。Photoshop CS5 中蒙版的主要作用有：①抠图；②做图的边缘淡化效果；③图层间的溶合。

蒙版通常有图层蒙版、矢量蒙版、快速蒙版、剪贴蒙版、粘贴入蒙版等。本章通过实例方式分别讲解几种蒙版的应用。

9.1　实例理解图层蒙版

下面通过一幅图像的操作来理解蒙版的概念。

步骤 1　打开本书附带光盘 \ 第 9 章 \ “蒲公英 . jpg” 文件，复制背景图层，单击图示位置添加图层蒙版，如图 9-1 所示。已锁定的背景层不能直接使用蒙版，可以将其解锁成普通图层或者复制一个副本使用，通常选择复制背景图层的方式，这样便于保护原始图像素材。

步骤 2 为了方便说明问题，在背景层的上方添加一个图层，并用黑色填充。然后在背景层副本的蒙版上垂直拉出大小差不多的三个矩形选框，分别用黑色、50% 灰色、白色填充，如图 9-2 所示。

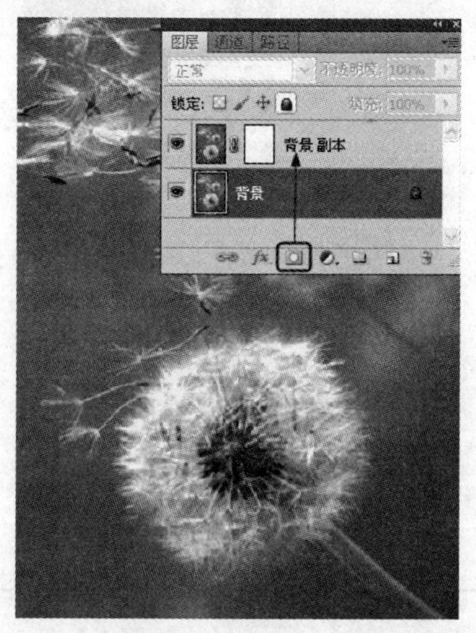

图 9-1

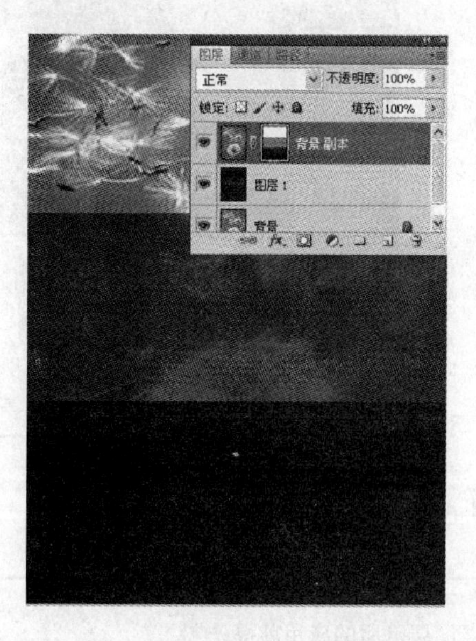

图 9-2

可以清楚地发现，图像发生了很大的变化。蒙版中用黑色填充的部分图像被完全挡住了；白色填充的部分没有变化，完全显示原来图像的效果；而灰色的部分则隐约可见，只有部分被遮挡了。

蒙版和通道都是灰度图像，因此可以使用绘画工具、编辑工具和滤镜像编辑任何其他图像一样对它们进行编辑。在蒙版上用黑色绘制的区域将会受到保护；而蒙版上用白色绘制的区域是可编辑区域。

步骤 3 现在用白色画笔在蒙版的黑色和灰色区域随意涂抹几笔，可以发现原来被遮挡的图像又可以显示出来了，而如果用黑色的画笔在原来蒙版的白色区域涂抹，则原来显示出来的图像又不显示了，如图 9-3 所示。

通过上述操作可以得出这样的结论：所谓的蒙版实际上就是利用黑白灰之间不同的色阶，来对所蒙版的图层实现不同程度的遮挡，黑色完全遮挡，白色完全显示。在这里，黑白灰不同于一般的颜色，它仅仅代表图像被遮挡的程度。

步骤 4 再利用渐变工具来观察添加蒙版后图像的变化，在原来的蒙版处单击鼠标右键选择“删除蒙版”，然后再重复步骤 1 添加蒙版，在蒙版中利用黑白色线性渐变自下而上填充，并且关闭背景层和图层 1，然后可以看到图 9-4 所示的效果，图像的上半部分几乎没有了，越往下图像越清晰。

而如果打开图层 1，则可以实现两个图层之间的无缝连接，非常自然。在接下来的实例中还可以学习这样的做法。

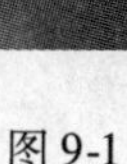

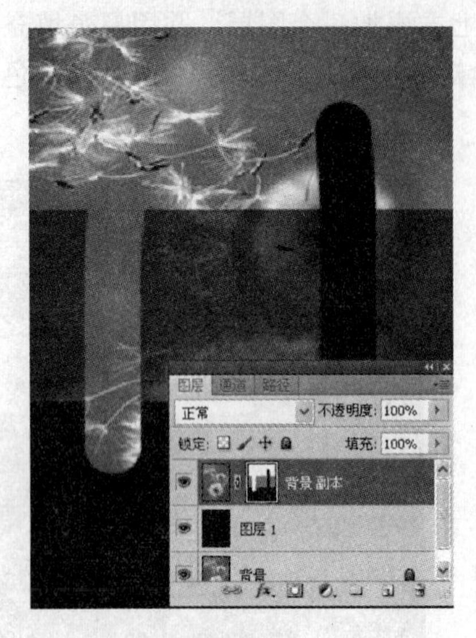

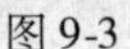
图 9-3

图 9-4

图层蒙版的应用前提:

- ➢ 蒙版只有 256 级灰度（CMYK100 级），通过不同的灰度影响图层的透明度。
- ➢ 蒙版可以应用大部分滤镜效果（如在蒙版上做云彩，而图层只填淡蓝色，便可做出效果逼真的云雾）。
- ➢ 蒙版可以删除，删除时需要确认。应用：表示将当前蒙版作用到图层；不应用，不起作用，还可重新来做。
- ➢ 在对图像进行处理之前一定要先确认是否在蒙版上工作。

9.2 矢量蒙版抠图

矢量蒙版是指以结合路径工具所做出的图形来定义图层中图像的显示区域。运用矢量蒙版可以把图片或影像的某一部分从原始图片或影像中分离出来成为单独的图层。在 Photoshop 中抠图的方法有很多种，矢量蒙版便是抠图中常常会使用到的一种。以下实例将向大家介绍在 Photoshop 中运用矢量蒙版抠图的技巧。

按照图 9-5 ~ 图 9-10 所示的步骤操作就可以将想要的杯子从背景中抠出，然后随意添加到需要的地方。

步骤 1 新建一个文件并命名为“茶杯”，打开本书附带光盘\第 9 章\“牛奶咖啡.jpg”文件，沿着杯子的外边缘画好路径，按〖Ctrl + C〗快捷键，将该路径复制到剪贴板上备用，如图 9-5 所示。

图 9-5

步骤 2 然后执行【图层→矢量蒙版→显示全部】命令，此时虽然图像窗口是没有变化的，但是图层板上已经有了一个白色的蒙版了，如图 9-6 所示。

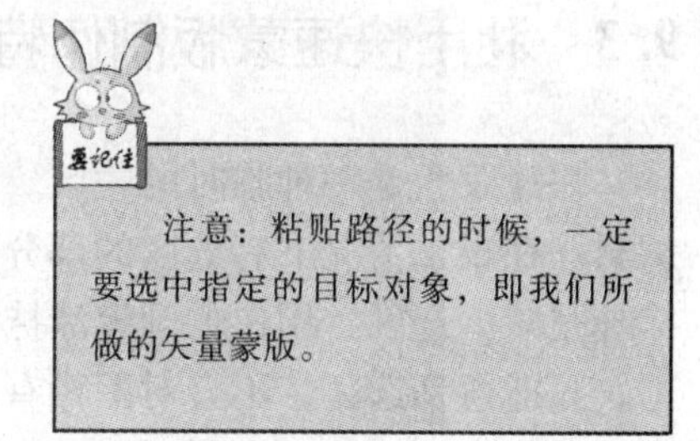

图 9-6

步骤 3 按〖Ctrl + V〗快捷键，将剪贴板上已经做好的路径粘贴过来，当路径被粘贴过来后，可能被挖空的区域是与路径相反的，如图 9-7 所示。这时，可以通过路径选择工具，在其选项栏中单击 选项来进行调整。另外在该路径选择工具下的其余三个选项均可单击一下尝试各选项的作用。调整结束后效果如图 9-8 所示。

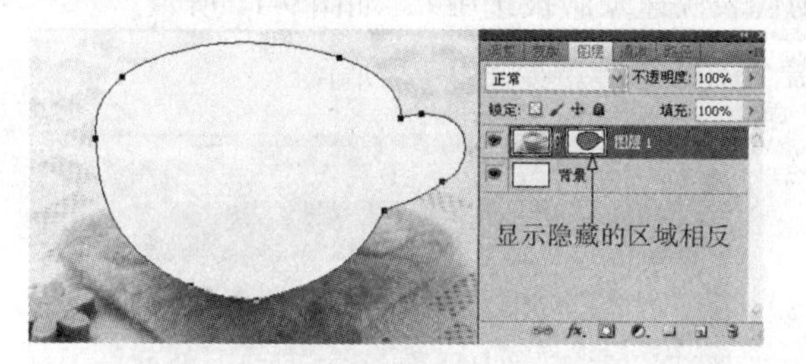

图 9-7

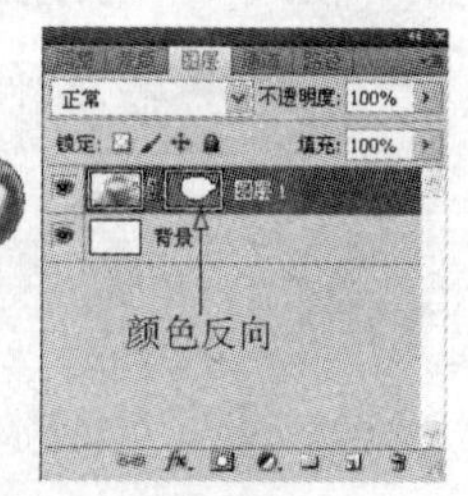

图 9-8

步骤 4 观察上图可以发现，在杯子把手处的空隙没有抠除，此时需要在蒙版上添加这一部分的选区。单击路径选择工具，在路径调板中选中“图层/矢量蒙版”，然后选择钢笔工具绘制杯子把手处的路径，再单击路径选择工具，在其选项栏中按下“从路径中减去”按钮即 或“重叠形状区域除外”按钮即 ，便可以将该区域抠除，得到图 9-9。从图中可见，路径还未消失，如果不想显示路径线，单击那个矢量蒙版的缩略图即可，得到最终效果如图 9-10 所示。当需要修改蒙版中的路径线时，再单击矢量蒙版即可继续编辑，可反复编辑以便得到最佳效果。

图 9-9

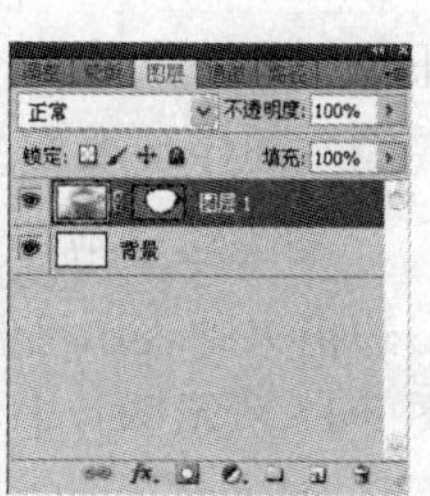

图 9-10

9.3 利用快速蒙版制作特殊黑白效果

快速蒙版是一种临时的蒙版。进入快速蒙版模式后，用户只能用黑色、白色、灰色进行编辑。在正常情况下有选区的部分显示为白色，没有选区的部分显示为粉红色。用黑色画笔涂抹是减少选区，用白色画笔涂抹是增加选区。快速蒙版的应用非常广泛，因为在快速蒙版下，只能得到选区，不会对图像有任何影响。

要使用快速蒙版模式，先从选区开始，然后给它添加或从中减去选区，以建立蒙版。也可以完全在快速蒙版模式下创建蒙版。受保护区域和未受保护区域以不同颜色进行区分。当离开快速蒙版模式时，未受保护区域成为选区。

利用快速蒙版可以非常容易地选择到需要的图案，下例就是利用快速蒙版的一种方法，步骤如下：

步骤 1 打开本书附带光盘\第9章\“蝴蝶.jpg”文件，按【Q】键进入“快速蒙版”模式（“快速蒙版”标志边缘有白边则代表快速蒙版被选中），如图9-11所示。

步骤 2 选择矩形工具，绘制一个覆盖全图的矩形，如图9-12所示。

图9-11

图9-12

步骤 3 选择填充工具，利用图案填充，选择自定义的图案，自定义图案样式如图9-13所示，图案总共大小是2×2像素，排列顺序必须是左上白，右上黑，左下黑，右下白。制作该图案非常简单，可以新建一个2×2像素的文件，按照图示的样子填充，然后选择【编辑→定义图案】即可（图9-14）。

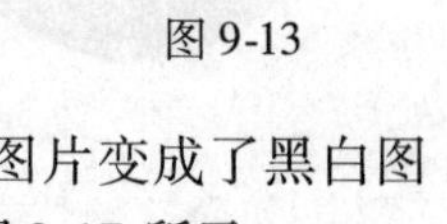

图9-13

步骤 4 按【Q】键退出快速蒙版模式（此时“快速蒙版”标志周围的白边消失则表示已经退出快速蒙版模式回到了正常绘图模式），即可出现如图9-15所示图片上布满选区的效果。

步骤 5 按【Ctrl+U】快捷键，将色相调至-180，如图9-16所示，图片变成了黑白图片的效果。然后按【Ctrl+D】快捷键取消选区，从而得到最终的效果，如图9-17所示。

图 9-14

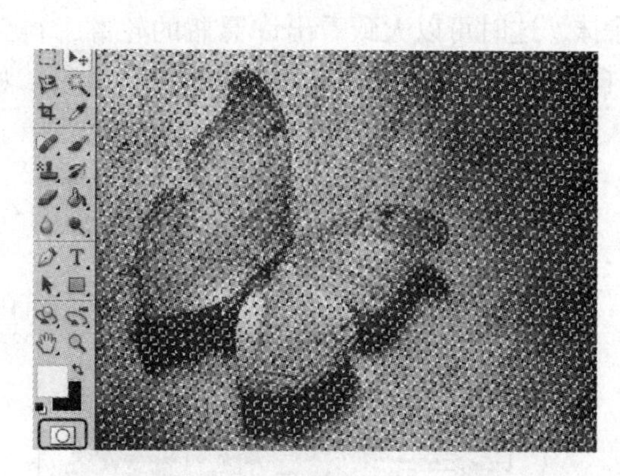

图 9-15

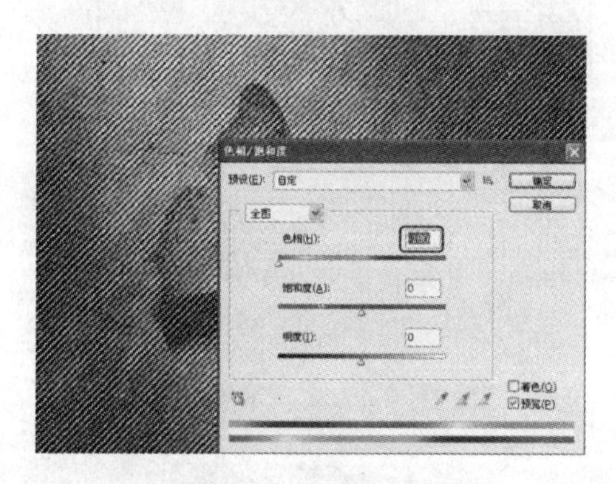

图 9-16

图 9-17

另外，制作边框通常在处理图片中应用较多，尤其是给照片添加边框，这样可以增强图片的艺术效果和感染力。在 Photoshop 中利用快速蒙版可以非常方便地制作各种边框。

9.4　剪贴蒙版的应用

剪贴蒙版的通俗解释就是上层图层中的图像以下层图层中的图像的形状显示出来。我们将通过下面所讲解的例子，来学习剪贴蒙版的应用。

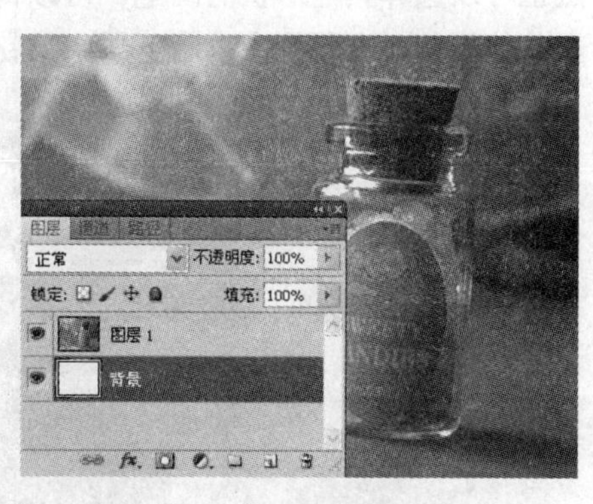

图 9-18

步骤 1　新建一个文件，并打开本书附带光盘\第 9 章\“许愿瓶 . jpg”文件，拖动图片到该新建文件中，如图 9-18 所示。

步骤 2　在背景层和图层 1 之间建立一个新的图层 2，如图 9-19 所示。

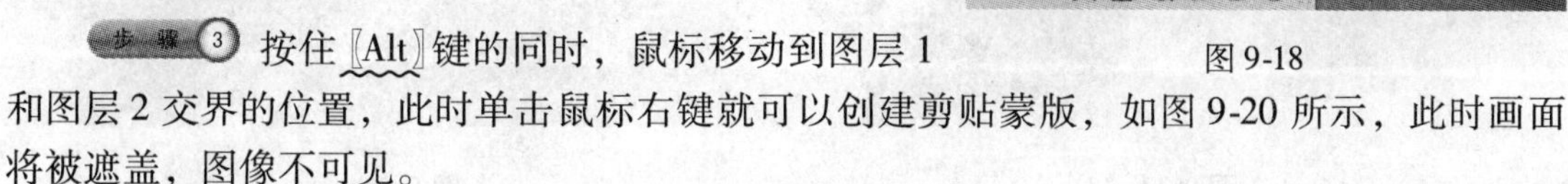

步骤 3　按住〖Alt〗键的同时，鼠标移动到图层 1 和图层 2 交界的位置，此时单击鼠标右键就可以创建剪贴蒙版，如图 9-20 所示，此时画面将被遮盖，图像不可见。

步骤 4　选择系统默认的圆形画笔，可将画笔的不透明度适当降低，本例中选择 25%

的不透明度，默认前景色/背景色，默认画笔设置即可，然后在图层 2 中沿着许愿瓶的位置涂抹，这时可以大致看出许愿瓶的轮廓，得到如图 9-21 所示的效果。然后，选用系统中的“枫叶”形状的画笔，默认前景色/背景色，默认画笔设置即可，来进一步对画面进行丰富。从而得到如图 9-22 所示的效果。

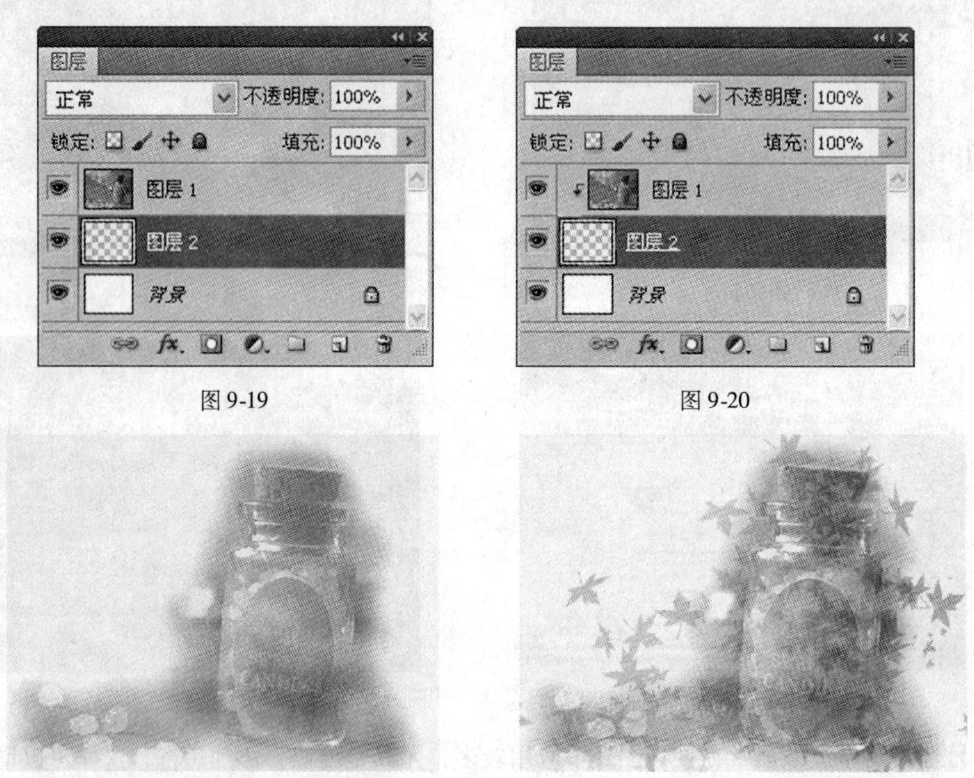

图 9-19　　图 9-20

图 9-21　　图 9-22

步骤 5 提高枫叶型画笔的不透明度，继续在图层 2 上进行绘制。此时注意中间部分多绘制一些，四周少绘制一些，同时笔触要随意一些，这样效果会更自然，如图 9-23 所示。当然也可以选择其他形状的画笔，可以得到更多的效果。最后在背景层的上方添加图层 3，并填充其他颜色。本图例中选用背景中的粉红色来进行填充，从而可以得到如图 9-24 所示的效果。

图 9-23

图 9-24

9.5　粘贴入蒙版

步骤 1　打开本书附带光盘\第 9 章\“背景图片 . jpg”文件，如图 9-25 所示，再将背景层复制，利用套索工具选择图片的左侧图框中的图像部分，如图 9-26 所示。

图 9-25

图 9-26

步骤 2　打开本书附带光盘\第 9 章\“风景图片 . jpg”文件，按〖Ctrl + A〗快捷键全部选择，按〖Ctrl + C〗快捷键复制，然后回到图 9-26 中，按〖Ctrl + Shift + Alt + V〗快捷键贴入风景图片，得到如图 9-27 所示的效果。

步骤 3　从图中可以看出，粘贴入的图片大小并不太合适，这时按〖Ctrl + T〗快捷键，执行自由变换命令，从而将贴入的图片调整到合适大小并适当旋转角度以得到如图 9-28 所示的最终效果。

图 9-27

图 9-28

【小结】

本章主要讲述了 Photoshop 中的各种蒙版在处理图像时的原理和相关应用部分的内容。

第 10 章　Photoshop 文字工具

【学习要点】

1. 点文字创建和选择方法。
2. 点文字的编辑。
3. 段落文字的编辑。

【学习目标】

通过本章的学习，学会文字的创建和选择方法，以及全面了解与学会使用文字的编辑工具，可以独立完成文字的编辑，使文字在图像中完美的表达。

10.1　点文字的创建和编辑

利用文字工具可以创建两种类型的文字，即点文字和段落文字。点文字用于创建内容较少的文字，如标题、说明等。在输入过程中随着文字的增加而变长，但是不会自动换行；段落文字用于创建内容较多的文字，如文章正文内容等。在输入过程中，文字遇到定界框就会自动换行，如图 10-1 所示。

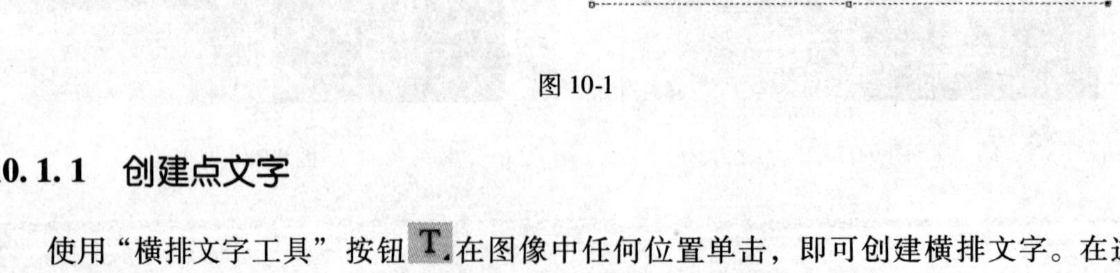

Photoshop CS5文字工具 → PhotoShop CS5文字工具

利用文字工具可以创建两种类型的文字，即点文字和段落文字．点文字用于创建内容较少的文字，如标题等．在输入过程中随着文字的增加而变长，但是不会自动换行；段落文字用于创建内容较多的文字，如文章正文内容．在输入过程中，文字遇到定界框就会自动换行．如图6-1所示． → 利用文字工具可以创建两种类型的文字，即点文字和段落文字．点文字用于创建内容较少的文字，如标题等．在输入过程中随着文字的增加而变长，但是不会自动换行；段落文字用于创建内容较多的文字，如文章正文内容．在输入过程中，文字遇到定界框就会自动换行．如图6-1所示．

图 10-1

10.1.1　创建点文字

使用“横排文字工具”按钮在图像中任何位置单击，即可创建横排文字。在这里“竖排文字”与“横排文字”的创建与编辑相同，仅以“横排文字”为例。

步骤① 打开本书附带光盘\第 10 章\“幽兰 . jpg”文件。

步骤② 鼠标单击“横排文字工具”按钮或者按下快捷键〖T〗，使用“横排文字工具”在图像左上方单击，然后输入“幽兰”两个字，此时在“图层”调板中会出现一个新的图层即“图层 1”，如图 10-2 所示。单击工具选项栏里的“提交所有当前编辑”按钮

✔或者单击图层调板中该文字图层的 T 缩略图完成汉字输入，此时“图层 1”名称自动改为“幽兰”，如图 10-3 所示。

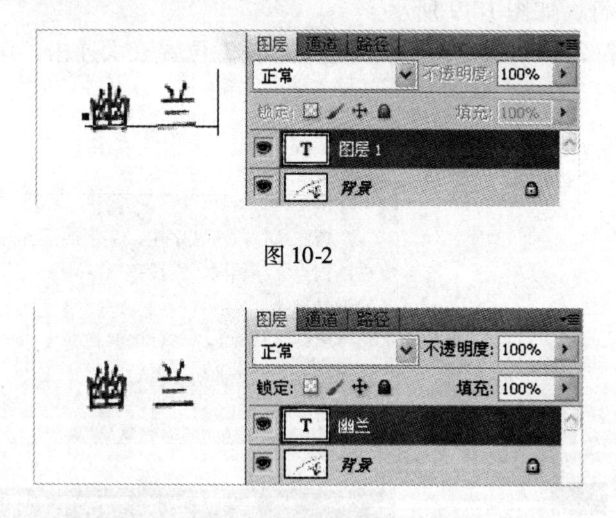

图 10-2

图 10-3

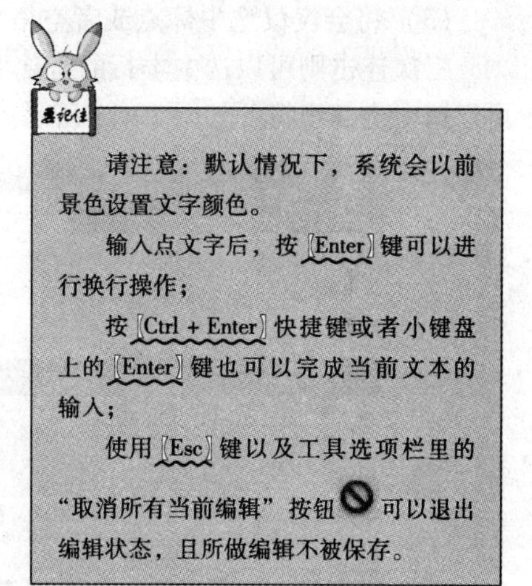

请注意：默认情况下，系统会以前景色设置文字颜色。

输入点文字后，按【Enter】键可以进行换行操作；

按【Ctrl + Enter】快捷键或者小键盘上的【Enter】键也可以完成当前文本的输入；

使用【Esc】键以及工具选项栏里的“取消所有当前编辑”按钮可以退出编辑状态，且所做编辑不被保存。

10.1.2　文字的选择

在对文字进行编辑之前，首先要进行文字的选择，根据实际需要可以选择单个文字、一行文字或者一段文字，具体方法如下：

首先，使用“横排文字工具” T，在文本任意位置单击，该位置即出现闪动光标，表示该文本已进入可编辑状态。

方法① 在文本中单击并横向拖曳鼠标，可以选择一个或者多个字符，如图 10-4 所示。

方法② 在文本中需要选择文字的起始位置单击，按下【Shift】键不松手，在需要选择文字的结束位置再次单击，则可以将所需文字全部选中，如图 10-5 所示。

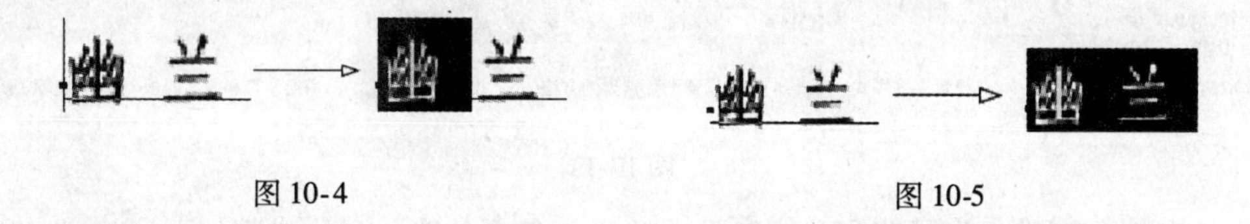

图 10-4　　图 10-5

方法③ 在文本中任意位置单击，然后执行【选择→全部】命令，即可将文字全部选中。

方法④ 若要快速选择全部文本，可以在图层调板中双击该文字图层的 T 文字图标，即可将文本全部选中。

方法⑤ 任意给定两行带标点的点文字，在不含标点以及空格的一行文本中双击，可以将本行字符全部选中，如图 10-6 所示。

在含有标点符号以及空格的一行文本中双击，则可以出现以下 3 种情况：

（1）将会选中标点前的一段字符，如图 10-7 所示。

（2）将会选中带着后面空格的一段文字，如图 10-8 所示。

（3）将会仅仅选中标点或者空格字符，如图 10-9 所示。

三次连击则可以选中本行的全部字符，如图 10-10 所示；在文本任意位置五次连击，则可以选中全部字符，如图 10-11 所示。

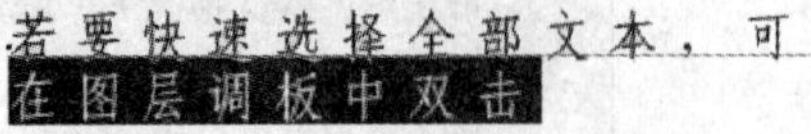

若要快速选择全部文本，可
在图层调板中双击

图 10-6

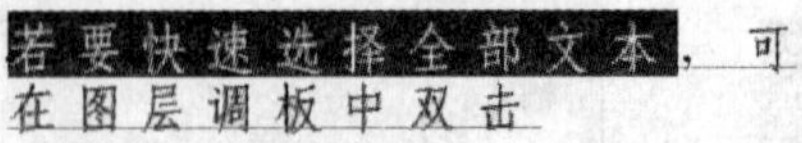

若要快速选择全部文本，可
在图层调板中双击

图 10-7

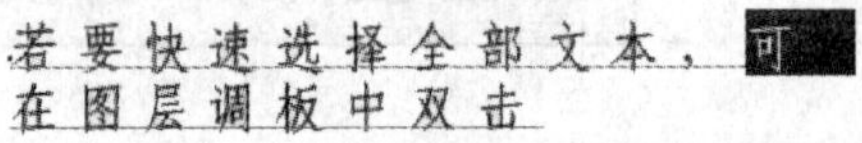

若要快速选择全部文本，可
在图层调板中双击

图 10-8

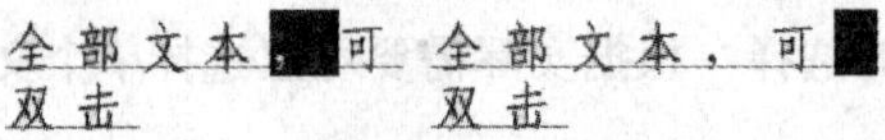

全部文本，可 全部文本，可
双击 双击

图 10-9

要记住

请注意：段落文字中，文字的选择方法同点文字相同，在段落文字中就不再详细描述。

另外，与点文字不同的是段落文字中鼠标在文本中四次连击可以选中本段落所有字符。

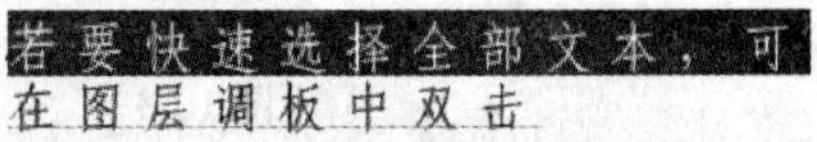

若要快速选择全部文本，可
在图层调板中双击

图 10-10

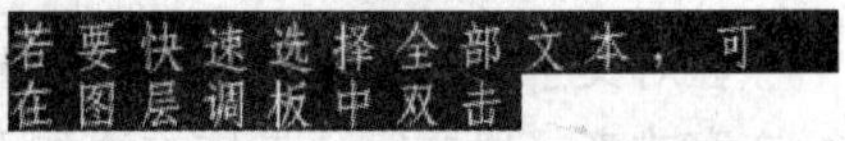

若要快速选择全部文本，可
在图层调板中双击

图 10-11

10.1.3 工具选项栏使用

学会如何选择文字，就可以对字符属性进行编辑。选择了文本，就会在 Photoshop CS5 界面上方出现如图 10-12 所示的工具选项栏内容。

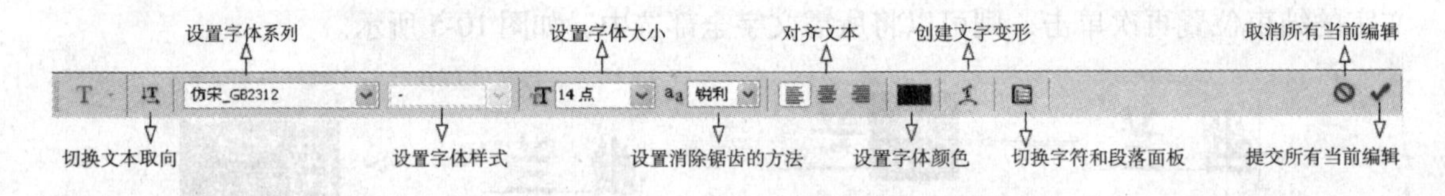

图 10-12

通过实例，来进一步了解和掌握工具选项栏的各项功能，具体步骤如下：

步骤 1 延续 10.1.2 中操作，选中“幽兰”两个字，然后鼠标单击“设置字体系列”工具 仿宋_GB2312 右边的三角按钮，如图 10-13 所示会出现很多可供选择的字体。

用户可以根据需要选择合适的字体，在这里需要“草檀斋毛泽东字体”，而系统默认情况下是不存在此字体的，则需要进行字体安装，在 Windows XP 系统下具体操作如下：

（1）打开“本书附带光盘 \ 第 10 章 \ 字体文件夹，选中“毛泽东字体”并对其进行复制。

（2）打开“我的电脑 \ 本地磁盘（C:）\ WINDOWS \ Fonts”文件夹，进行粘贴，出现“安装字体进度”对话框，待安装完毕，关闭窗口，即完成该字体的安装。

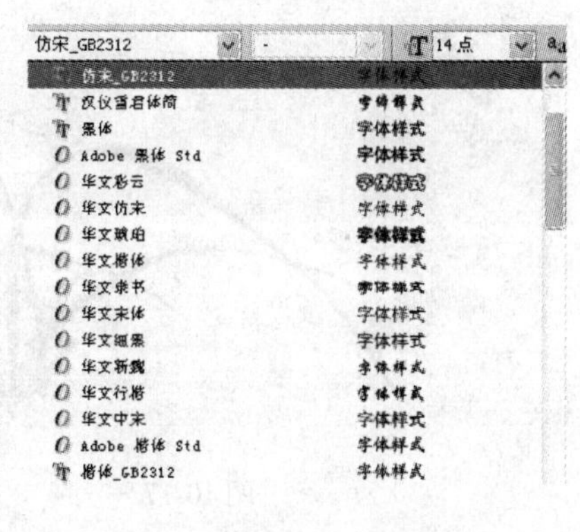

图 10-13

步骤 2 选中“幽兰”，鼠标单击“设置字体大小”工具 右边的三角按钮，在出现的下拉菜单中选择合适的字体大小；既可以在下拉菜单中选择合适的字体大小，也可以在文本框内输入合适的字体大小。这里使用“72 点”大小，并适当调整文字的位置，效果如图 10-14 所示。

步骤 3 选中“兰”，鼠标单击“设置字体颜色”工具，出现“选择文本颜色”对话框。选择淡蓝色，参数设置为“R：178 G：209 B：203”，效果如图 10-15 所示。

图 10-14

图 10-15

此时如果选中“幽兰”两个字，“设置字体颜色”会显示为 ，这是因为该文本含有两种以上的颜色。

步骤 4 鼠标单击“设置清楚锯齿的方法”工具 右侧的三角按钮，依次选择无、锐利、犀利、浑厚、平滑，效果如图 10-16 所示。在这里选择浑厚效果，消除锯齿。

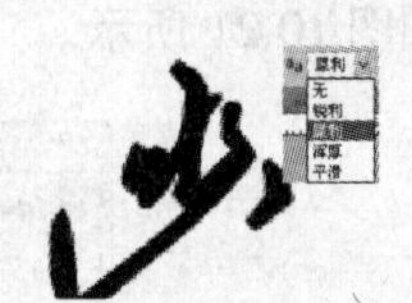

图 10-16

步骤 5 通过〖Enter〗键以及空格键调整文字位置，效果如图 10-17 所示。

步骤 6 在“幽兰”文字图层为当前图层的条件下，按下〖Ctrl + J〗快捷键复制该图层，系统自动命名为“幽兰副本”，并将其透明度设置为 35%，然后调整其位置作为原图层的阴影，如图 10-18 所示。

工具选项栏中还未使用到的工具有：“切换文本取向”、“设置字体样式”、“对齐文本”、“切换字符和段落面板”、“提交所有当前操作”、“取消所有当前操作”、“创建文字变形”。

（1）“切换文本取向”工具 ，可以将文字进行“横向直排文字”与“竖向直排文字”之间的转换；

图 10-17

图 10-18

（2）“设置字体样式”工具 Regular ，某些字体下该功能不能使用，呈现灰色；某些字体只能使用一部分，如图 10-19 所示。

（3）“对齐文本”工具，分别为“左对齐文本”、“居中对齐文本”、“右对齐文本”；

（4）“切换字符和段落面板”工具，将在 10. 1. 5 中详细讲述；

（5）“提交所有当前操作”工具、“取消所有当前操作”工具，在本书前面“10. 1. 1 创建点文字”一节中已讲解，在这里不再重复讲解。

（6）“创建文字变形”工具，鼠标单击该按钮会出现“变形文字”对话框。鼠标单击“样式”右侧的三角按钮，可以看到有很多变形文字可供选择，如图 10-20 所示，并且可以通过“弯曲”、“水平扭曲”等进行进一步调整。

步骤 1 打开本书附带光盘\第 10 章\“MUSIC. jpg”文件。

步骤 2 鼠标单击“横排文字工具”按钮 T 或者按下快捷键〖T〗，创建“it's”、“my”、“MUSIC”文字，其参数设置如图 10-21 所示。

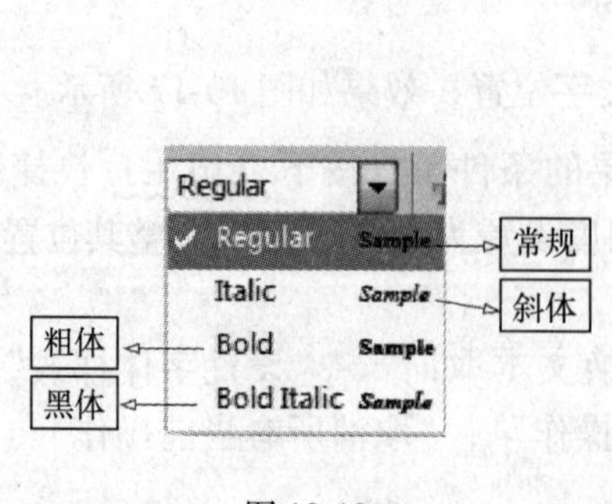

图 10-19

图 10-20

步骤 3 选中“it's”文字，鼠标单击“创建文字变形”工具，选择“拱形”文字变形样式，将“弯曲”设置为 50%；

选中“my”文字，鼠标单击“创建文字变形”工具 ，选择“花冠”文字变形样式，将“弯曲”设置为 75%；

选中“MUSIC”文字，鼠标单击“创建文字变形”工具 ，选择“鱼形”文字变形样式，将“弯曲”设置为 51%，效果如图 10-22 所示。

图 10-21

图 10-22

10.1.4　根据指定的路径创建文字

步骤 1　鼠标单击“钢笔工具” 或者按下快捷键〖P〗，在如图 10-23 所示的位置建立路径。

步骤 2　鼠标单击“横排文字工具” ，将光标移动到路径下方的起始位置，待光标变成 形式，单击鼠标左键，进入文字创建状态，输入“幽兰花，为谁好，露冷风清香自老”文字，调整文字（文字字体为草檀斋毛泽东字体，文字大小为 10 点，设置消除锯齿方法为浑厚），使之效果如图 10-24 所示。

图 10-23

图 10-24

步骤 3　当路径不符合要求时，可对其进行修改，首先选中路径文字图层，然后找到路径调板，如图 10-25 所示。然后利用“直接选择工具” 对路径进行局部调整，文字位置也会随之发生变动。

10.1.5 使用字符调板

在选中文字“幽兰”的条件下，鼠标单击“切换字符和段落面板”按钮或者在该文字图层为当前图层条件下，鼠标单击文档右侧调板“字符”按钮或者段落按钮，即会出现“字符\段落”对话框，如图10-26所示。

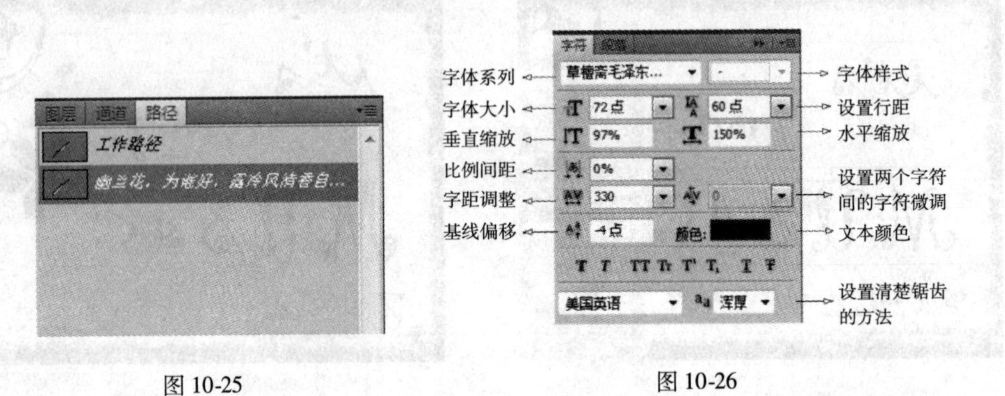

图10-25　　图10-26

在这里首先讲解“字符”，“段落”在“10.2 段落文字”一节中进行讲解。

在对话框中，可以看到其中某些功能在“工具选项栏”中已经介绍，其他功能通过实例来进一步分步骤讲解。

步骤 1 关闭图层“幽兰副本”，选择“幽兰”，鼠标单击“字符”按钮，出现“字符\段落”对话框。

步骤 2 将“字体大小”调整为72点；“设置行距”调整为100点；“垂直调整”调整为125%；“水平缩放”调整为130%；“字距调整”调整为700点，最终效果如图10-27所示。

步骤 3 对图层“幽兰副本”做同样的处理，最终效果如图10-28所示。

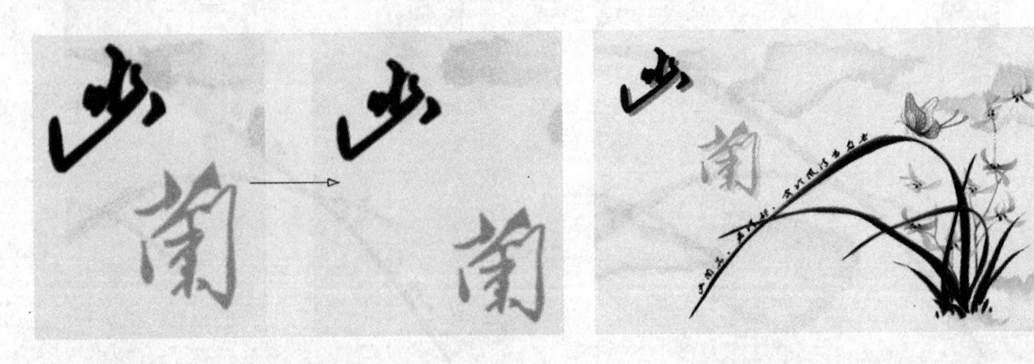

图10-27　　图10-28

实例中还没有提到“比例间距”、“基线偏移”以及对话框下方“仿粗体”、“仿斜体”等一系列工具。

“比例间距”，该下拉列表框用于设置所选字符的字间距，正值扩大间距，负值缩小间距，其默认值为 0。

“基线偏移” ，基线是一条不可见的直线，默认情况下，文字都位于这条线的上面，并与基线的距离为 0。但是在选中文字后，可以通过该功能使文字偏离基线（正值向上、负值向下）。用户可以在同一段落中应用一个以上的行距量，但是，文字行中的最大行距值决定该行的行距值。

请注意：对话框下方 “仿粗体”、“仿斜体” 等一系列工具，在这里就不具体讲解，读者可以自行练习。

10.1.6　旋转文本

文本图层中的文字可以像普通图像一样进行“自由变换”等编辑操作，下面学习如何旋转文本。

步骤 1 运行 Photoshop CS5，按下快捷键〖Ctrl + N〗创建一个新的文档，参数设置如图 10-29 所示。

步骤 2 新建一个“背景 2”图层，将前景色设置为“R：30　G：82　B：137”，背景色设置为“R：191　G：205　B：202”。

步骤 3 按下“渐变工具”按钮或者按下快捷键〖G〗，然后鼠标单击工具栏上的“点按可编辑渐变” 出现“渐变编辑器”对话框。

步骤 4 在滑调下方中间位置单击鼠标左键添加一个色标，然后鼠标单击第一个色标，将其颜色设置为黑色，鼠标单击“确定”按钮。

步骤 5 在“背景 2”图层中添加渐变，效果如图 10-30 所示。

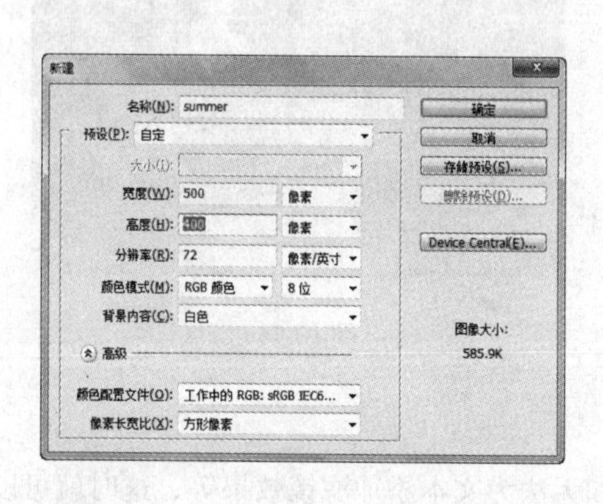

图 10-29

图 10-30

步骤 6 鼠标单击“横排文字按钮” 或者按下快捷键〖T〗，创建“SUMMER”文字，调整参数如图 10-31 所示（“Almonte Snow”字体在本书附带光盘 \ 第 10 章 \ 字体文件夹中，按照之前所学过的进行安装）。

步骤 7 鼠标双击“SUMMER”图层调板右侧空白处，出现“图层样式”对话框，设置其参数如图 10-32 所示。

图 10-31

图 10-32

步骤 8 在“SUMMER”图层为当前图层条件下，按下〖Ctrl + J〗快捷键复制该图层。执行【编辑→变换→垂直翻转】命令，将图层“SUMMER 副本”垂直翻转，并将其透明度调整为 17%。然后移动该图层使其与“SUMMER”图层呈现倒影样式，如图 10-33 所示。

步骤 9 复制“背景 2”图层，并将新图层移动到图层“SUMMER 副本”的上方。

步骤 10 鼠标单击“橡皮擦工具”或者按下快捷键〖E〗，鼠标单击工具栏上“画笔预设”工具 107 右侧三角按钮，将大小设置为450px，硬度设置为0%；在图层“背景 2 副本”上方擦一下，效果如图 10-34 所示。

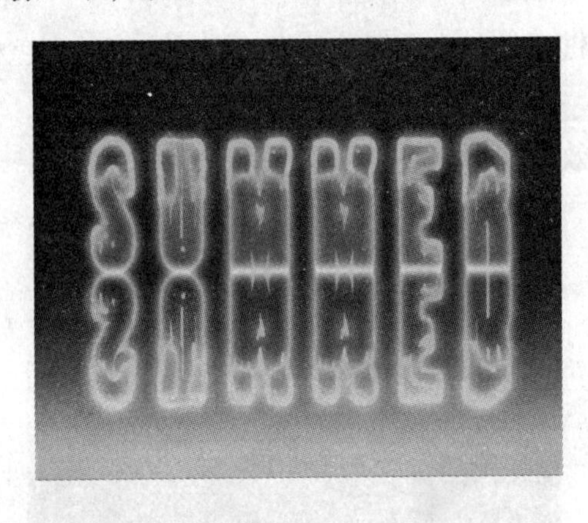

图 10-33

图 10-34

10.1.7 栅格化文字

有些命令和工具不能应用于文字图层，例如无法为文本添加滤镜效果等，这时就可以将文字图层栅格化变为普通图层，然后便能进行任意操作。

将文字图层栅格化的方法有三种，以上面的实例为例，将“SUMMER”图层栅格化：

方法 1 在“SUMMER”图层为当前图层的条件下，执行【图层→栅格化→文字】命令，即能将文字图层转换为普通图层。

方法 2 在“SUMMER”图层上新建“图层 1”，按下快捷键〖Ctrl〗，单击“SUMMER”文字图层右侧空白处，将其与“图层 1”同时选中，按下快捷键〖Ctrl + E〗合并图层，

“SUMMER”文字图层转换为普通图层。

方法 3 在图层调板中，选择“SUMMER”图层，在该图层右侧空白处单击鼠标右键，在弹出的下拉菜单中选择“栅格化文字”命令，将该文字图层转换为普通图层。

在“SUMMER”图层栅格化之后，按下〖Ctrl + T〗快捷键或者执行【编辑→自由变换】，进行“自由变换”。按住〖Ctrl〗键，鼠标变成三角形状，调整文字变形如图 10-35 所示。

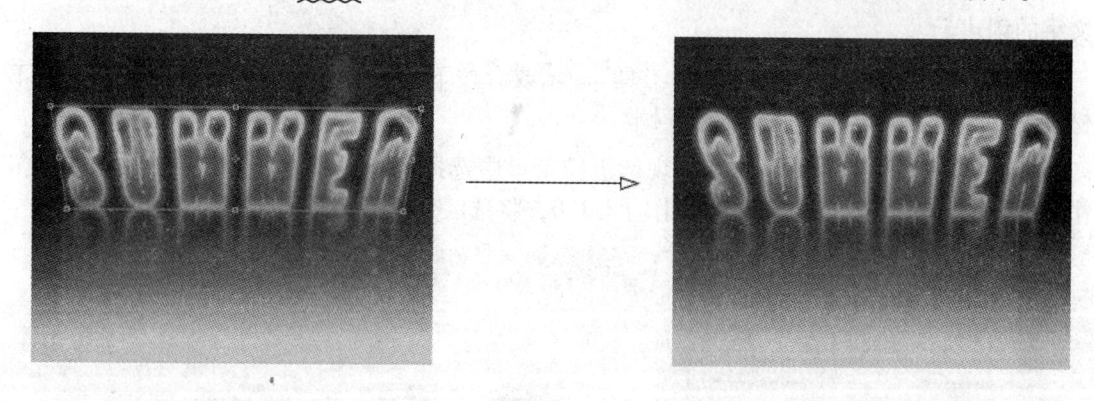

图 10-35

10.2　段落文字

在图像中添加文字时，很多时候需要在一定区域中输入很长一段文字内容，这时可以应用文字定界框创建文字。

10.2.1　文字定界框

文字定界框是在图像中划出一个矩形范围，通过调整定界框的大小、角度、缩放和斜切来调整段落文字的外观效果。

1. 创建基础文字定界框

步骤 1 启动 Photoshop CS5，打开本书附带光盘\第 10 章\“爱情诗.jpg”文件。

步骤 2 鼠标单击“横排文字”按钮或者按下快捷键〖T〗，在图像左上方沿对角线方向拖曳，直至出现文字定界框后松开鼠标，输入如图 10-36 所示的文字。

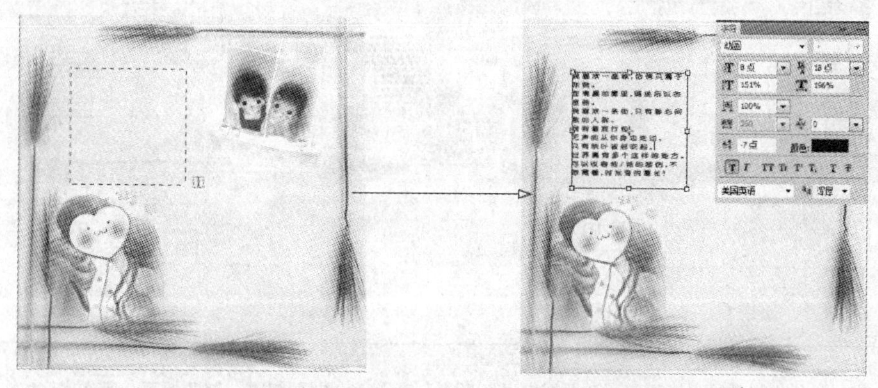

图 10-36

步骤 3 按下〖Alt〗键，单击拖曳鼠标绘制文字定界框，松开鼠标，则弹出“段落文字大小”对话框，在文本中输入“宽度：250 点 高度：260 点”，单击“确定”按钮，创建出自定义大小的文字定界框，如图 10-37 所示。

2. 不规则外形定界框

在某些作品中对文本有一定的形状要求，这时就需要创建不规则外形定界框来完成段落文字的创建。

步骤 1 鼠标单击“椭圆选框工具” 或者按下快捷键〖M〗，然后按下〖Shift〗键不松手，在图像右下方划出一个一个正圆。

步骤 2 单击鼠标右键，在出现的下拉菜单中选择“建立工作路径”，出现“建立工作路径”对话框，在“容差”文本中输入 1.0，将选区变为路径，如图 10-38 所示。

图 10-37

图 10-38

步骤 3 鼠标单击“横排文字工具” 或者按下快捷键〖T〗，移动光标到路径内部，待光标变为 时单击，进入文本编辑状态，输入如图 10-39 所示的文本。

步骤 4 调整文字位置，最终效果如图 10-40 所示。

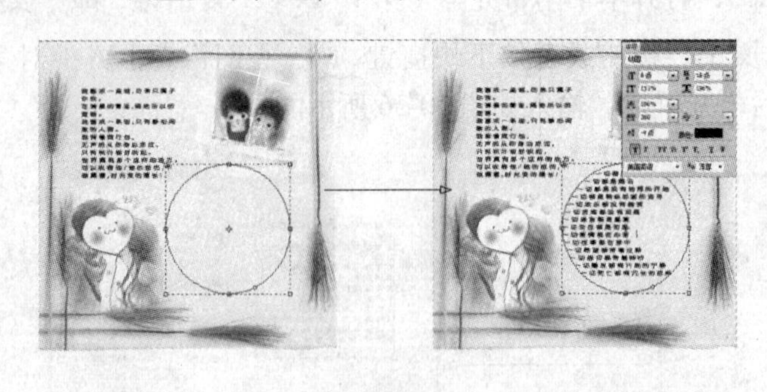

图 10-39

图 10-40

请注意：段落文字在输入过程中，会根据定界框形状自动换行，按下〖Enter〗键开始下一段文字。

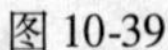

10.2.2 段落调板的使用

使用段落调板，可以很方便地对段落进行各种设置，如图 10-41 所示。

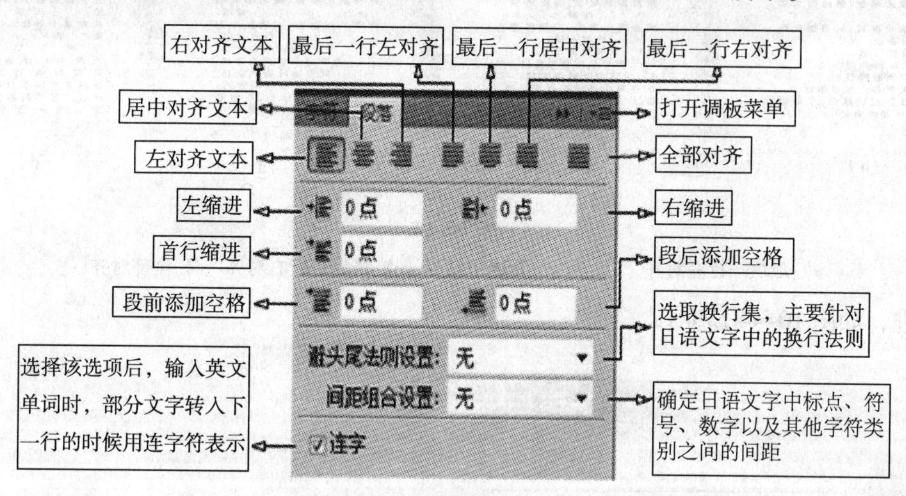

图 10-41

1. 制定对齐选项

“段落”调板中设置了三种文本对齐方式，分别为“左对齐文本”、“右对齐文本”、“居中对齐文本”；四种段落对齐方式，分别为“最后一行左对齐”、“最后一行右对齐”、“最后一行居中对齐”、“全部对齐”。

下面，以“爱情诗”第一段文字为例：

（1）文本对齐方式，如图 10-42 所示。

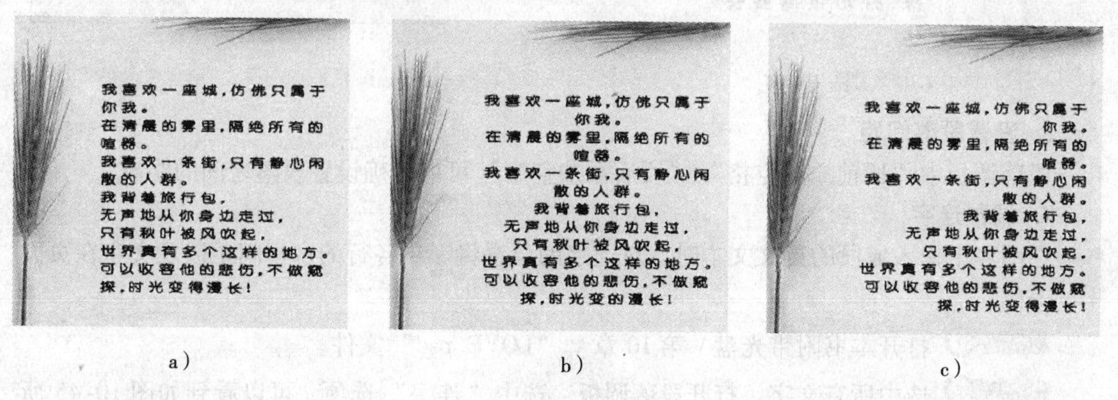

图 10-42

a）左对齐文本 b）居中对齐文本 c）右对齐文本

（2）段落对齐方式，如图 10-43 所示。

2. 缩进段落

在对段落进行设置时，往往首先考虑设置段落的缩进和间距。段落缩进指文字与定界框之间或包含该文字的行之间的间距量。段落调板中设有三种缩进，分别是左缩进、右缩进、

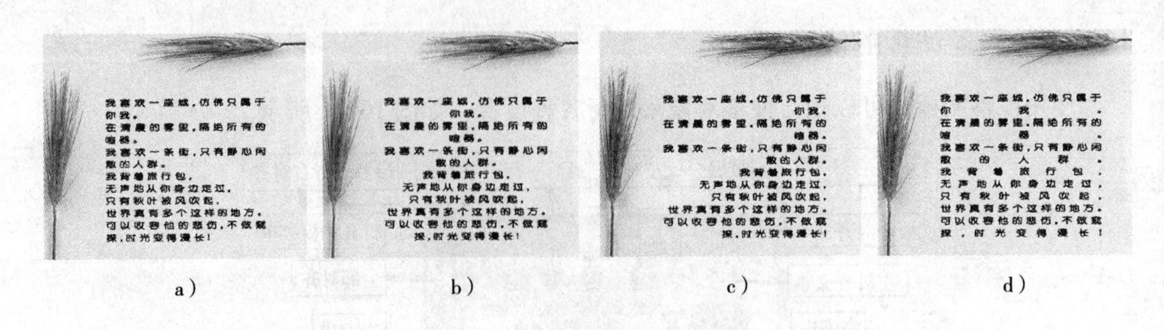

a） b） c） d）

图 10-43

a）最后一行左对齐 b）最后一行居中对齐 c）最后一行右对齐 d）全部对齐

首行缩进，如图 10-44 所示。

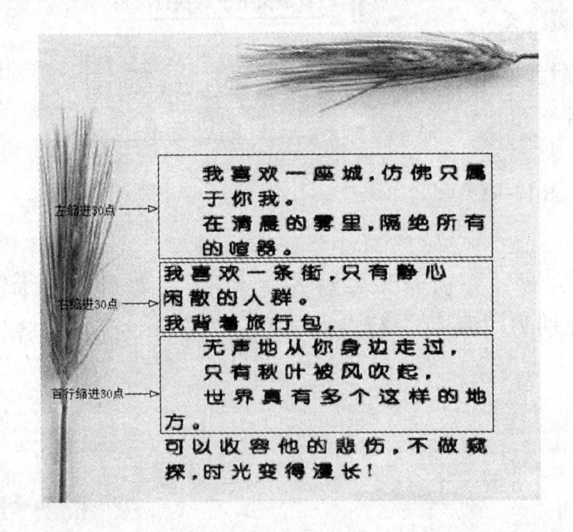

图 10-44

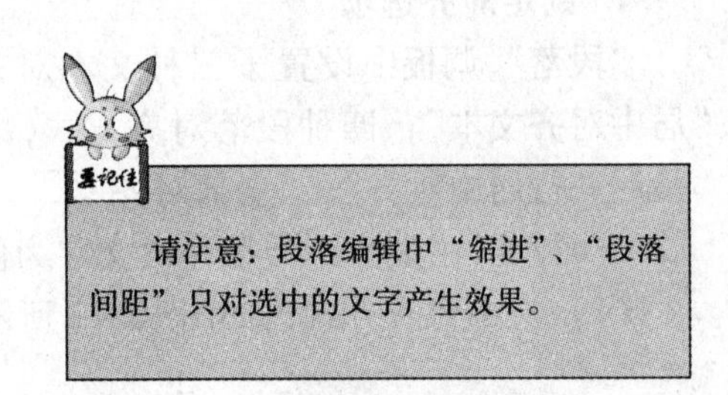

请注意：段落编辑中“缩进”、“段落间距”只对选中的文字产生效果。

3. 设置段落间距

段落调板中“段前添加空格”、“段后添加空格”可以精确设置段落之间的距离。

4. 调整连字

在图像中输入成段的英文文本时，对连字的设置将影响各行的水平间距以及文字在页面上的美感。

步骤 1 打开本书附带光盘 \ 第 10 章 \ “LOVE. psd” 文件。

步骤 2 选中所有文字，打开段落调板，选中“连字”选项，可以看到如图 10-45 所示的变化。

步骤 3 鼠标单击调板右上角的“打开调板菜单”按钮，选择“连字符连接”，如图 10-46 所示，可以根据需要进行调整。

10.2.3 设置双字节字符选项

Photoshop CS5 中提供了多种文字的设置方法，对于中文、韩文和日文就有多种处理选项。中文、韩文和日文统称 CJK 字体，该字体中的文字也称作双字节字符。

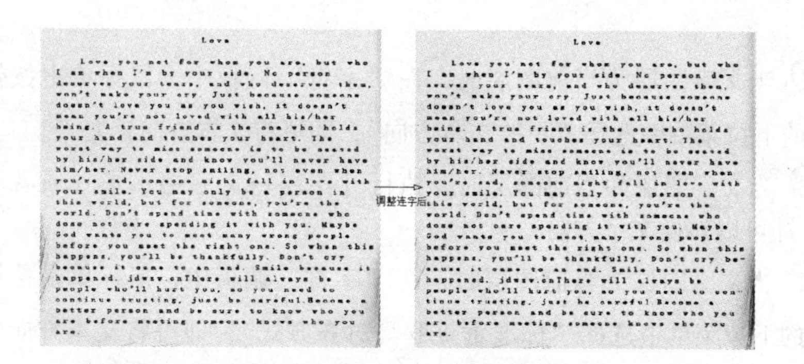

图 10-45

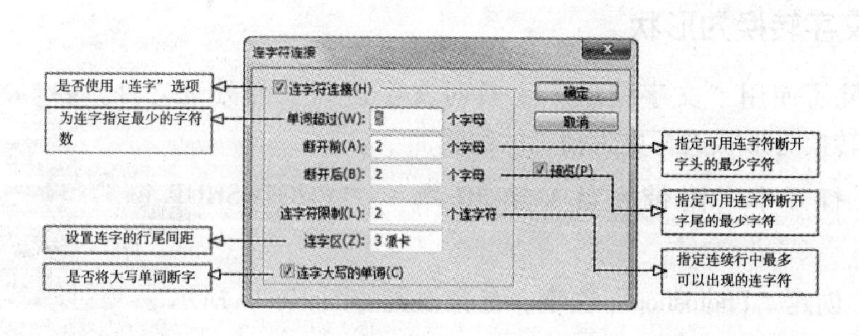

图 10-46

步骤 1　执行【编辑→首选项→文字】命令，打开“首选项”对话框，如图 10-47 所示。

步骤 2　选中“显示亚洲字体选项”，则能对中文、韩文、日文文字进行查看和设置。

步骤 3　选中“以英文显示字体名称”，则可以用英文显示 CJK 字体名称。

步骤 4　选中“字体大小预览”，则可以在字体下拉菜单中直接预览字体样式。

图 10-47

要记住

请注意：连字符连接设置仅适用于罗马字符，而中文、韩文、日文的双字节字符不受影响。

10.2.4　改变文本方向

对于创建完毕的横排或者竖排文字，可以有四种方法可以改变其方向。

方法 1　在前面“10.1.3 工具选项栏使用”中，已经提到可以通过“工具选项栏”上的“切换文本取向”工具，将文字进行“横向直排文字”与“竖向直排文字”之间的转换。

方法② 当文字图层为当前图层时，在“字符”调板中，鼠标单击按钮 ▾≡，在弹出的下拉菜单中选择“更改文本方向”，即可将文本方向转变。

方法③ 当文字图层为当前图层时，执行【图层→文字→水平（或者垂直）】命令，即可以转换文字方向。

方法④ 当文字图层为当前图层时，在“字符”调板中，鼠标单击按钮 ▾≡，在弹出的下拉菜单中选择“标准垂直罗马对齐方式”，即可将文本方向转变，效果如图 10-48 所示。

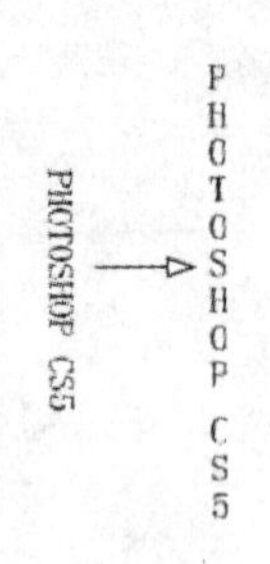

图 10-48

10.2.5 将文字转换为形状

文字工具除了使用“文字变形”工具对文字进行变形处理之外，还可以将文字转换为形状进行更为精确的编辑。

步骤① 打开本书附带光盘\第 10 章\“PHOTOSHOP.jpg”文件。

步骤② 创建“Photoshop”文字，参数设置如图 10-49 所示。

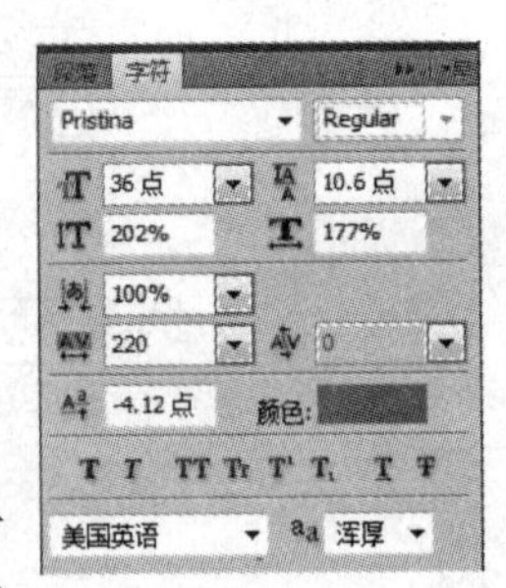

图 10-49

步骤③ 在“Photoshop”图层为当前图层条件下，鼠标右键单击该图层调板右边空白处，在出现的下拉菜单中选择“转换为形状”或者执行【图层→文字→转换为形状】命令。

步骤④ 使用工具箱里的“直接选择工具” ，调整“p”、“s”、“p”文字部分节点的位置，对其形状做出如图 10-50 所示的调整。

步骤⑤ 为该图层添加图层样式投影、内发光、斜面和浮雕、渐变效果，如图 10-51 所示（图层样式的编辑可自行定义）。

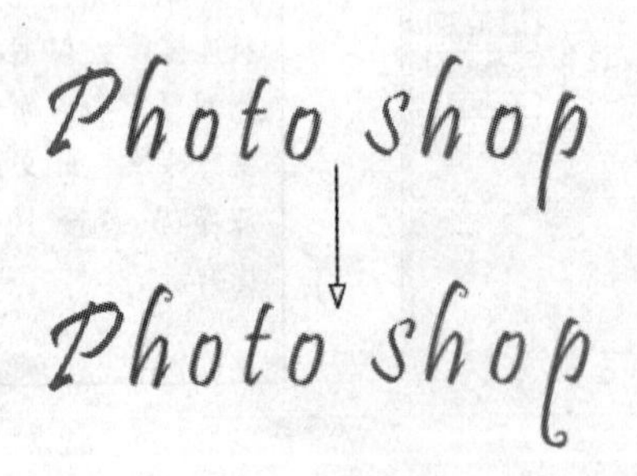

图 10-50

图 10-51

10.2.6 点文字与段落文字的转换

在创建文本之后，有时需要对文本的类型根据需要进行转换，下面就学习怎样将点文字和段落文字进行转换。

确定需要修正图层为当前图层，执行【图层→文字→转换为点文本（或者“转换为段落文本”)】命令，可以将段落文本转换为点文本（或者将点文本转换为段落文本）。

当文字处于选择状态时，转换文本命令为不可选择状态，不能对文本进行编辑。将段落文本转换为点文本时，要确保所有文字都在定界框内部，否则溢出定界框的文字将会被删除。

10.3 实例演示

步骤1 新建文件，参数设置如图 10-52 所示。

步骤2 新建“图层 1”、“图层 2”，将前景色设置为“R:79 G:96 B:38”，背景色设置为“R:137 G:160 B:34”。

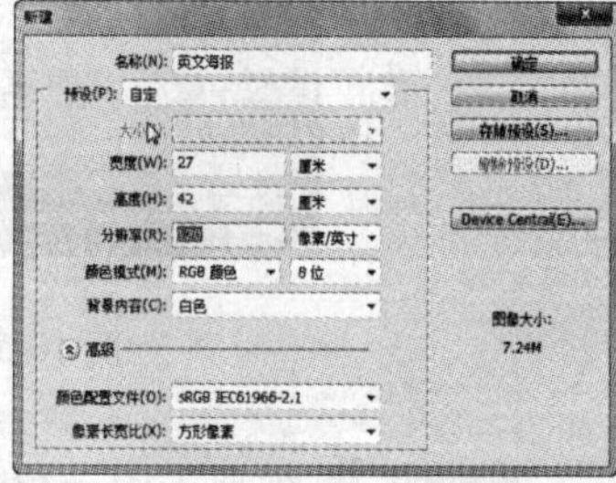

图 10-52

步骤3 在“图层 1”为当前图层条件下，按下〖Alt + Delete〗或者〖Alt + Backspace〗快捷键填充前景色。

步骤4 拖动参考线到垂直方向 23. 2cm 处，在“图层 2”中利用“矩形选区工具”划出一个选区，下边界到参考线处，按下〖Ctrl + Delete〗或者〖Ctrl + Backspace〗快捷键填充背景色，效果如图 10-53 所示。

步骤5 鼠标单击“横排文字工具” T.或者按下快捷键〖T〗，创建文字“TAKE”，文字参数设置和效果如图 10-54 所示。

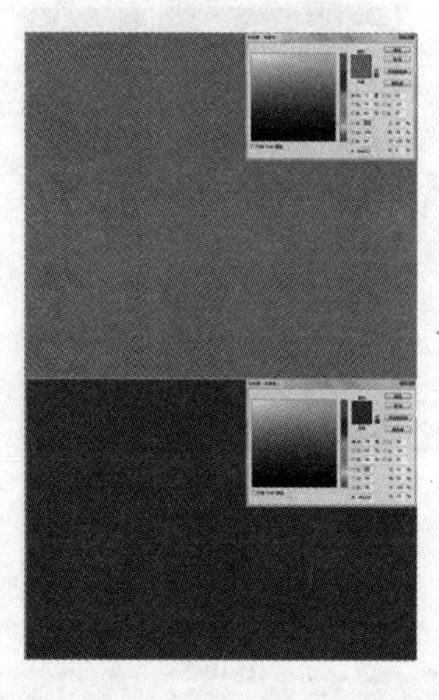

图 10-53

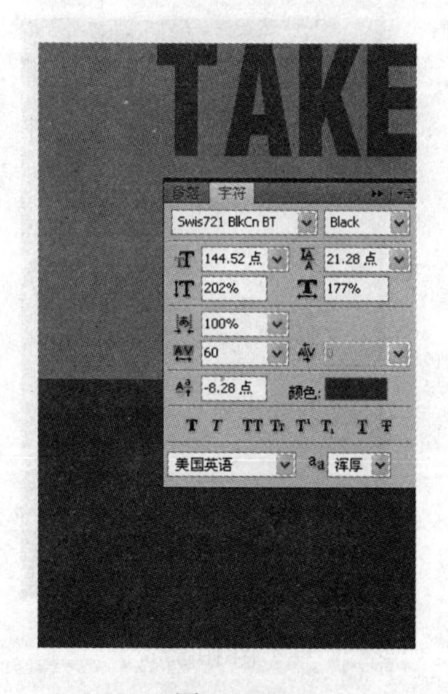

图 10-54

步骤6 按下快捷键〖Ctrl + J〗复制“TAKE”图层，将文字改为“Easily”，文字参数设置和效果如图 10-55 所示。

步骤7 如步骤 5 和步骤 6，依次创建文字“EVERYTHING”、“I WANT TO DO MUCH

BETTER”、“GOTTEN”、“LEADS VOGUE” 最终效果如图 10-56 所示，其参数设置根据步骤 5 中的参数以及前面提到的点文字的编辑知识自行进行适当的调整。

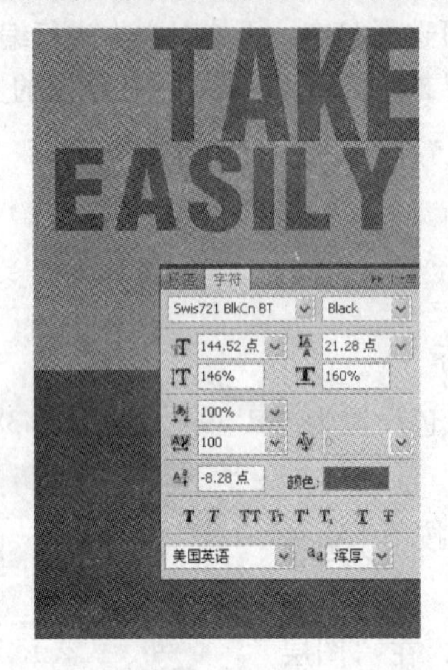

图 10-55

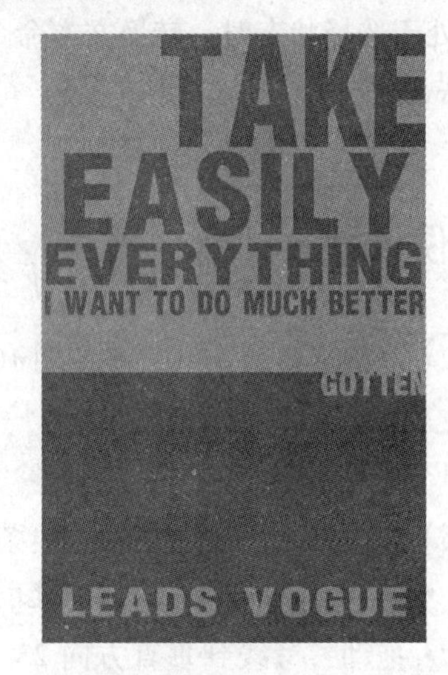

图 10-56

步骤 8 创建文字“SPRING”，执行【编辑→变换→垂直翻转】命令，将文字垂直翻转，效果如图 10-57 所示。

步骤 9 使用“横排文字工具”创建““”符号，如图 10-58 所示。

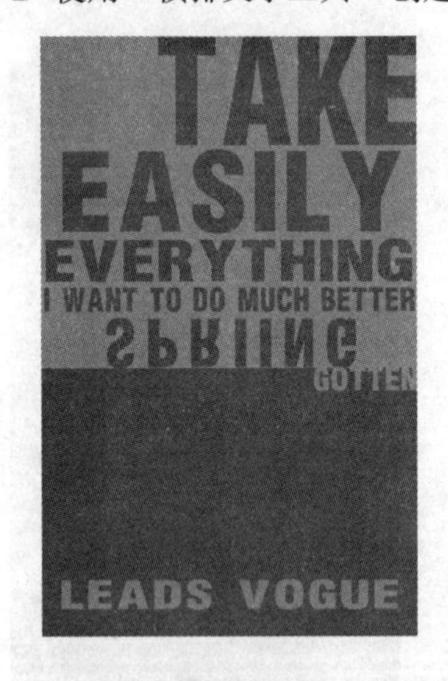

图 10-57

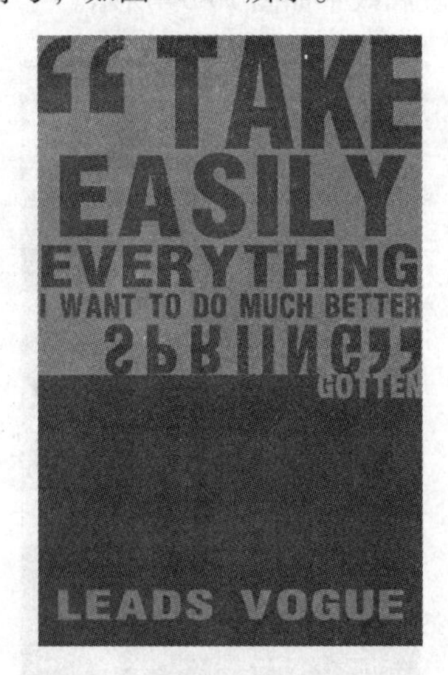

图 10-58

步骤 10 打开本书附带光盘\第 10 章\“文本”.txt 文件，按下快捷键〖Ctrl + A〗选中全部文字，再按快捷键〖Ctrl + C〗复制全部文字。

步骤 11 使用“横排文字工具”在图像左下方部位划出一个文字定界框，按下〖Ctrl + V〗快捷键粘贴所有文字，段落参数设置调整如图 10-59 和图 10-60 所示。

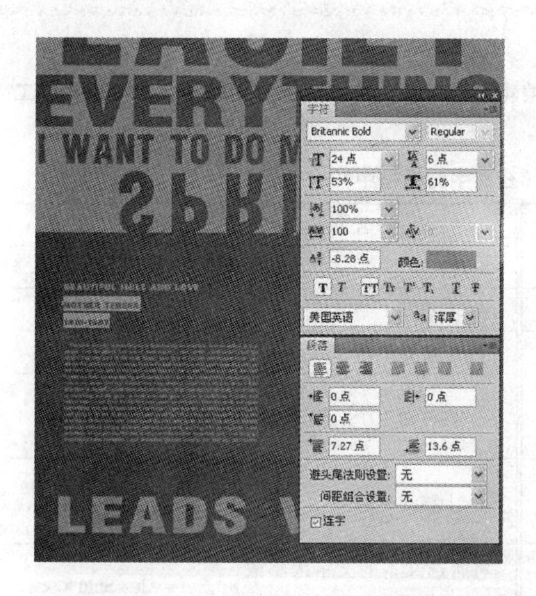

图 10-59

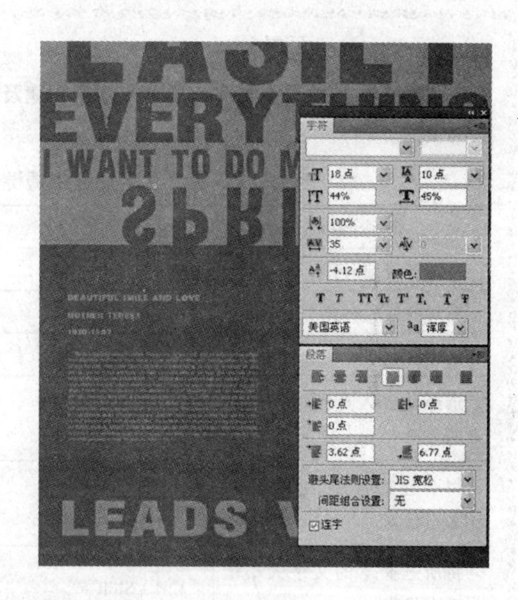

图 10-60

步骤 12 调整图像，最终效果如图 10-61 所示。

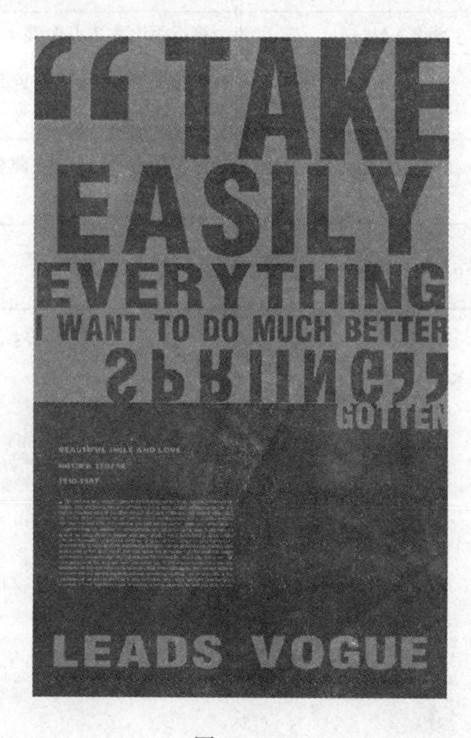

图 10-61

【小结】

本章主要讲述了点文字与段落文字的创建及编辑方法，通过具体实例的应用学会并掌握文字工具的使用。

文字处理快捷键（在文字对话框中）

命令名称	快捷键	命令名称	快捷键
左对齐或顶对齐	Ctrl + Shift + L	中对齐	Ctrl + Shift + C
右对齐或底对齐	Ctrl + Shift + R	左/右选择 1 个字符	Shift + ←/→
选择所有字符	Ctrl + A	下/上选择 1 行	Shift + ↑/↓
选择从插入点到鼠标点按点的字符	Shift + 点按	左/右移动 1 个字符	←/→
将所选文本的文字大小减小 2 点像素	Ctrl + Shift + <	下/上移动 1 行	↑/↓
将所选文本的文字大小增大 2 点像素	Ctrl + Shift + >	将所选文本的文字大小减小 10 点像素	Ctrl + Alt + Shift + <
将所选文本的文字大小增大 10 点像素	Ctrl + Alt + Shift + >	将行距减小 2 点像素	Alt + ↓
将基线位移减小 2 点像素	Shift + Alt + ↓	将行距增大 2 点像素	Alt + ↑
将基线位移增加 2 点像素	Shift + Alt + ↑	将字距微调或字距调整增加 20/1000ems	Alt + →
将字距微调或字距调整减小 20/1000ems	Alt + ←	将字距微调或字距调整增加 100/1000ems	Ctrl + Alt + →
将字距微调或字距调整减小 100/1000ems	Ctrl + Alt + ←		

第 11 章　图像色彩和色调的调整

【学习要点】

1. 了解图像色彩和色调调整的多种方式。
2. 掌握色阶、曲线、色彩平衡等的应用。
3. 学会自动调整工具的应用。
4. 了解其他色彩调整工具的使用。

【学习目标】

通过本章的学习，认识和把握好图像色彩调整的一般工具和常用色调调整的重要方法。

在 Photoshop 中，系统提供了许多调节图像色彩和色调的命令，以便用户对图像进行快速、简单及全局性的调整。色彩和色调的调整主要是指对图像的色相、对比度、亮度及饱和度进行调整，从而使图像色彩表现更加突出和符合设计意图。

11.1　常用色彩和色调调整命令

11.1.1　图像色调调整

1. 查看图像的直方图

直方图用图形表示图像的每个颜色亮度级别的像素数量，展示像素在图像中的分布情况。查看直方图可以了解图像中阴影的细节（在直方图的左侧部分显示）、中间调（在中部显示）以及高光（在右侧部分显示）。直方图可以帮助确定某个图像是否有足够的细节来进行良好的校正。

直方图还提供了图像色调范围或图像基本色调类型的快速浏览图。低色调图像的细节集中在阴影处，高色调图像的细节集中在高光处，而平均色调图像的细节集中在中间调处。全色调范围的图像在所有区域中都有大量的像素。识别色调范围有助于确定相应的色调校正。

打开本书附带光盘\第 11 章\“童年 1. jpg、童年 2. jpg 和童年 3. jpg”文件，分别查看各自的直方图，如图 11-1 ~ 图 11-3 所示。

2. 色阶的调整〖Ctrl + L〗

可以使用“色阶”调整通过调整图像的阴影、中间调和高光的强度级别，从而校正图像的色调范围和色彩平衡。

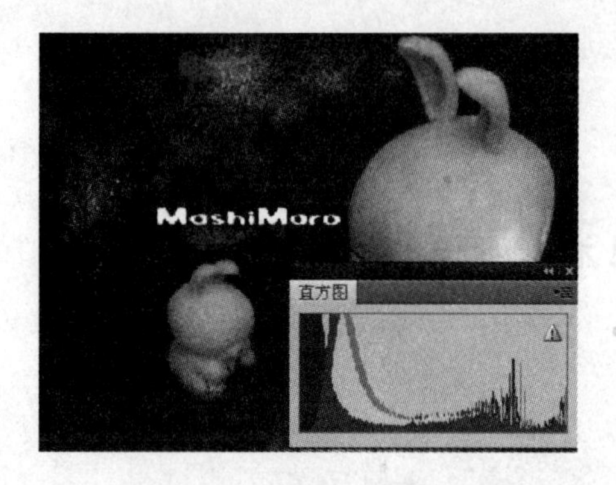

图 11-1

图 11-2

打开任意一幅图像，按〖Ctrl + L〗快捷键打开色阶对话框，如图 11-4 所示。“色阶”直方图用作调整图像基本色调的直观参考，当图像偏亮或偏暗时，可使用此命令调整其中较亮和较暗的部分，对于暗色调图像，可将高光设置为一个较低的值，以避免太大的对比度。其中的输入色阶可以用来增加图像的对比度，在色阶面板“输入色阶”对话框中，左边的黑色小三角向右拖动是增大图像中暗调的对比度，使图像变暗，右边的三角向左拖动是增大图像中高光的对比度，使图像变亮，中间的三角是调整中间色调的对比度，调整它的值可改变图像中间色调的亮度值，但不会对暗部和亮部有太大影响。输出色阶可降低图像的对比度，其中的黑色三角用来降低图像中暗部的对比度，白三角用来降低图像中亮部的对比度。

图 11-3

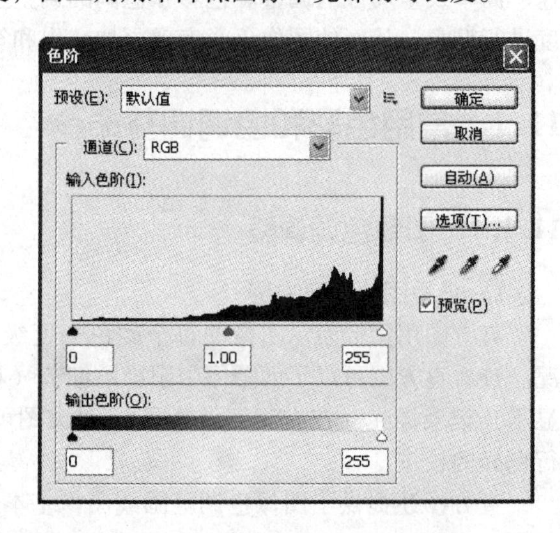

图 11-4

右下方的吸管分别为设置黑场、灰场、白场。设置黑场为当吸管在图像中点击时，图像中所有像素的亮度值将减去吸管单击处像素的亮度值，比此处亮度值暗的颜色都将变为黑色，使整个图像看起来变暗，白场则反之。灰场为以吸管所点击位置的颜色的亮度来调整整幅图像的亮度（注：在 Lab 色彩模式的图像中不能使用中间的灰色吸管）。如不满意调整的结果，请按住〖Alt〗键，此时对话框中的取消按钮会变成恢复按钮，单击可将图像还原到初始状态。

色阶可以单独调整图像的单个通道，方法和调整复合通道一样，只是改变的是单个通道的颜色，而不影响其他的通道，但图像的颜色仍然改变，会出现偏色的现象。也可以同时调整两个通道，方法是首先按住〖Shift〗键在通道调板中选择两个通道，再选择色阶命令。

3. 自动色阶的调整〖Ctrl + Shift + L〗

自动色阶和色阶以及曲线对话框中的自动按钮可自动进行等量的“色阶”滑块调整，它们将每个通道中的最亮和最暗像素定义为白色和黑色，然后按比例重新分配中间像素值。在默认情况下，“自动色阶”功能会减少白色和黑色像素 0.5%，即在标识图像中的最亮和最暗像素时它会忽略两个极端像素值的 0.5%，这种颜色值剪切可保证白色值和黑色值是基于代表性像素值，而不是极端像素值。通俗的说，就是它会自动调整图像的亮度，使白色减少一部分，黑色减少一部分，使图像的亮度重新分配。

4. 曲线调整〖Ctrl + M〗

“曲线”可以调整图像的整个色调范围内的点（从阴影到高光）。“色阶”只有三个调整（白场、黑场、灰度系数）。也可以使用“曲线”对图像中的个别颜色通道进行精确调整。

打开任意一幅图像，按〖Ctrl + M〗快捷键打开曲线对话框，如图 11-5 所示。曲线命令可以综合调整图像的亮度、对比度、色彩等。该菜单实际上是反相、色调分离、亮度/对比度等多个菜单的综合。与“色阶”一样，“曲线”允许调整图像的色调范围，但它不是只使用三个变量（高光、暗调和中间调）来进行调整，用户可以调整 0 ~ 255 范围内（灰阶曲线）的任意点，同时又可保持 15 个其他值不变，因为曲线上最多只能有 16 个调节点。

通过调整曲线的形状，即可调整图像的亮度、对比度、色彩等，其中横向坐标代表了原图像的色调（相当于色阶中的输入色阶），纵坐标代表了图像调整后的色调（相当于色阶中的输出色阶），对角线用来显示当前的输入和输出数值之间的关系，在没有进行调整时，所有的像素都有相同的输入和输出数值。

系统内定的状态是根据 RGB 色彩模式来定义的，曲线最左边代表图像的暗部，像素值为 0（黑色）；最右边代表图像的亮部，像素值为 255（白）；图中的每个方块大约代表 64 个像素值，如图 11-5 所示。

如果图像是 CMYK 模式，则曲线最左边代表亮部，数值为 0%；最右边代表暗部，数值为 100%；在默认的曲线对话框中每个方格代表 25%，输入和输出的后面用百分比表示，如图 11-6 所示。

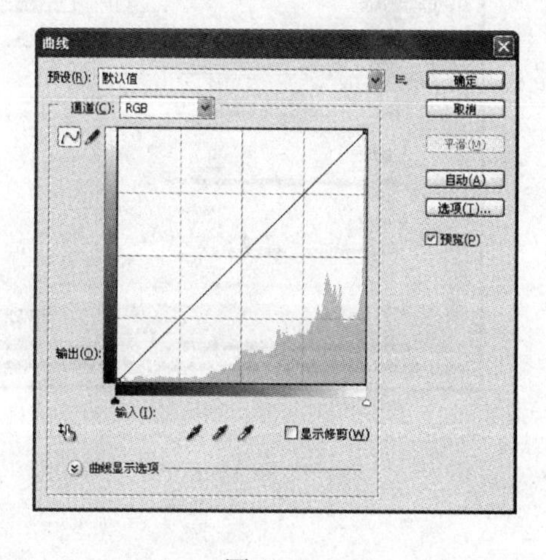

图 11-5

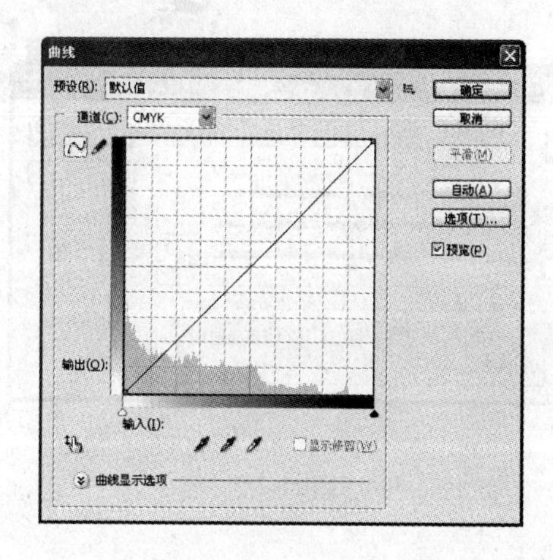

图 11-6

调整曲线时，首先单击曲线上的点，然后拖动即可改变曲线形状。当曲线形状向左上角弯曲时，图像色调变亮；反之，当曲线形状向右下角弯曲时，图像色调变暗。

在曲线上单击鼠标可增加一个点，用鼠标拖动此点，将预览选中就可看到图像中的变化，对于较灰的图像最常见到的调整结果是“S”型的曲线，这种曲线可增加图像的对比度。另外，还可选择单个颜色通道，将鼠标放在图像中要调色的位置，按住鼠标后移动就可以在曲线对话框中看到用圆圈表示鼠标所指区域在该对话框中的位置。如果所修改的位置是显示在曲线的中部，那么可用鼠标单击曲线的四分之一和四分之三处将其固定，修改时对亮部和暗部就不会有太大影响了。

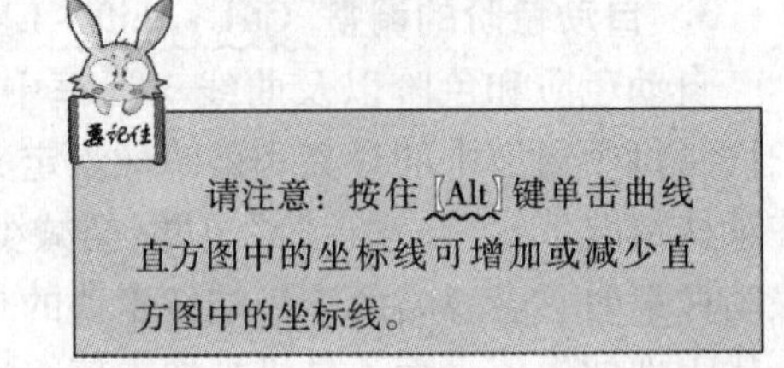

请注意：按住〖Alt〗键单击曲线直方图中的坐标线可增加或减少直方图中的坐标线。

它有和“色阶”一样的单通道调整，双通道调整，自动调整，选项，设置黑场、白场、灰场等，其用法和“色阶”一样。

11.1.2 图像色彩调整

图像中每个色彩的调整都会影响整个图像颜色的色彩平衡，例如：可以通过增加颜色的补色的数量来减少图像中某一颜色的量，反之亦然。

1. 色彩平衡〖Ctrl + B〗

打开任意一幅图像，按下〖Ctrl + B〗快捷键打开色彩平衡对话框，如图 11-7 所示。该命令让用户在彩色图像中改变颜色的混合，提供一般化的色彩校正，要想精确控制单个颜色，应使用“色阶”、“曲线”或专门的色彩校正工具（如色相/饱和度、替换颜色、通道混合器或可选颜色）。

在调整栏上，左边的颜色和右边的颜色为互补色，拉动滑杆上的标尺可以把图像的颜色调整为你想要调整的颜色，下方的三个选项为阴影、中间调、高光，分别是以图像的暗区、中性区、亮区为调整对象，选中其中任一选项，将会调整图像中相应区域的颜色。

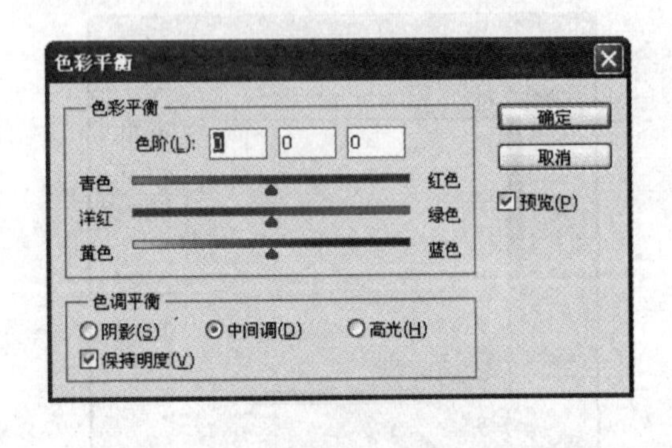

图 11-7

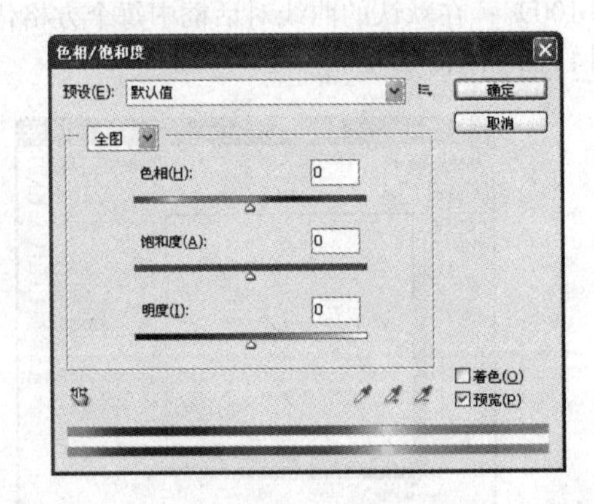

图 11-8

2. 色相/饱和度〖Ctrl + U〗

打开任意一幅图像，按下〖Ctrl + B〗快捷键打开色相/饱和度对话框，如图 11-8 所示，可以调整图像中单个颜色的色相、饱和度、明度。

请注意：当白色或黑色在“着色”时无法调整颜色，可将明度的数值作些调整，白色就将亮度值调为负值，黑色就将亮度值调为正值，即可调色。

调整色相，也就是调整颜色的变化，赤、橙、黄、绿、青、蓝、紫的变化。在调整时，是以调整框中的数值加上图像中的数值得到最终颜色，当数值为最大或最小时，颜色将是原来颜色的补色。

调整饱和度，就是调整颜色的鲜艳度，通俗地说就是颜色在图像中所占的数量的多少，值越大，颜色就越鲜艳，反之图像就趋向于灰度化。

调整明度就是调整图像的明暗度，值越大，图像就越亮，当值为最大时，图像将是白色，反之就是黑色。

其中的“着色”选项是将图像原有色相全部去除，再重新调整以上的三个值来上色。

在该对话框选项的下拉列表框中，有全图、红色（表示选择红色像素）、黄色（同上）、绿色、青色、蓝色、洋红几个选项，分别是调整整个图像和图像中的单色。当选择了单色调整时，在下方有三个吸管和两个颜色条可用，三个吸管的作用是，第一个吸管在图像中单击吸取一定的颜色范围，第二个吸管单击图像可在原有颜色范围上增加一个颜色范围，第三个吸管是在原有的颜色范围上减去一个颜色范围。

3. 替换颜色

打开任意一幅图像，单击【图像→调整→替换颜色】，打开替换颜色对话框，如图 11-9 所示。在预览图的下方有两个选项，即“选区”和“图像”，当选中“选区”时，在想要替换颜色的区域单击，选中的部分为白色，其余为黑色，上方的颜色容差值可调整选中区域的大小，值越大，选择区域越大。当选中“图像”，预览框中将显示整个图像的缩略图。左上角的三个吸管和“色相/饱和度”的三个吸管的作用是一样的，用法也是一样，当按住〖Shift〗键或〖Alt〗键时是增加或减少颜色取样点。下方的调整框和“色相/饱和度”的三个调整框的作用是一样的。

4. 可选颜色

打开任意一幅图像，单击【图像→调整→可选颜色】，打开可选颜色对话框，如图 11-10所示，该命令可对 RGB、CMYK 等模式的图像分通道进行调整。在对话框的颜色选项中，选择要修改的颜色，然后拖动下方的三角标尺来改变颜色的组成。在其“方法”后面有两个选项：相对、绝对。相对用于调整现有的 CMYK 值，假如图像中现在有 50% 的黄，如果增加 10%，那么实际增加的黄色是 5%，也就是增加后为 55% 的黄色，即用现有的颜色量 × 增加的百分比，得到实际增加的颜色量；绝对用于调整颜色的绝对值，假设图像中现在有 50% 的黄色，如果增加了 10%，那么实际增加的黄色就是 10%，也就是增加后为 60% 的黄色。

5. 通道混合器

打开任意一幅图像，单击【图像→调整→通道混合器】，打开通道混合器对话框，如图 11-11 所示。通道混合器是对图像的每个通道进行分别调色，在对话框的输出通道的下拉菜单中自动选择要调整的通道，可对每个通道进行调整，并在预览图中看到最终效果，其中的“常数”选项，是增加该通道的补色，若选中“单色”的选项，就是把图像转为灰度的图像，然后再进行调整，这种方法用于处理黑白的艺术照片，可以得到高亮度的黑白效果，比直接去色得到的黑白效果要好得多。

图 11-9

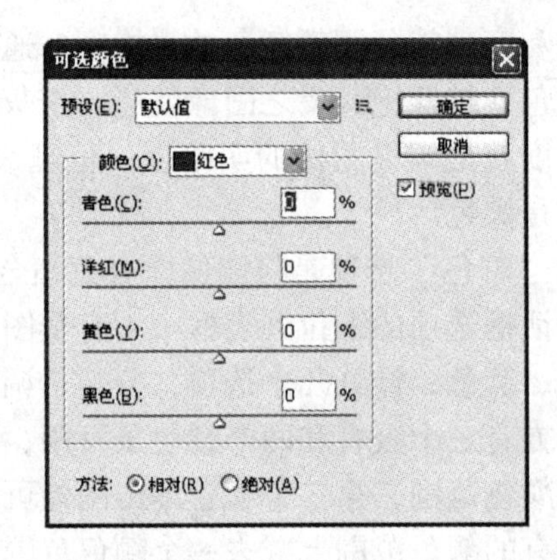

图 11-10

6．渐变映射

打开任意一幅图像，单击【图像→调整→渐变映射】，打开渐变映射对话框，如图11-12所示。该命令用来将相等的图像灰度范围映射到指定的渐变填充色上，如果指定双色渐变填充，图像中的暗调映射到渐变填充的一个端点颜色，高光映射到另一个端点颜色，中间调映射到两个端点间的层次。也就是它会自动将渐变色中的高光色映射到图像的高光部分，将渐变色中的暗调部分映射到图像的暗调部分。

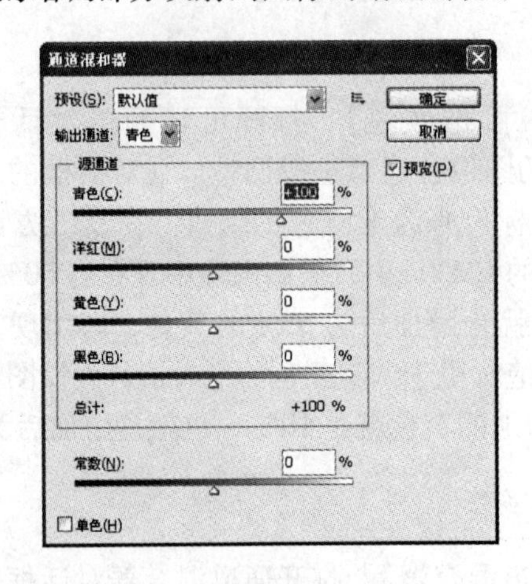

图 11-11

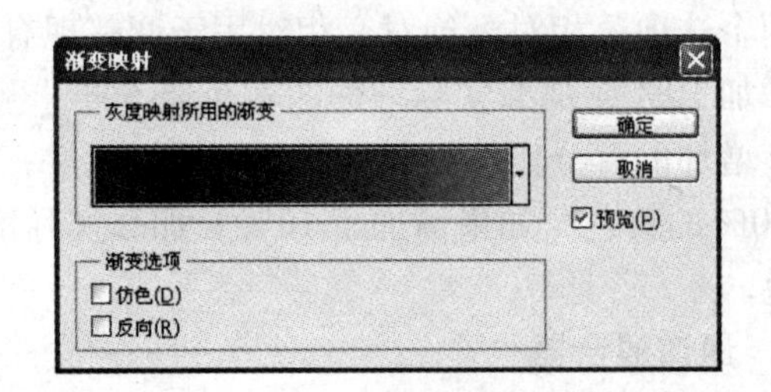

图 11-12

单击此对话框中渐变图标后面的黑色三角，可以改变渐变的颜色，和渐变工具中的用法是一样的。下方的渐变选项中“仿色”可以使色彩过渡更平滑，“反向”可使现有的渐变色逆转方向。设定完成后，渐变会依照图像的灰阶自动套用到图像上，形成渐变效果。

11.1.3　特殊的色彩和色调调整命令

1. 反相〖Ctrl + I〗

打开任意一幅图像，按下〖Ctrl + I〗快捷键执行反相命令，该命令用于产生原图的负片效果。执行此命令后，白色就变为黑色，即原来的像素值由 255 变成了 0，彩色的图像中的像素点也取其对应值（255 - 原像素值 = 新像素值）。此命令常用于产生底片效果，在通道运算中经常使用。

2. 色调均化

打开任意一幅图像，单击【图像→调整→色调均化】执行该命令，可以重新分配图像中各像素值。执行此命令后，Photoshop 会寻找图像中最亮和最暗的像素值以及平均亮度值，使图像中最亮的像素代表白色，最暗的像素代表黑色，中间各像素值按灰度重新分配（若此图像比较暗，那么此命令会使图像变得更暗，黑色的像素增多，反之就是变亮）。

3. 阈值

打开任意一幅图像，单击【图像→调整→阈值】，打开阈值对话框，如图 11-13 所示。该命令可将彩色或灰阶的图像变成高对比度的黑白图，在该对话框中可通过拖动三角来改变阈值，也可直接在阈值色阶后面输入数值阈值。当设定阈值时，所有像素值高于此阈值的像素点将变为白色，所有像素值低于此阈值的像素点将变为黑色，可以产生类似位图的效果。

4. 色调分离

打开任意一幅图像，单击【图像→调整→色调分离】，打开色调分离对话框，如图 11-14 所示。该命令可定义色阶的多少，在灰度图像中可用此命令来减少灰阶数量，此命令也可形成一些特殊的效果。在该对话框中，可直接输入数值来定义色调分离的级数。在灰度图像中通过改变色调分离的级数来改变灰阶图的灰阶的过渡，有效值在 2 ~ 255 之间，其中为 2 时，产生的效果就和位图模式的效果一样，它的黑白过渡的级数是 2，也就是 2 的 1 次方，只有黑白过渡。因为颜色的范围是 0 ~ 255，所以灰阶的过渡级数是不能超过 255 的，当为 255 时，也就是 2 的 8 次方，产生一幅 8 位通道的灰阶图，这和将图像转为灰度，或去色后产生的颜色效果是一样的。

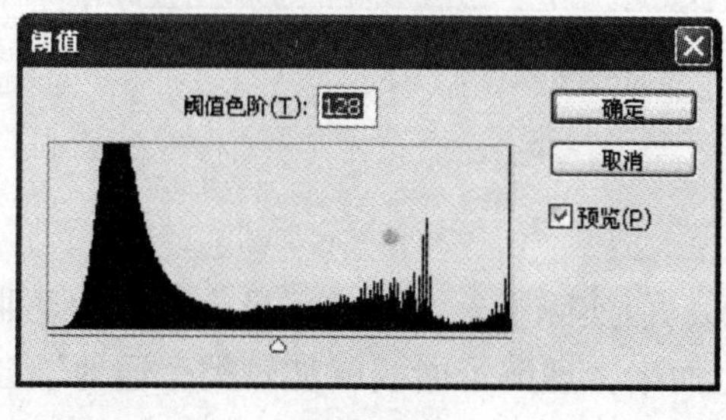

图 11-13

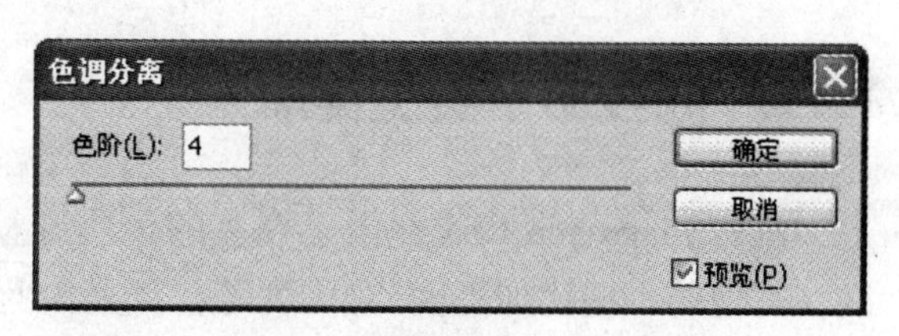

图 11-14

5. 去色〖Ctrl + Shift + U〗

打开任意一幅图像，按下〖Ctrl + Shift + U〗快捷键执行去色命令，该命令使图像中所有颜色的饱和度成为0，也就是说，可将所有颜色转化为灰阶值，这个命令可在保持原来彩色模式的情况下将图像转为灰阶图。例如，将RGB模式的图像去色后，仍然是RGB模式，但显示灰度图的颜色。

6. 变化

打开本书附带光盘\第11章\“童年1.jpg”文件，单击【图像→调整→变化】执行变化命令，打开变化对话框，如图11-15所示。该命令可调整图像的色彩平衡、对比饱和度。在对话框中，可选择图像的阴影、中间调、高光及饱和度分别进行调整，另外还可设定每次调整的程度，将三角拖向精细表示调整的程度较小，拖向粗糙表示调整的程度较大，在最左上角是原稿，紧挨着它的是调整后的图像。下面的是增加某色后的情况，例如，要增加红色，用鼠标单击下面注有加深红色的图即可；要变暗，就单击较暗的图。若不满意，可以单击原稿，重新调整。

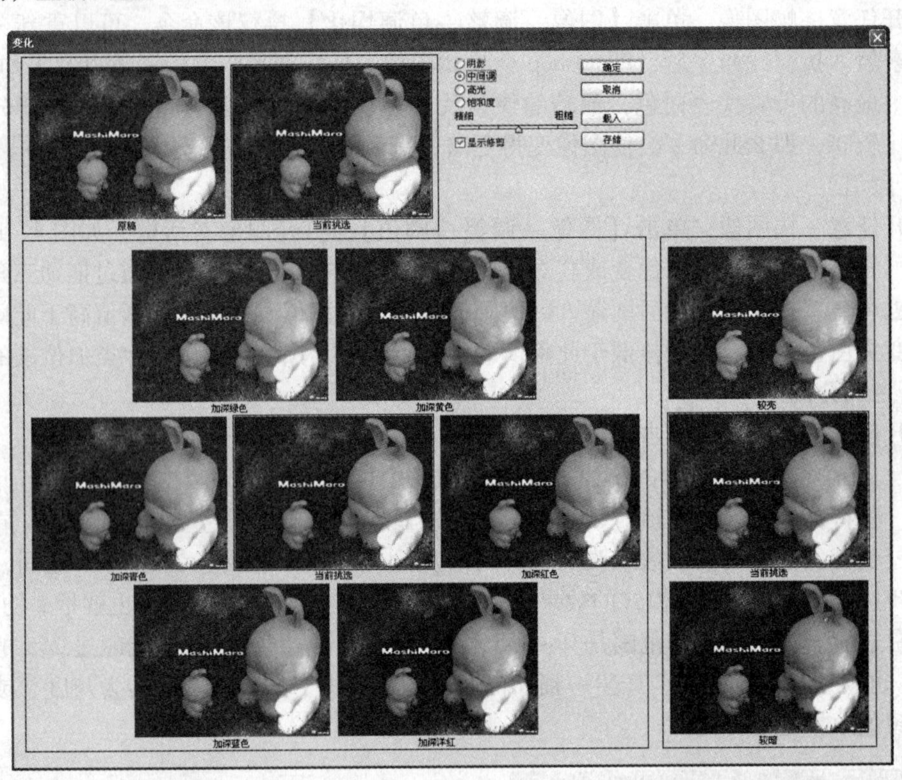

图 11-15

11.2 曲线命令实例详解

虽然 Photoshop CS5 提供了众多的色彩调整工具，但实际上最为基础也最为常用的是曲线。其他的一些比如亮度/对比度等，都是由此派生而来，理解了曲线就能触类旁通地学会其他色彩调整命令。

在 Photoshop 中打开图像之后可以使用快捷键〖Ctrl + M〗调用曲线调整功能。首先，先简单介绍一下曲线工具的原理。Photoshop 把图像大致分为三个部分：阴影、中间调、高光。

步骤 1　打开本书附带光盘 \ 第 11 章 \ “海南风光 . tif”文件，如图 11-16 所示。

步骤 2　按下快捷键〖Ctrl + M〗，打开曲线对话框，曲线中那条直线的两个端点分别表示图像的高光区域和阴影区域，而直线的其余部分统称为中间调，如图 11-17 所示。

图 11-16

图 11-17

高光和阴影两个端点可以分别调整，使阴影或高光部分加亮或减暗。而改变中间调可以使图像整体加亮或减暗（在线条中单击即可产生拖动点），但是明暗对比没有改变（不同于电视机的亮度增加）。同时色彩的饱和度也增加，可以用来模拟自然环境光强弱的效果，如图 11-18 所示。

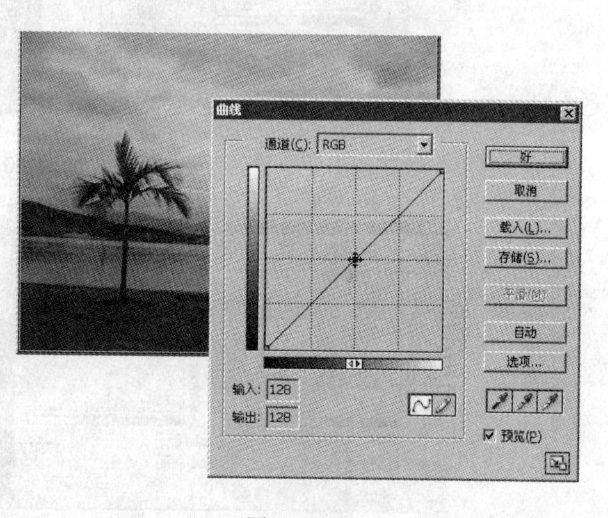

图 11-18

步骤 3　适当降低阴影和提高高光，如图 11-19 所示曲线，这样可以得到明暗对比较强烈的图像，即所谓的高反差。

步骤 4　这样做可能让较亮区域的图像细节丢失（如天空部分的云彩），也不符合自然现象，此时可以通过改变中间调的方法来创建逼真的自然景观，如图 11-20 所示曲线，这样图像看上去就自然多了，不会有明显的改动痕迹。

步骤 5　上面都是在整体图像中调整，现在来看一下单独对通道调整的效果。改动天空部分的色彩为金黄色。由于天空属于高光区域，所以要加亮红通道的高光部分同时减暗蓝色通道的高光部分，这样就得到了金黄色的天空效果，如图 11-21 所示曲线和调整后的图像效果。

步骤 6　这样的效果虽然绚丽，但是仔细看远处的青山也变成了黄色，山体应该属于中间调部分，所以在红色和蓝色通道中将中间调保持在原来的地方，就得到了金黄色的天空，同时也保留了远处山体的青色，如图 11-22 所示。

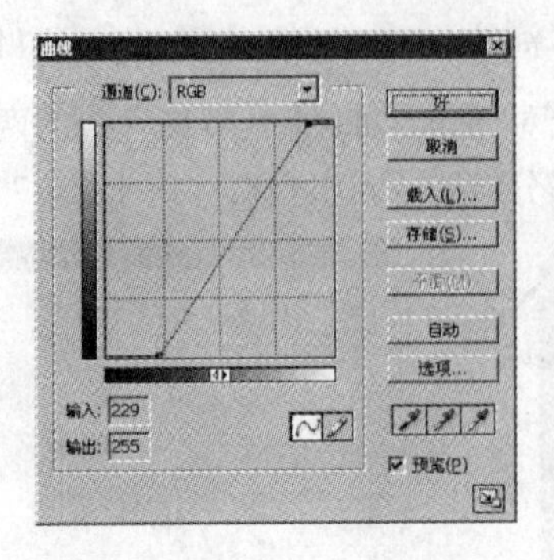

图 11-19

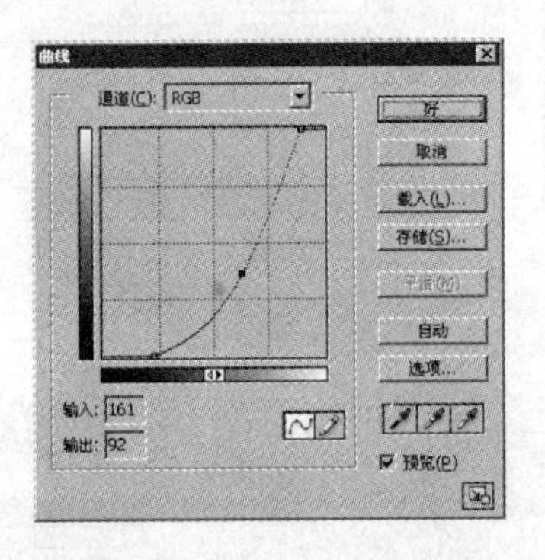

图 11-20

图 11-21

图 11-22

11.3　色阶调整实例

步骤① 打开本书附带光盘\第 11 章\“花蕊.jpg”文件，如图 11-23 所示。复制背景图层。通过直方图可以看出，该图片高光部分信息几乎没有，图像偏暗。

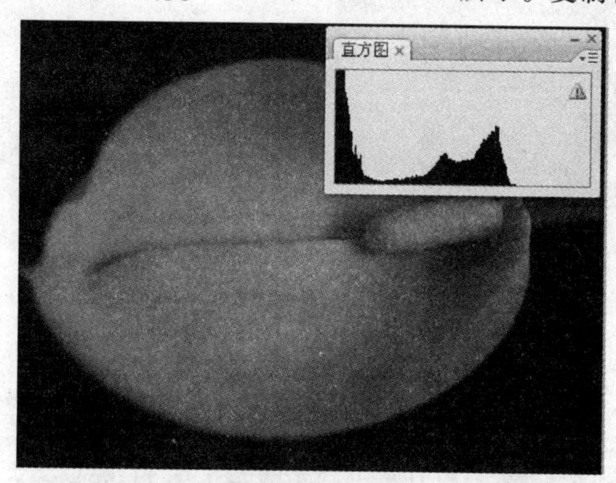

图 11-23

步骤② 按快捷键〖Ctrl + L〗执行色阶命令，调整输入色阶下方的黑、白、灰滑块到如图 11-24 所示的位置。单击“确定”按钮，得到调整后的效果如图 11-25 所示，很明显调整后的图像亮度增加了，而且图像色彩更加丰富自然。

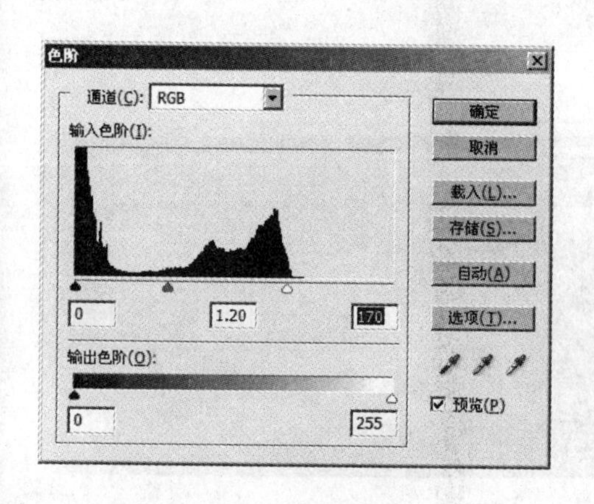

图 11-24

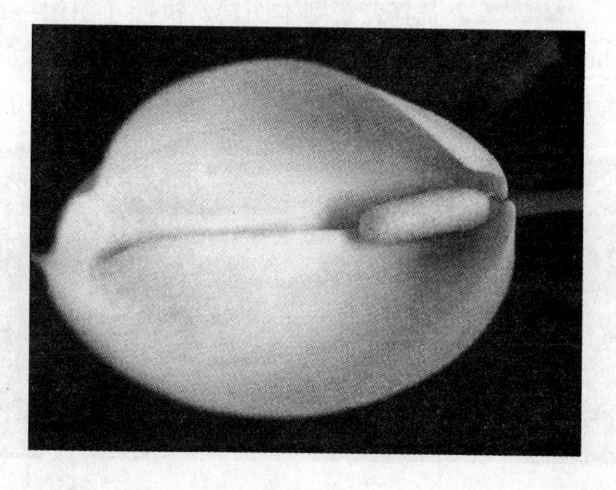

图 11-25

11.4　图像自动调整实例

11.4.1　自动色阶

步骤① 打开本书附带光盘\第 11 章\“远山树林.jpg”文件，如图 11-26 所示，复制背景副本图层。

步骤② 选择背景副本图层，按〖Ctrl + L〗快捷键打开色阶调整面板，然后单击自动按钮；或单击选择【图像→调整→自动色阶】或者按快捷键〖Ctrl + Shift + L〗，得到调整后的效果如图 11-27 所示。

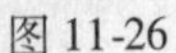

图 11-26

图 11-27

11.4.2 自动对比度

步骤 1 打开本书附带光盘\第 11 章\“大桥.jpg”文件，如图 11-28 所示，复制背景副本图层。

步骤 2 选择背景副本图层，执行【图像→调整→自动对比度】，或按快捷键〖Ctrl + Shift + Alt + L〗，调整后的效果如图 11-29 所示。

图 11-28

图 11-29

11.4.3 色彩平衡

步骤 1 打开本书附带光盘\第 11 章\“girl.jpg”文件，如图 11-30 所示，复制背景副本图层。

步骤 2 选择背景副本图层，执行【图像→调整→色彩平衡】，或按快捷键〖Ctrl + B〗，打开色彩平衡对话框，适当调整对应参数，如图 11-31 所示。单击“确定”按钮，调整后的效果如图 11-32 所示。

图 11-30

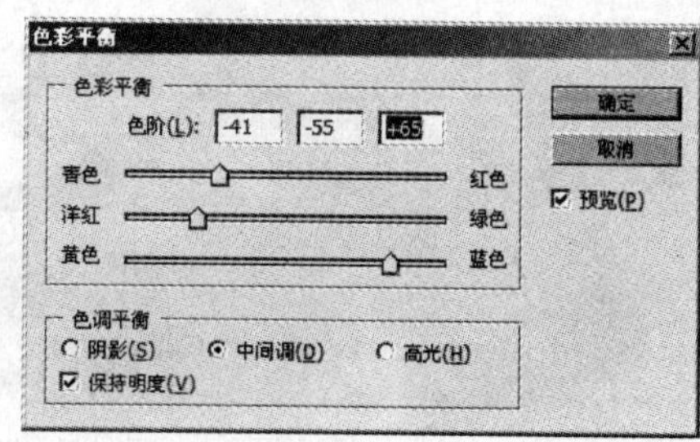

图 11-31

图 11-32

11.5　填充和调整图层的应用

在 Photoshop CS5 中，可以在“调整”面板中找到用于调整颜色和色调的工具。单击“工具”图标以选择调整并自动创建调整图层。使用“调整”面板中的控件和选项进行的调整会创建非破坏性调整图层，这对于保护原片起到重要的作用。

调整图层主要分为两大类：一类为填充图层，可以为图像快速添加颜色、图案和渐变色；另一类为调整图层，可以对图像使用颜色和应用色调调整，且不会影响到原始图像信息。使用填充和调整图层在操作上有很多的灵活性。

11.5.1　执行菜单命令创建填充和调整图层

步骤 1　打开本书附带光盘\第 11 章\“音乐派对 .jpg”文件，如图 11-33 所示。

步骤 2 执行【图层→新建填充图层→图案】命令，打开并设置“新建图层”对话框，如图 11-34 所示。

图 11-33

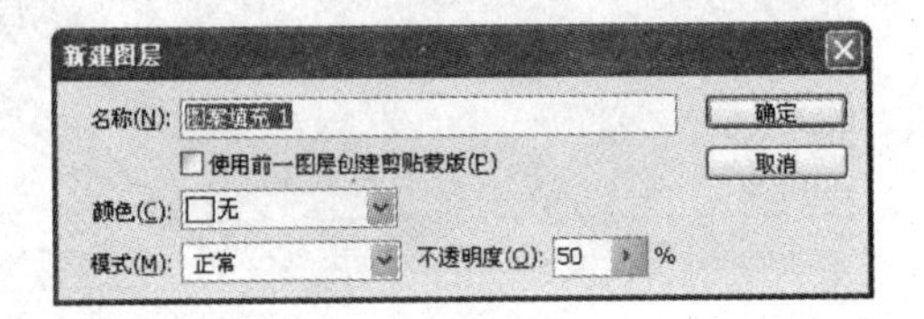

图 11-34

步骤 3 单击“确定”按钮，关闭对话框，将弹出“图案填充”对话框，如图 11-35 所示。

步骤 4 单击“确定”按钮，即可创建名为“图案填充 1”的填充图层，效果如图 11-36 所示。

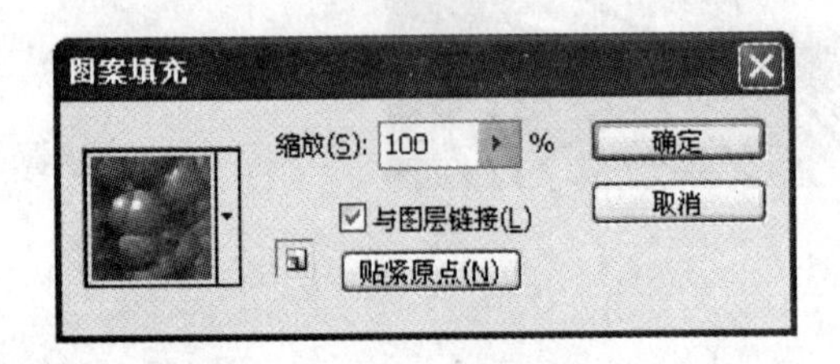

图 11-35

图 11-36

同样，可以执行【图层→新建调整图层】命令下的子菜单为图像添加调整图层。

完成各项操作后，如果想恢复到文件打开时的初始状态，可以按下【F12】键，执行恢复命令。

11.5.2 通过图层调板创建填充和调整图层

步骤 1 在上述打开的文件中继续操作，单击图层调板底部的按钮，在弹出的菜单中可以选择所需要添加的填充或调整图层，如图 11-37 所示。

步骤 2 在弹出的菜单中选择“曲线”命令，可在图层调板中增加曲线调整图层，同时调整调板自动弹出，用户即可在曲线调板中调整相应的曲线，如同执行曲线命令一样，如图 11-38 所示。

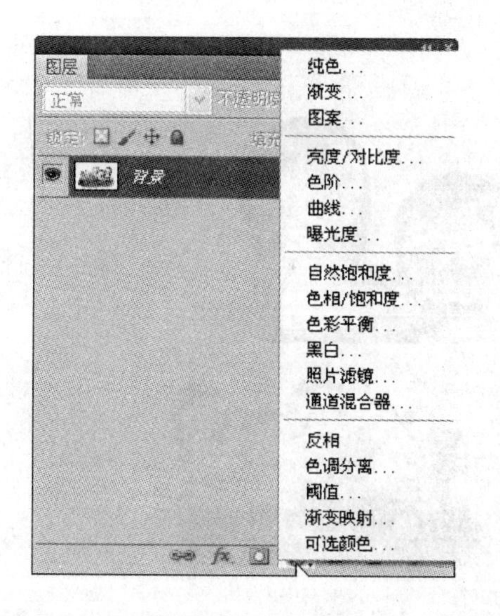

图 11-37

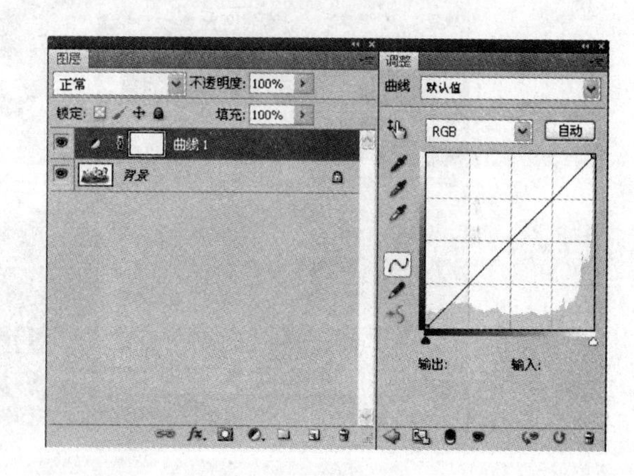

图 11-38

“调整”调板是 Photoshop CS5 中新增的内容，它将各种调整命令以图标和预设列表的方式集合在同一调板中，利用该调板可以快捷、有效地添加调整图层，而不必通过执行繁琐的命令设置对话框，全部操作都可以在“调整”调板中轻松完成。

默认状态下，“调整”调板位于界面的右侧，如图 11-39 所示。

步骤 3　单击“调整”调板的■按钮，即可创建“渐变映射”调整图层，“调整”调板也将显示与该调整命令相关的选项组件，如图 11-40 所示的渐变映射选项。

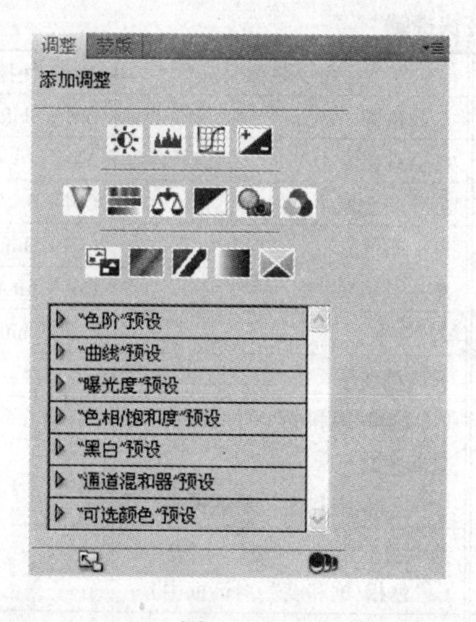

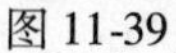
图 11-39

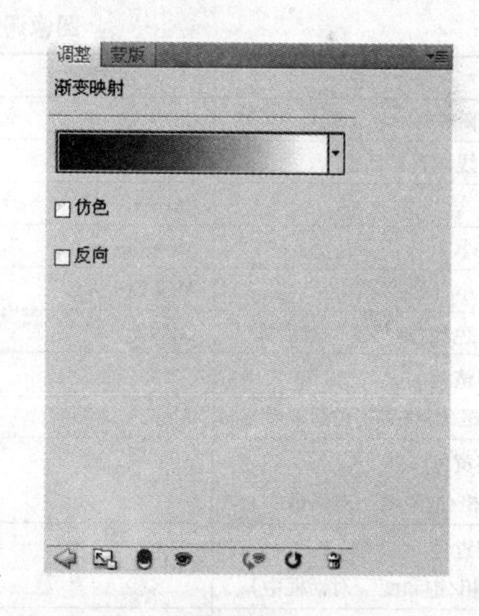

图 11-40

步骤 4　复制背景图层得到背景副本图层，执行自有变换，将该图层缩小至左下角部位，然后单击“调整”调板中的■按钮，即可将当前调整创建为剪贴蒙版，则渐变映射只影响该背景副本图层，如图 11-41 所示。

图 11-41

同样的方法，对于其他“调整”调板的选项，读者可以依照各项设置轻松学习。

【小结】

本章主要讲述了有关 Photoshop 色彩调整的相应实例，通过实例的学习，读者可以了解和掌握图像调整的常用方法及思路。

图像调整快捷键

命令名称	快捷键	命令名称	快捷键
调整色阶	Ctrl + L	自动色调	Ctrl + Shift + L
打开曲线调整对话框	Ctrl + M	自动对比度	Alt + Ctrl + Shift + L
反相	Ctrl + I	打开“色彩平衡”对话框	Ctrl + B
图像大小	Alt + Ctrl + I	自动颜色	Ctrl + Shift + B
画布大小	Alt + Ctrl + C	黑白	Ctrl + Alt + Shift + B
打开“色相/饱和度”对话框	Ctrl + U	去色	Ctrl + Shift + U
全图调整（“色相/饱和度”对话框中）	Ctrl + ~	只调整红色（“色相/饱和度”对话框中）	Ctrl + 1
只调整黄色（“色相/饱和度”对话框中）	Ctrl + 2	只调整绿色（“色相/饱和度”对话框中）	Ctrl + 3
只调整青色（“色相/饱和度”对话框中）	Ctrl + 4	只调整蓝色（“色相/饱和度”对话框中）	Ctrl + 5
只调整洋红（“色相/饱和度”对话框中）	Ctrl + 6		

第 12 章　综合实例制作

【学习要点】

实例的制作　本章通过四个实例讲述 Photoshop CS5 的综合应用，以便读者系统掌握前面所学知识，提高应用能力。

【学习目标】

本章通过对几个不同专业方面的实例的学习，让读者掌握具体的工作流程和方法，以便为将来的工作和作图打好基础。

本章将通过制作几个实例，综合利用前面所学的知识，尤其结合滤镜知识的应用，达到最终处理图像的要求。

12.1　卡通人物上色

学习要点：如何使用钢笔路径，利用钢笔路径建立选区填充选区等。

创作思路：首先利用钢笔路径将原线稿画出后描边路径，然后利用钢笔路径建立选区，填充路径来给人物上色，制作出卡通人物彩色的效果，如图 12-1 所示。

图 12-1

12.1.1 对原卡通线稿的处理

步骤1 打开本书附带光盘\第12章\“卡通人物jpg”文件。在工具栏中选择“钢笔工具”（快捷键〖P〗），工具栏上方是对应的工具属性栏，选择路径，并取消橡皮带功能，如图12-2所示。

图12-2

步骤2 新建图层，在这个层中开始绘制线条，根据铅笔线稿的走势，将各种不同程度的曲线用路径描出，如图12-3所示。

步骤3 在线稿的下方新建图层2，填充白色，通过利用该图层的可见性，检查线条各处的造型问题，查看其效果。

步骤4 绘制出线条的路径后，首先设置画笔的笔刷为5像素，不透明度、流量100%，按〖D〗键让前景色、背景色恢复为默认黑色和白色，然后在图片上单击鼠标右键选择“描边路径”。

步骤5 在弹出“描边路径”面板里的下拉列表中选择画笔（上一步已设置好画笔的笔刷），勾选模拟压力，单击“确定”按钮，如图12-4所示。这样路径就变成黑线条了，同时应调整画笔的笔刷来控制线条的粗细。

图12-3　　图12-4

步骤6 继续使用钢笔工具进行勾画，直到完成，然后描边路径，最终效果如图12-5所示。注意眼部线条填充路径时应取消模拟压力勾选，使线条保持一样粗细，并且描边路径时，笔刷应设为3像素，效果如图12-6所示。

图 12-5

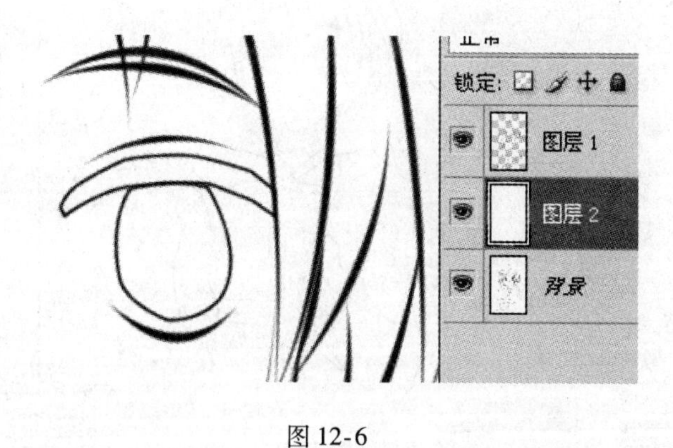

图 12-6

12.1.2 用鼠标给线稿上色

1. 脸部的上色

步骤 1 利用“钢笔工具”选取脸部如图 12-7 所示，注意为封闭路径，单击右键下拉菜单中选择建立选区。

步骤 2 在线稿的下方新建图层，改名称为“脸部”，选择“渐变工具”，将前景色调整为皮肤的颜色，拉出脸部的皮肤颜色，如图 12-8 所示。

图 12-7

图 12-8

步骤 3 新建脸部暗部图层，在五官和脖子的转折部位，选择“钢笔工具”，勾出暗部

形状如图 12-9 所示，再选择一个皮肤暗部的颜色，然后右键选择填充选区，如图 12-10 所示。

图 12-9

图 12-10

 画面上脸部暗部的颜色与脸部没有很好地融合，选择“模糊工具”对其处理，将脸部暗部进行模糊化，强度调至 10%，将鼠标放在需要模糊的部位即可。

2. 眼睛的上色

步骤 1 眼睛是一个球体，由高光、反光、透明组成。先新建一个图层改名为“眼睛”，使用“钢笔工具”勾出眼睛形状，选择一个透明蓝色，填充选区，然后利用“减淡加深工具”做出立体感（眼睛上部用“加深工具”，下部用“减淡工具”），效果如图 12-11 所示。

步骤 2 使用“画笔工具”给眼睛填充黑色，笔刷 40 像素，不透明度 80%，流量 20%，启用喷枪功能，如图 12-12 所示。

图 12-11

图 12-12

步骤③ 制作眼睛光泽，使用“画笔工具”选择白色在眼睛上画出眼珠的高光，笔刷像素 20。选择钢笔工具，在眼睛中间拉出一根弧线，执行路径描边做出光泽效果如图 12-13 所示。

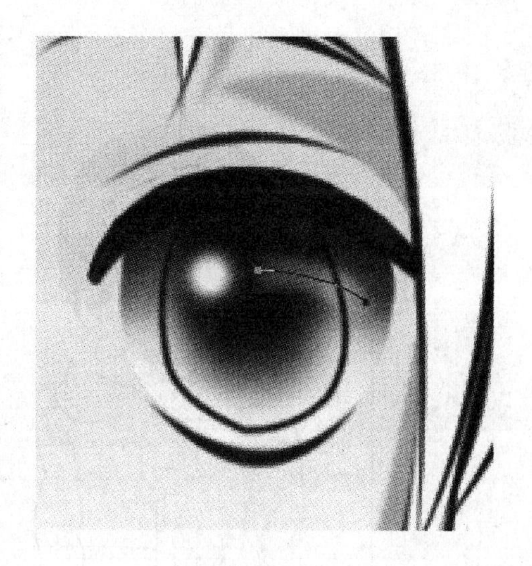

图 12-13

3. 头发的上色

步骤① 头发上色，新建头发图层，选择钢笔工具根据头发形状绘制路径（封闭路径），单击右键，在弹出的对话框中选择填充路径，羽化半径为 1 像素，如图 12-14 所示。

步骤② 确定填充，将前景色设置为一个合适的颜色，这样头发部分就是一个整体的大色块。注意要将线稿保持在最上一层，效果如图 12-15 所示。

图 12-14

图 12-15

步骤③ 制作头发暗部，新建头发暗部图层，将前景色设置为比头发大色块稍微深的颜色制作暗部，选择钢笔工具勾出暗部路径，单击右键填充路径完成，效果如图 12-16 所示。

步骤④ 制作头发高光，新建头发高光图层，选择钢笔工具勾画出与头发相符的高光样式，填充同色系的较亮颜色，头发高光如图 12-17 所示。

步骤⑤ 选中头发高光图层，将其复制一层头发高光图层副本，在头发高光图层中使用滤镜——模糊——高斯模糊，半径像素设置为有晕开效果即可，效果如图 12-18 所示。

图 12-16

图 12-17

步骤 6 将头发高光图层副本选中，并载入选区，填充白色，利用模糊工具将其边缘柔化，融合在其他图层中，如图 12-19 所示。用橡皮擦工具在头发高光副本层上随意地擦除线条，效果如图 12-20 所示。

步骤 7 新建图层，使用钢笔工具用描边路径的方法在头发明暗交接部分勾出高光线条，增加头发的立体层次，如图 12-21 所示。

图 12-18

图 12-19

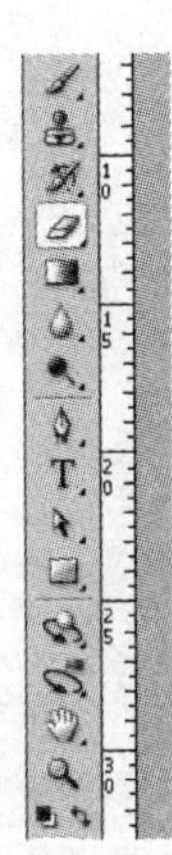

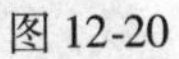

图 12-20　　　　图 12-21

4. 衣服的表现及整体处理

步骤 1 新建衣服图层，按照衣服的样式，分别给衣服上大体的颜色，颜色参考如图 12-22 所示。

步骤 2 选择钢笔工具，在衣服上按照光线照射的方向与衣服的本身结构关系，勾出暗部形状，并将路径建立选区，填充颜色。将衣服的高光部分建立选区，选择减淡工具，提出高光效果，效果如图 12-23 所示。

图 12-22

图 12-23

步骤 3 将未完成上色的部分用同样方法进行着色，并做整体效果的修饰处理如图12-24所示。

步骤 4 简单背景处理，新建图层放在最下方，选择渐变工具，制作一个由黄色到白色的线性渐变，完成最后效果如图 12-25 所示。

图 12-24

图 12-25

12.2 房地产广告

学习要点：利用通道创建选区，图层蒙板的使用，文字沿路径分布，图像合成方法等。

创作思路：首先利用合适的通道把酒瓶的亮部和折射形成的暗部的选区做出来，然后在一个新的图层上填充白色和黑色，制作出无色空酒瓶的效果。然后利用选区制作出酒瓶周围的路径，使文字沿路径分布。最后通过图层混合样式制作出色彩斑斓的背景效果，如图 12-26 所示。

图 12-26

12.2.1 制作无色空酒瓶

1. 制作无色空酒瓶

步骤 1 新建文件，设置宽度为 800 像素，高度为 1150 像素，背景为白色。

步骤 2 打开本书附带光盘 \ 第 12 章 \ “酒元素 . psd” 文件。用移动工具把酒瓶图层拖到刚才新建的文件中放到合适位置，此时默认图层为图层 1，将其改名为“酒元素”。

步骤 3 制作空酒瓶的暗部。复制绿色通道，按〖Ctrl + L〗快捷键将色阶调整至如图 12-27 所示的效果。

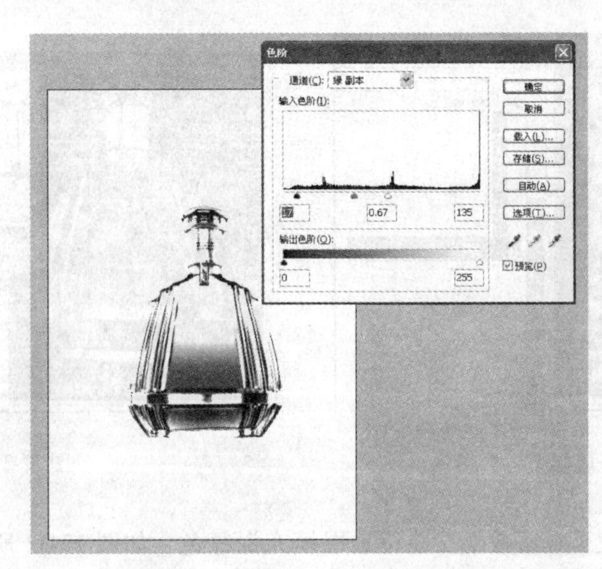

图 12-27

步骤 4 按〖Ctrl + I〗快捷键将绿通道副本反相，得到如图 12-28 所示效果，然后将绿通道副本作为选区载入。

步骤 5 新建一个图层，命名为“酒瓶”。在该图层上填充黑色，得到酒瓶的暗部，关闭“酒元素”图层，最后效果如图 12-29 所示。

图 12-28　　图 12-29

2. 制作酒瓶的亮部

步骤 1 关掉酒瓶层，打开酒元素层。我们使用蓝色通道来制作亮部的选区。但现在的背景色也是白色，和亮部一样，制作选区时都会被选择，所以先把背景层反相，使其为黑色。然后复制蓝色通道，得到蓝副本通道，如图 12-30 所示。

步骤 2 同样用色阶工具调整蓝副本通道至如图 12-31 所示效果，并将其作为选区载入。选择并打开酒瓶图层，用白色填充。

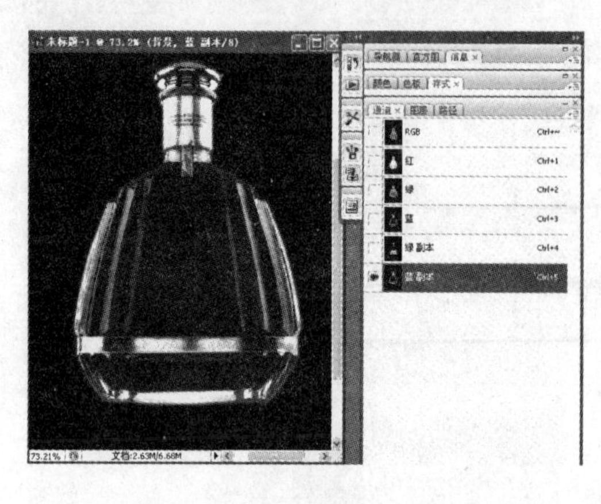

图 12-30

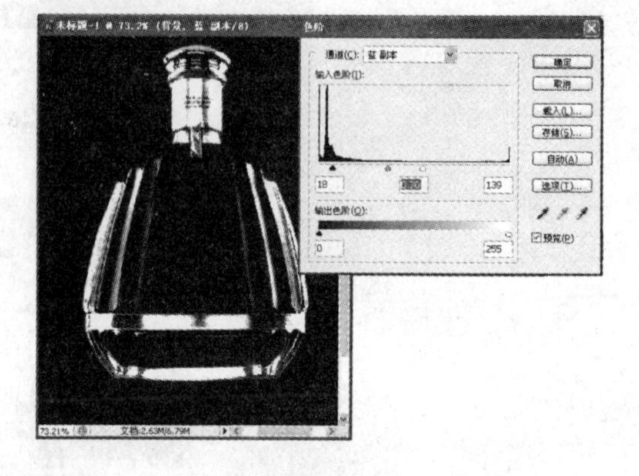

图 12-31

步骤 3 为了便于观察效果，在背景层填充深绿色，如图 12-32 所示，是关掉酒元素层后的效果。

步骤 4 关掉酒瓶层，选择并打开酒元素图层，按住【Ctrl】键的同时左键单击酒元素图层缩略图，酒瓶被选取，选择多边形套索工具，使用与选区交叉模式，选择瓶盖部分，然后通过复制方式创建新图层，将新图层命名为瓶盖，将新建的图层与瓶盖和酒瓶图层合并，关掉酒元素图层，效果如图 12-33 所示。

图 12-32

图 12-33

3. 制作酒瓶周围的文字

步骤 1 按住【Ctrl】键的同时左键单击酒元素图层缩略图，得到酒瓶的选区，在“选择”下拉菜单中单击“修改”下的“扩展”命令，扩展量定为 10 像素。然后把选区转为路径。

步骤 2 使用文字工具，把光标放在路径上，输入文字的光标就出现在路径上，输入

“翠林苑开盘在即”文字颜色设为白色，字体为黑体，大小为 14 像素。然后选择文字进行复制，多次粘贴，直到文字布满路径，如图 12-34 所示。

图 12-34

12.2.2　制作背景和文字等内容

1. 制作背景

步骤 1　打开本书附带光盘\第 12 章\“森林.jpg”文件，用移动工具拖入当前文件。把该层移到背景层的上面，如图 12-35 所示。

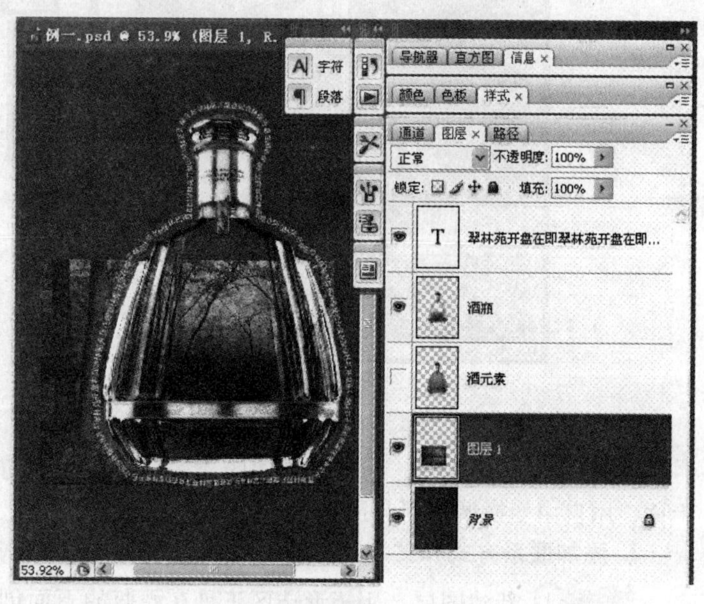

图 12-35

步骤 2　执行〖Ctrl + T〗自由变换命令，把森林图片调整到合适的大小与位置。为了获得朦胧的效果，使用滤镜中的模糊-高斯模糊，半径设为 30 像素。效果如图 12-36 所示。

步骤 3　打开本书附带光盘\第 12 章\“海洋.jpg”文件，用移动工具把海洋图片拖过来，放在森林图层的上面。把图层混合模式设为叠加，如图 12-37 所示。

图 12-36

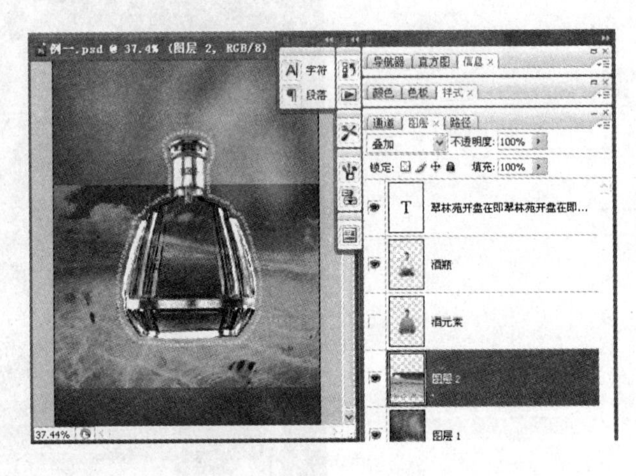

图 12-37

步骤 4 再把海洋上面的不需要的天空去掉。在该图层上添加蒙版，用画笔工具在天空位置涂抹黑色，天空部分就看不到了，如图 12-38 所示。

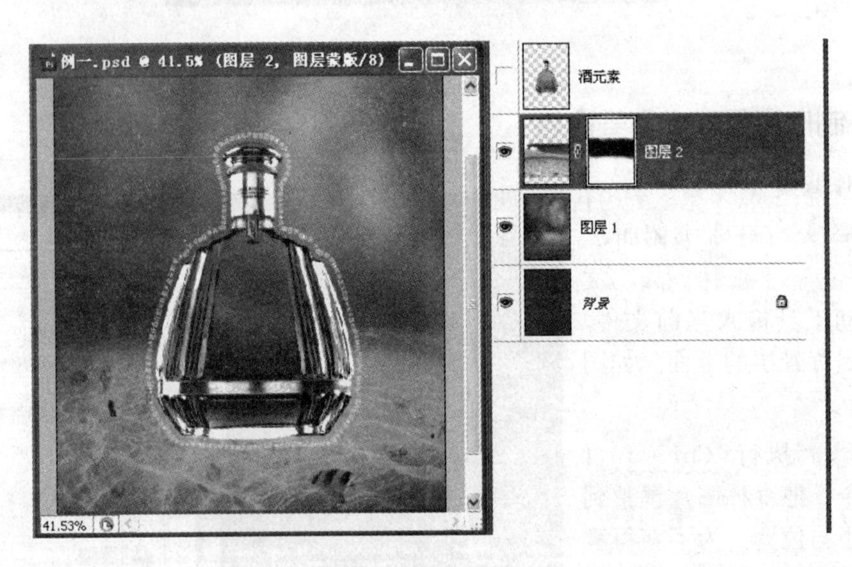

图 12-38

步骤 5 添加楼房，打开素材中的楼房图片，用移动工具拖移过来并放置在海洋层的上面，用自由变换调整到合适的大小，如图 12-39 所示。

2. 添加联系方式和文字

步骤 1 新建图层，用矩形选区工具在酒瓶的下面创建选区，填充暗红色。把房产位置和电话的图片拖进来，如图 12-40 所示。

图 12-39

图 12-40

步骤 2 在酒瓶的上方输入“翠林园”和“环保家园　开盘在即”，调整文字的字体和大小。然后用移动工具把标志拖过来，放到合适位置，如图 12-41 所示。

步骤 3 制作外部的白色边框。用矩形选择工具距图片四周相同距离创建矩形的选区，然后反选，在最上面创建一个新图层，用白色填充，就得到白色的边框。此时得到最终的效果，如图 12-42 所示。

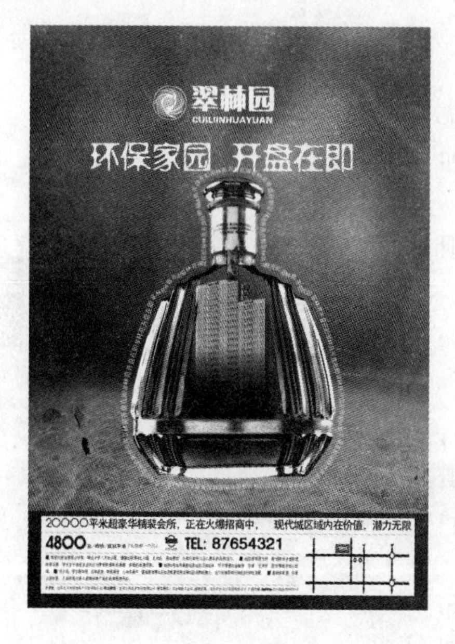

图 12-41

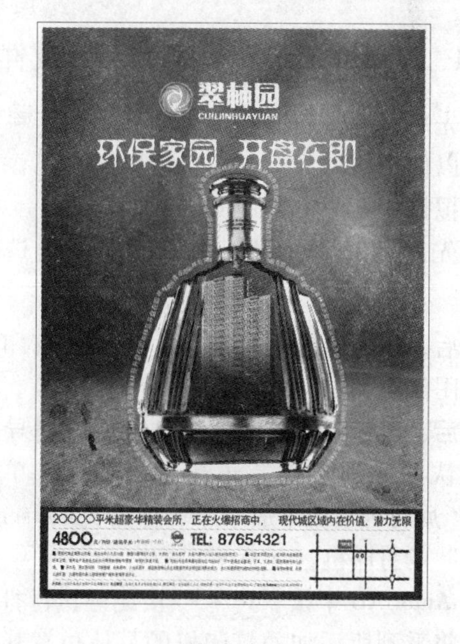

图 12-42

12.3 住宅平面效果图制作

学习要点：如何将绘制好的工程图从 AutoCAD 中导出各部分的图形元素，并在 Photoshop 中进行后期处理等相关命令。

创作思路：首先将 AutoCAD 中的住宅平面按照图层导入 Photoshop 中，然后在 Photoshop 中将住宅平面图中的墙体、门窗、地面、家具等各部分进行填色效果的处理，最终效果如图 12-43 所示。

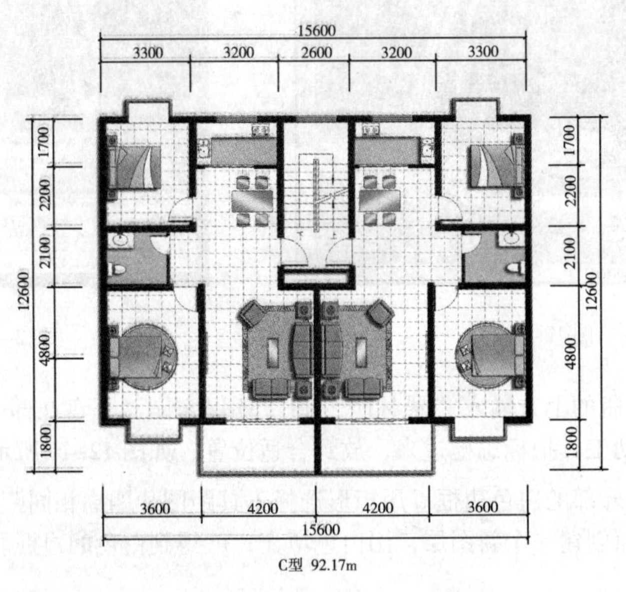

图 12-43

12.3.1 从 AutoCAD 导出封装 PS 文件

首先来做一些前期的准备工作，由于系统没有可以使用的现成打印机，所以要自己添加一个虚拟打印机，具体步骤为：

首先，单击 AutoCAD 主界面左上角选项即▲；

然后，在弹出的下拉菜单中执行【打印→管理绘图仪】命令；

最后，鼠标右键双击“添加绘图仪向导”，按照默认的添加步骤一步步选择确定，单击“完成”后将为系统添加一个名称为“Postscript Level 1”的打印机。

在 AutoCAD 中按〖Ctrl + P〗快捷键执行打印命令时将看到所添加的打印机的具体位置如图 12-44 所示。

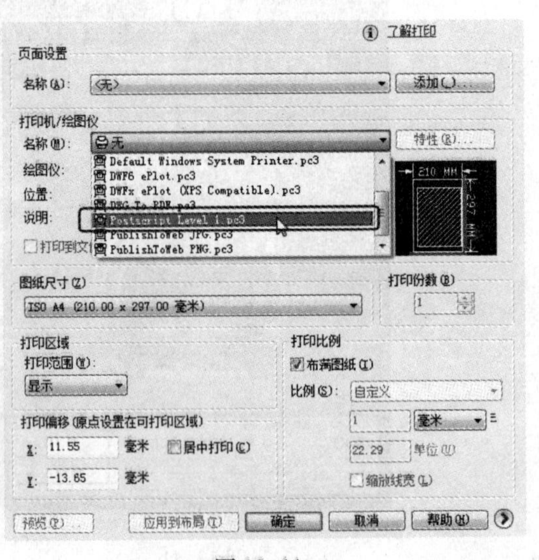

图 12-44

在这里，要了解从 AutoCAD 中导出各部分元素是按照类别分层导出，并且在 AutoCAD 中要将元素处理妥当，以便于在 PS 中进行后期的处理，在下面的步骤学习中，我们将会明白这样做的原因。

> 画出图框，是为了确保导出的各层图像元素具有相同的规格大小，这样在 PS 中各个图层才能够吻合。与后续步骤 4 中的“应用到布局”结合使用。

做好以上准备工作以后便可以开始进行具体事例的制作了：

步骤 1 使用 AutoCAD 打开本书附带光盘\第 12 章\“90C 户型 . dwg” 文件，在 AutoCAD 中画出一个尺寸为 24269 × 23000 的矩形框，将所需打印的图形放入该矩形框的居中位置，画出矩形框后界面如图 12-45 所示。

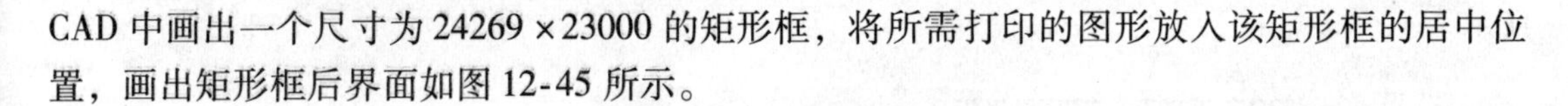

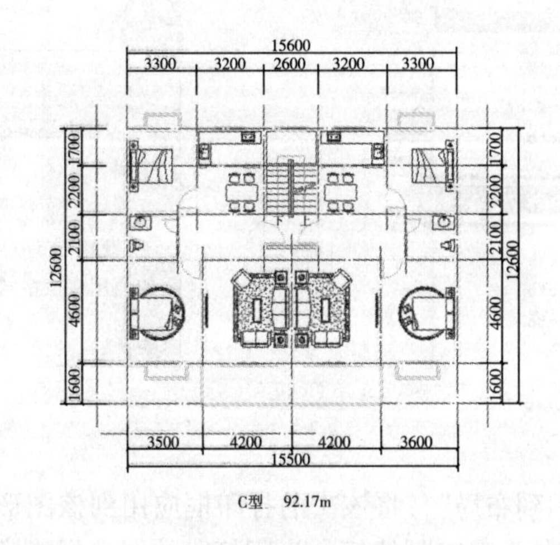

图 12-45

步骤 2 选择所有相关墙线和窗线的图层，将其他图层关闭显示，从而得到如图 12-46 所示的显示效果，然后按〖Ctrl + P〗快捷键从而打开如图 12-47 所示的对话框。

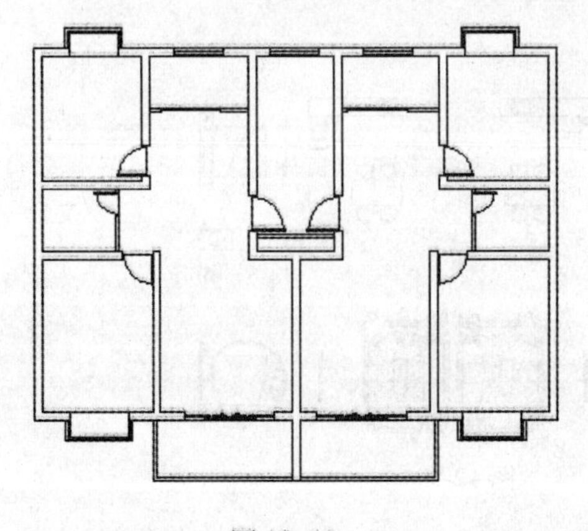

图 12-46

图 12-47

步骤 3 在“打印机/绘图仪”选项中，选择事先所加的名称为“Postscript Level 1”

的打印机，并勾选“打印到文件”选项，为所打印的图选择指定的目标文件夹；

在“图纸尺寸”选项中，选择尺寸大小为 A1（841×594 毫米）的图纸。

在“打印范围”选项中，选择“窗口”打印范围，单击“窗口（0）<”按钮。此时，会返回到所打开的 AutoCAD 图形文件界面，框选出事先所画出的矩形框。

在“打印偏移”选项中，选择“居中打印”。

在“打印比例”选项中，选择“布满图纸”，此时如果发现缩略图中的图形位置即图纸方向不合适，可以单击该对话框右下角处的⊙符号，在其弹出的对话框中的“图形方向”选项中选择“横向”即可。

在“打印样式表（笔指定）”选项中，选择“monochrome. ctb”格式，位置如图 12-48 所示。

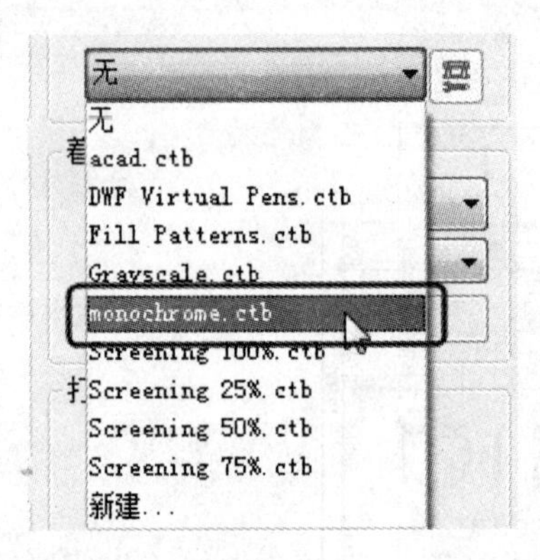

图 12-48

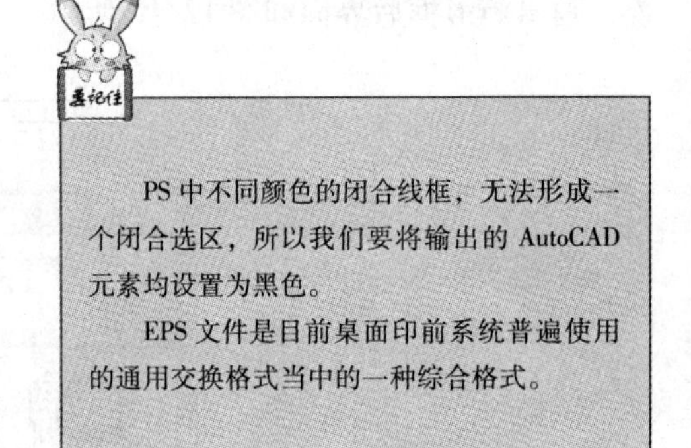

步骤 4 单击“应用到布局”，将该次的打印框应用到该图形其他的图层中即保证所打印的区域相同，然后单击“确定”按钮，为所打印的图选择指定的目标文件夹，将文件命名为“墙体”，完成打印命令后将得到“墙体-Model. eps”文件。

然后按照如上步骤分别打印出“楼梯”、“家具”、“标注”和“文字”图层。具体所选图层如下：打印“楼梯”时，选择组成楼梯的完整线型如图 12-49；打印“家具”时，选择组成家具的完整线型如图 12-50 所示。

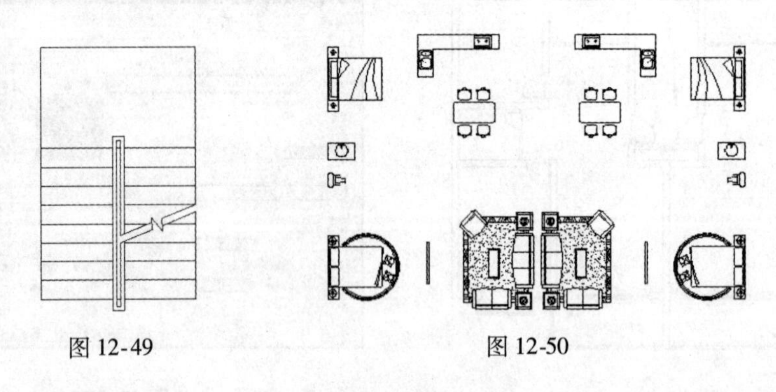

图 12-49　　图 12-50

打印“标注”时，选择组成标注的完整线型如图 12-51 所示；打印“文字”时，选择该文件中的所有文字包括“上、下、C 型 92. 7m ”。

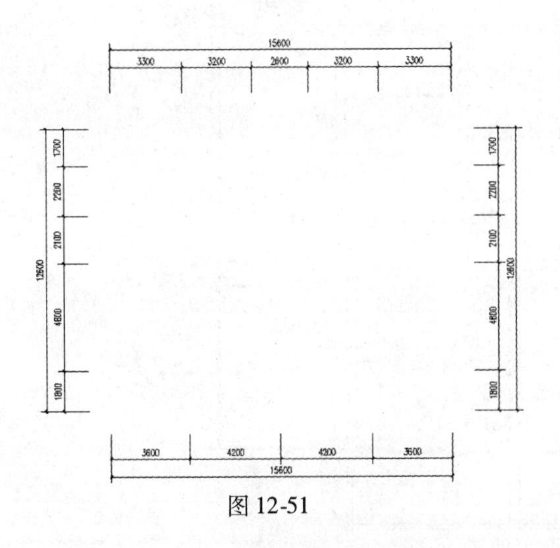

图 12-51

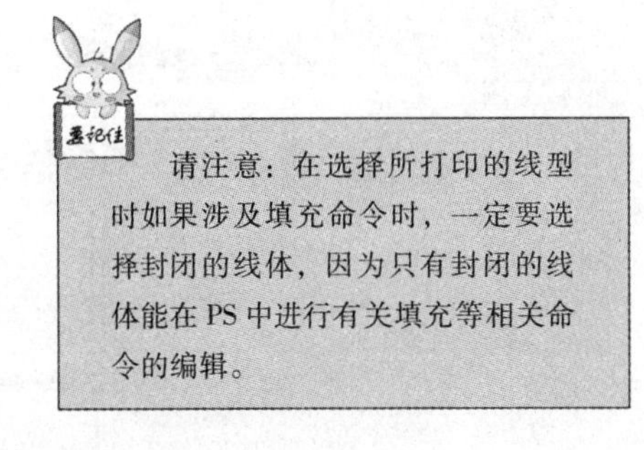

通过上述分图层打印的方法，使在 PS 中进行进一步的处理变得更为简便。

12. 3. 2　在 Photoshop 中制作住宅平面效果图

在 Photoshop 中将住宅平面图中的墙体、门窗、地面、家具等各部分进行填色效果的处理，从而让整个住宅效果图更真实、更具表现力。

1. 总体文件的整理

在 Photoshop 中打开所打印出的各图层文件，以“墙体”层作为目标文件。

通过快捷键〖Shift〗将其余各图像移至目标文件下，使其对齐吻合。并将各图层命名为所打印出的文件名，然后新建一个组命名为“底图”以便对图层进行管理。此时所显示的区域仅是所打印的图形线条，而周围区域均为透明状，为使画面显示清晰，可以新建一个图层命名为“背景”并将其填充为白色，将其置于各图层之下后锁定。执行〖Ctrl + S〗命令保存一下，然后将文件名命名为“住宅平面图”。具体各处理如图 12-52 所示，然后以图层为对象进行各部分的具体处理。

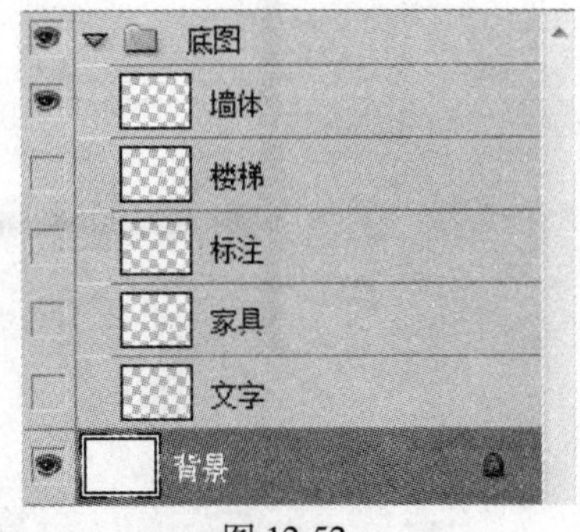

图 12-52

2. 墙体的制作

步骤 1 新建一个组，命名为“效果”。在该组下新建一个图层命名为“墙体”，在该层进行对墙体的处理。选择“底图”组下的“墙体”图层使用“魔棒”工具选出各部分墙体，如图 12-53 所示。

步骤 2 设置前景色为黑色，在“效果”组下的“墙体”图层中进行前景色的填充，如图 12-54 所示。

步骤 3 双击“效果”组下的“墙体”图层，在弹出的“图层样式”对话框中选择“投影”，然后按照如图 12-55 所示的选项进行相应的设置。再在“图层样式”对话框中选择“斜面和浮雕”，按照图 12-56 所示的选项进行相应的设置。

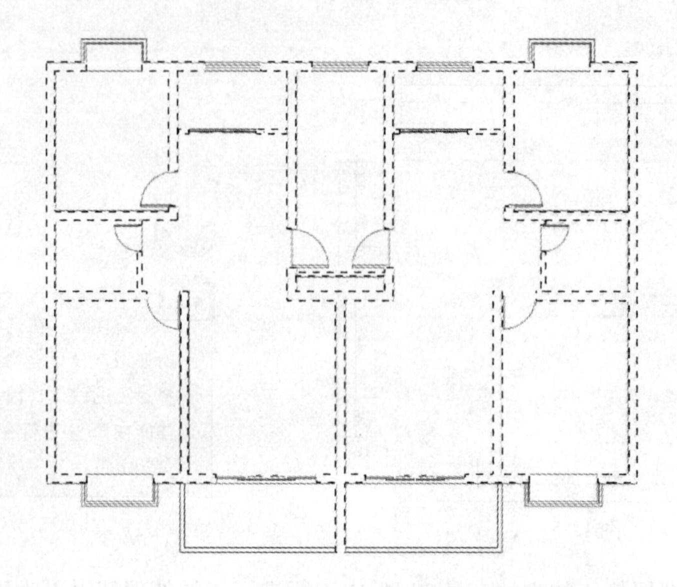

图 12-53

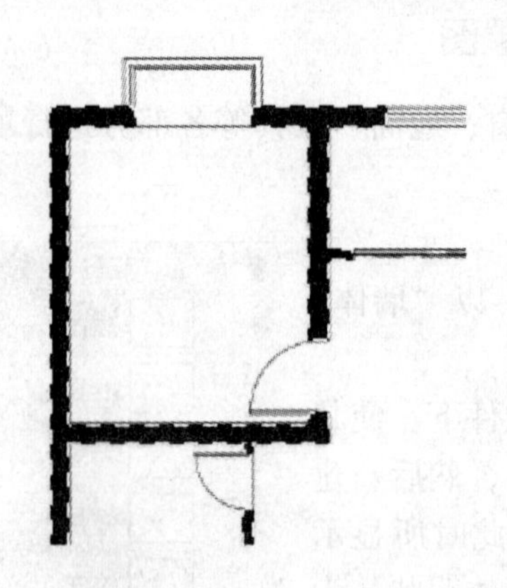

图 12-54

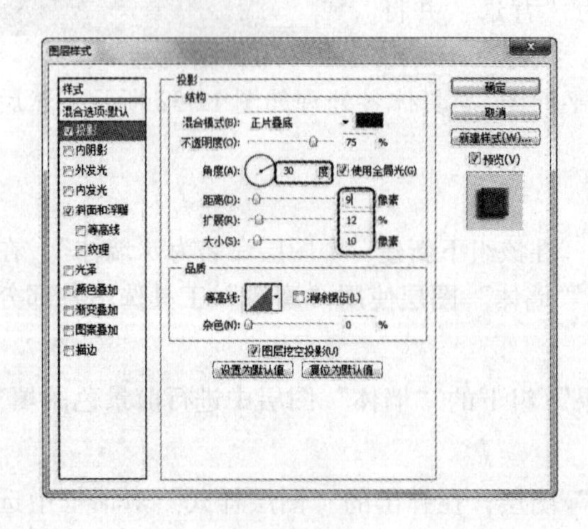

图 12-55

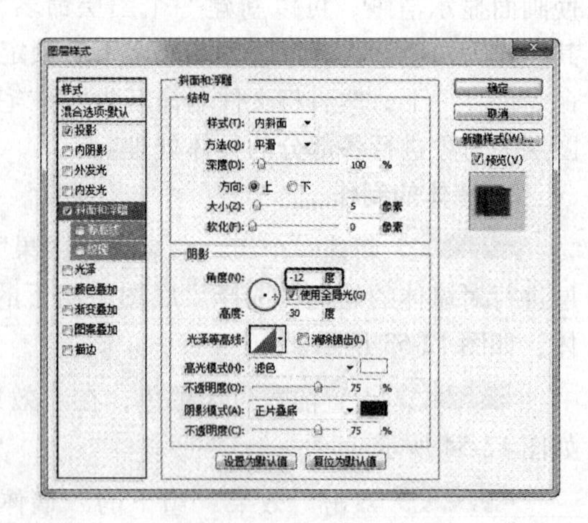

图 12-56

步骤 4 墙体添加“投影”和“斜面和浮雕”样式后的效果如图 12-57 所示。

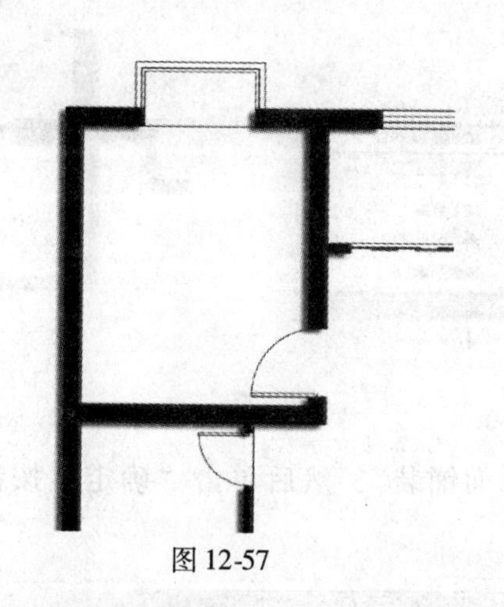

图 12-57

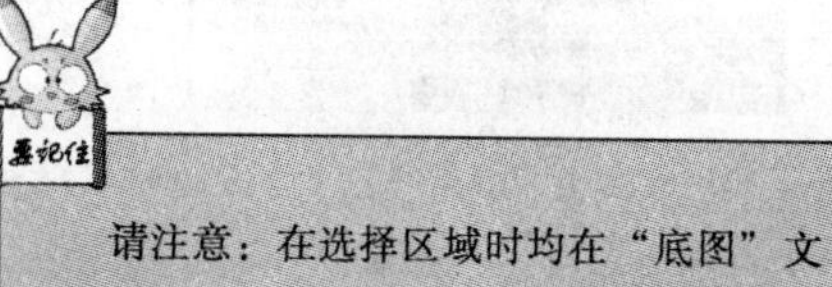

请注意：在选择区域时均在“底图”文件组图层上，而填充效果均在“效果”文件组图层中。

3. 门、窗效果的制作

步骤 1 在“效果”组中新建“门”和“窗”图层。

步骤 2 使用魔棒工具将“底图”组“墙体”图层下的所有平开门均选中。

步骤 3 设置前景色为黑色，在“效果”组下的“门”图层下将对所选中的门填充前景黑色，如图 12-58 所示。

步骤 4 使用魔棒工具将“底图”组“墙体”图层下的所有窗和推拉门均选中。

步骤 5 设置前景色为浅蓝色，如图 12-59 所示。然后在“效果”组中选择“窗”图层为窗户和推拉门填充前景颜色。

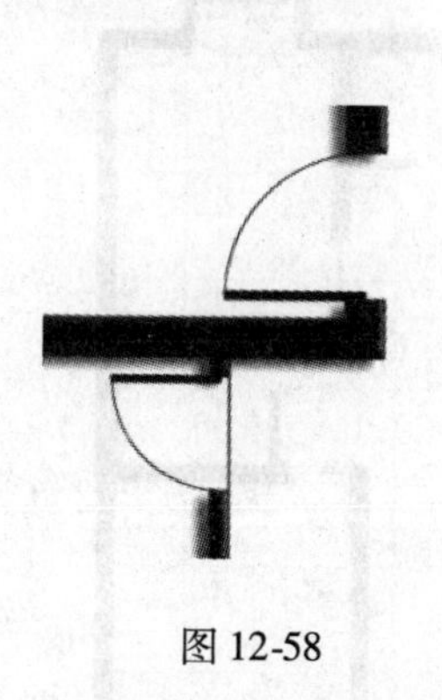

图 12-58

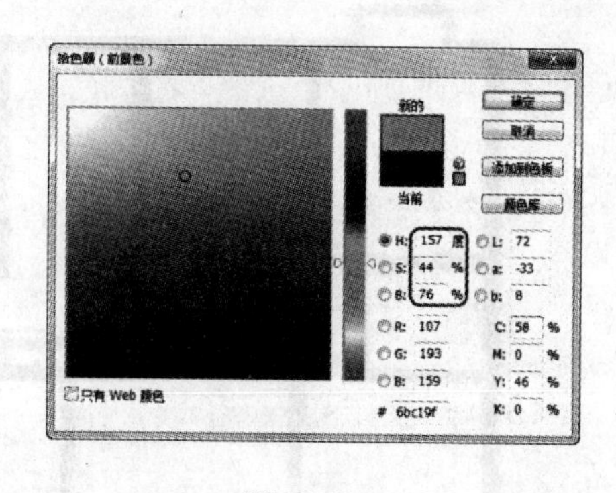

图 12-59

步骤 6 鼠标右键单击“效果”组下的“墙体”图层，在弹出的下拉菜单中选择“复制图层样式”，如图 12-60a 所示。然后右键单击该组中的“窗”图层，在弹出的下拉菜单中选择“粘贴图层样式”，如图 12-60b 所示。最后效果如图 12-60c 所示。

4. 地面效果的制作

（1）整体地面效果的绘制

步骤 1 在 Photoshop 中打开“地面铺装 .jpg”文件，执行【编辑→定义图案】命令，

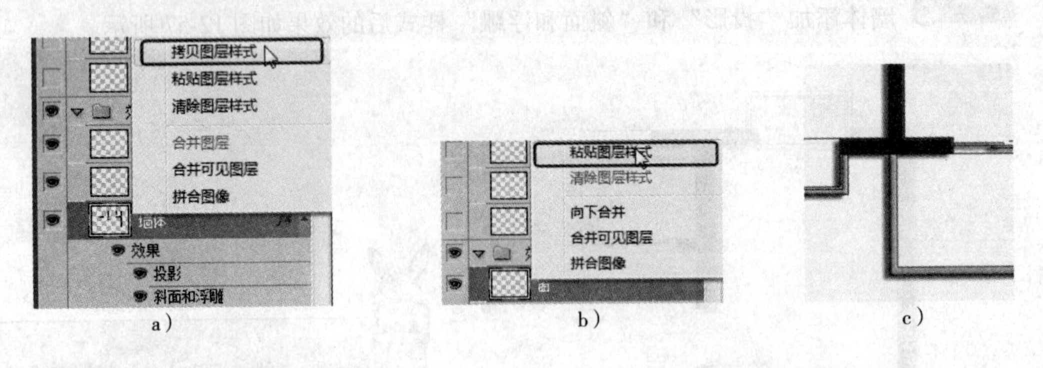

图 12-60

弹出“图案名称”对话框，将图案命名为“地面铺装”，然后单击“确定”按钮，如图12-61所示。

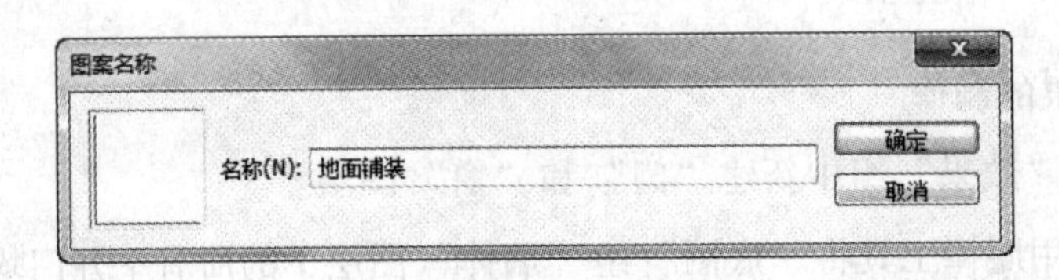

图 12-61

步骤 2 关闭“地面铺装.jpg”文件，用魔棒工具选中除卫生间和厨房之外的其余地面，在“效果”组下新建一个图层并命名为“地面”。使用油漆桶工具，选择图案填充，找到所定义的“地面铺装”图案，进行填充，最终效果如图 12-62 所示。

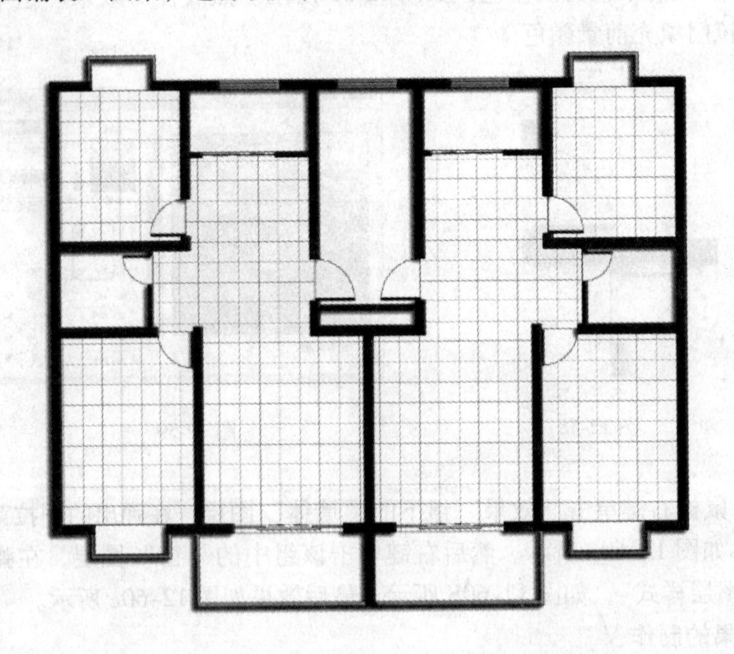

图 12-62

（2）厨卫地面效果的绘制

步骤1 为该地面设置一个浅蓝色地面，前景色设置如图 12-63 所示。

步骤2 用魔棒工具选中厨房和卫生间地面，在“效果”组下新建一个图层并命名为“厨卫”，对所选区域填充前景色，效果如图 12-64 所示。

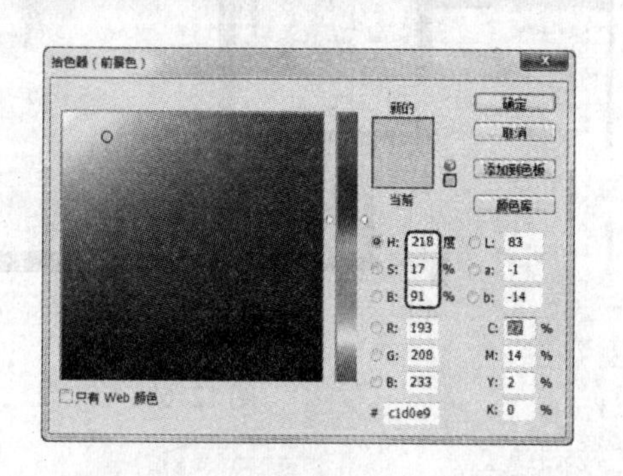

图 12-63

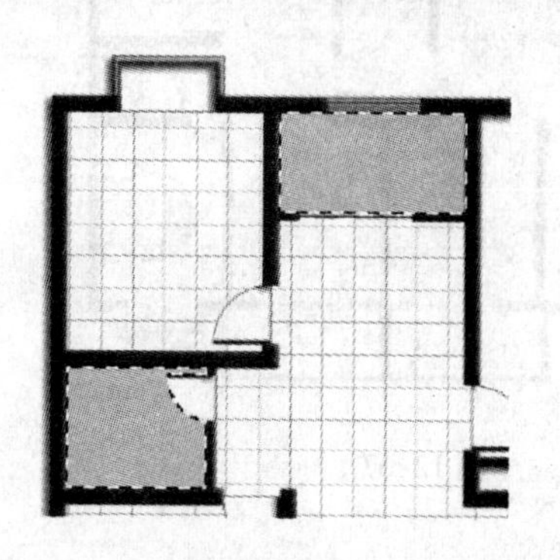

图 12-64

（3）楼梯、阳台地面效果的绘制

步骤1 为该地面设置一个浅黄色地面，前景色设置如图 12-65 所示。

步骤2 用魔棒工具选中厨房和卫生间地面，在“效果”组下新建一个图层并命名为“楼梯”，对所选区域填充前景色，效果如图 12-66 所示。

5. 家具效果的制作

此时将“底图”组中的各图层均显示出来，如图 12-67 所示，然后在一步步的操作过程中观察家具效果的变化，如图 12-68 所示。

（1）厨具与洁具效果的绘制

步骤1 在“效果”组中新建图层“洁具”。

步骤2 用魔棒工具选中厨房和卫生间中的所有家具，然后在“洁具”图层中为所选中的家具填充白色，并添加图层样式。所添加的图层样式与“墙体”和“窗”相同，故只需将墙体所运用的图层样式复制到该图层即可（操作步骤与为“窗”图层添加图层样式相同）。效果如图 12-68 所示。

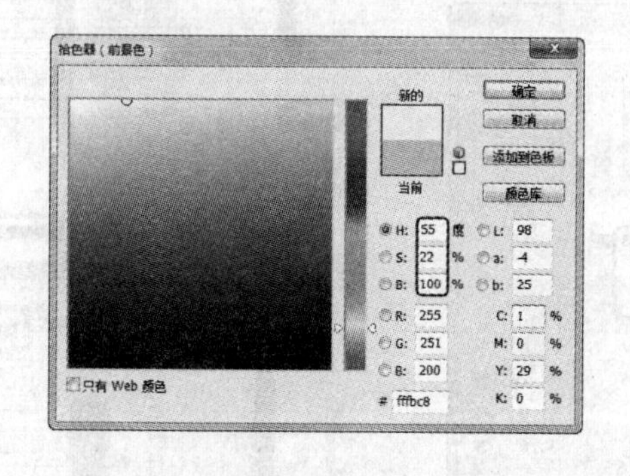

图 12-65

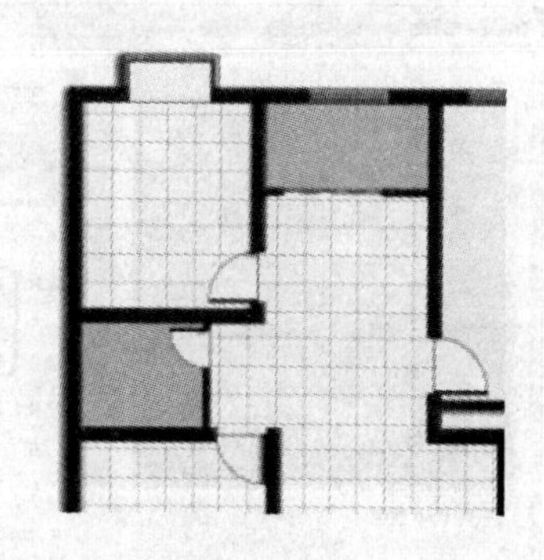

图 12-66

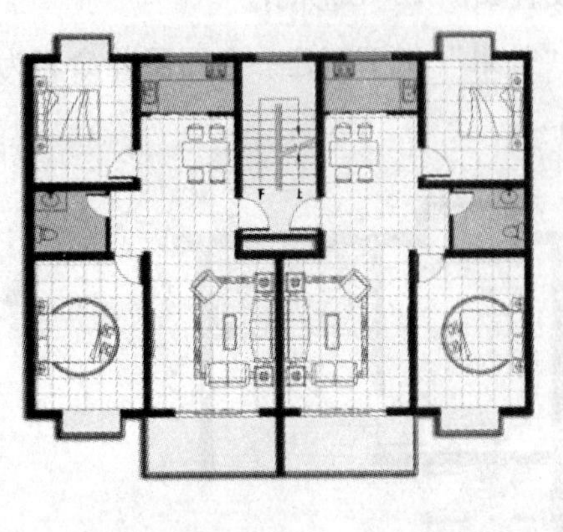

图 12-67

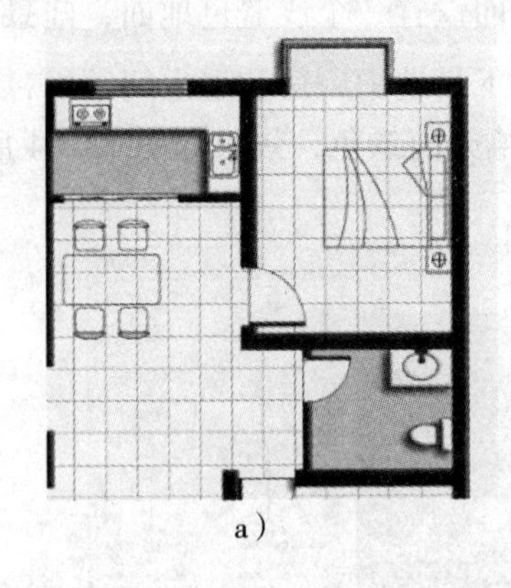

a)

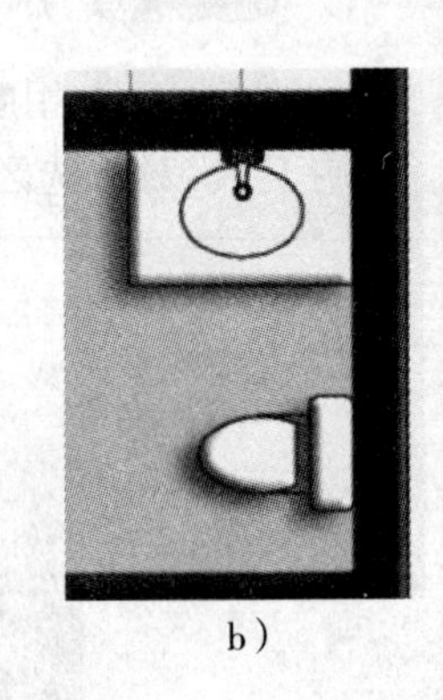

b)

图 12-68

请注意：在进行各种效果的处理过程中要牢记随时进行保存，以保证在计算机出现意外断电、死机等情况时下次打开还能接着进行。

（2）餐桌效果的绘制

步骤 1 在“效果”组中新建图层“餐桌”。

步骤 2 用魔棒工具选中房间中左半部分的餐桌和座椅，然后在“餐桌”图层中为所选中的家具填充蓝色，如图 12-69 所示。填充后的效果如图 12-70 所示。

步骤 3 使用画笔工具为所填充的图像扫出高光效果（方法：画笔工具颜色选用默认前景白色，调整透明度为 80%，然后在餐桌表面画出一道白线即可），得到最终效果如图 12-71 所示。绘制完成后按〖Ctrl + D〗快捷键取消选区。

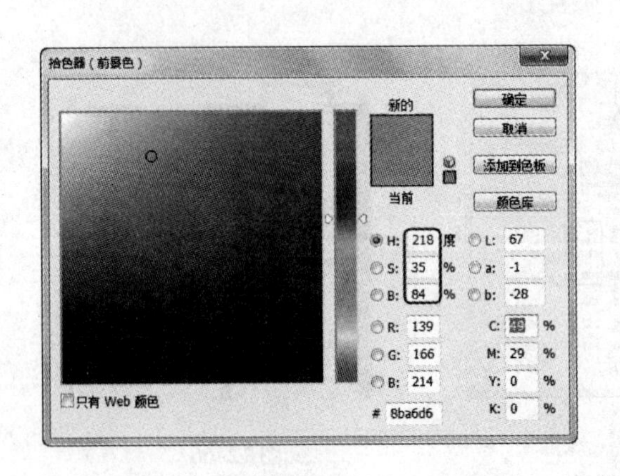

图 12-69

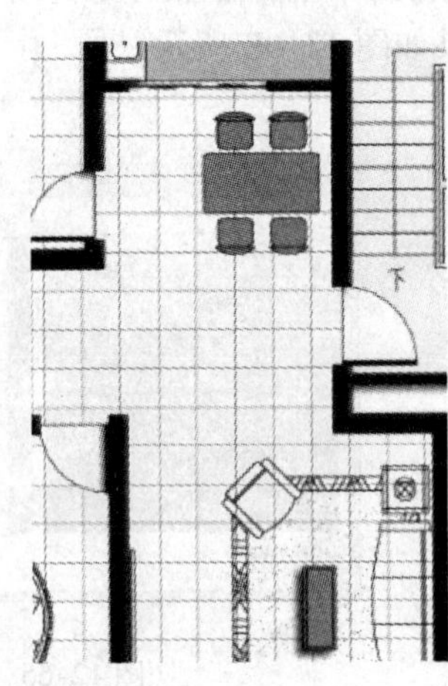

图 12-70

步骤 4 绘制完成后，选择“餐桌”图层按〖Ctrl + A〗快捷键即选中了所填充的效果，然后按〖Ctrl + J〗快捷键从而复制出一个新图层，对该图层执行【编辑→变换→水平翻转】命令，按着〖Shift〗键的同时，水平移动到与之相对应的右侧图线处，完成后选中这两个图层按〖Ctrl + E〗快捷键即可合并，然后重新命名为“餐桌”，从而得到最终效果如图 12-72 所示。

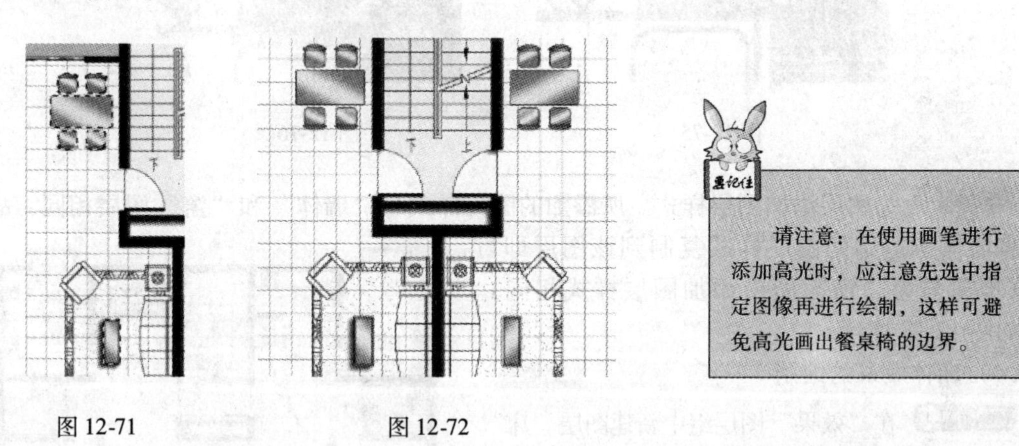

图 12-71　　　图 12-72

（3）柜子效果的绘制

步骤 1 在“效果”组中新建图层“柜子”。

步骤 2 用魔棒工具选中房间中左半部分的柜子，然后在“柜子”图层中为所选中的柜体填充棕色前景色如图 12-73 所示，并为柜子上的台灯填充黄色背景色如图 12-74 所示。

填充结束后，可以看到如图 12-75 所示的效果。

步骤 3 绘制完成后，选择“柜子”图层按〖Ctrl + A〗快捷键即选中了所填充的效果，然后按〖Ctrl + J〗快捷键从而复制出一个新图层，对该图层执行【编辑→变换→水平翻转】命令，按着〖Shift〗键的同时，水平移动该层图像到相对应的右侧图线处，完成后选中这两个图层按〖Ctrl + E〗快捷键即可合并，然后重新命名为“柜子”，从而得到最终效果如图 12-76 所示。

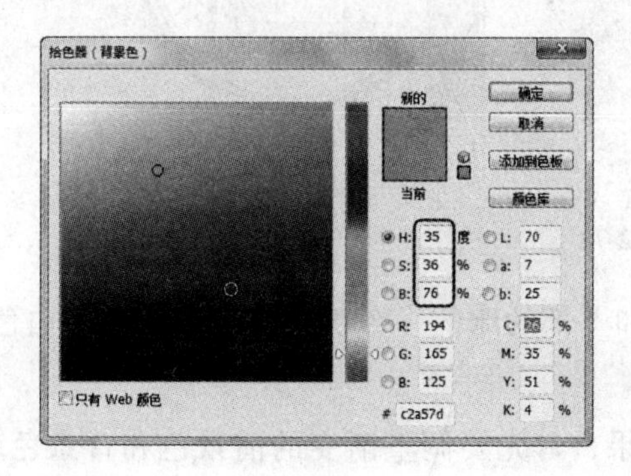

图 12-73

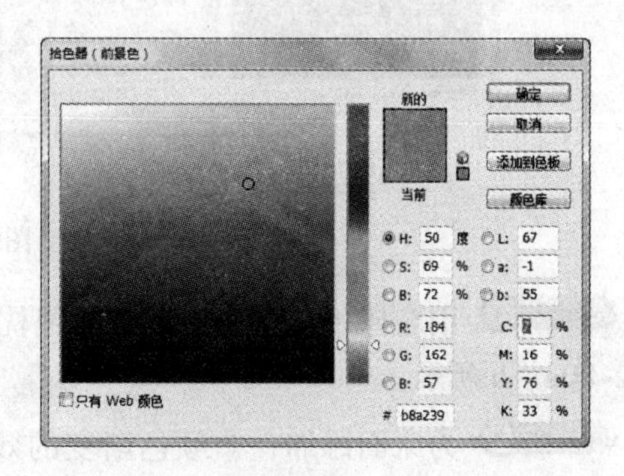

图 12-74

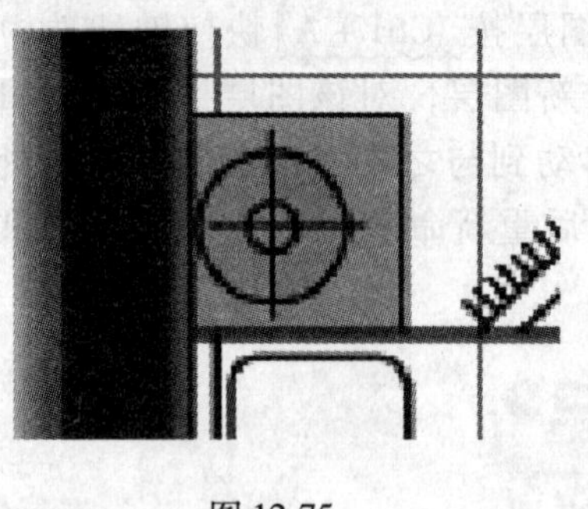

图 12-75

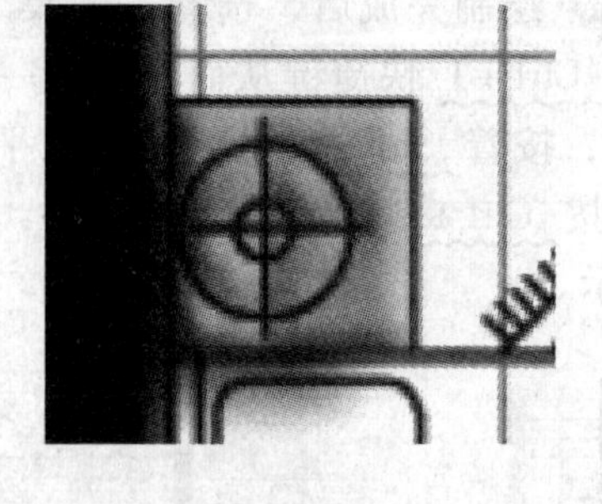

图 12-76

步骤 4 为图层添加图层样式。所添加的图层样式与“墙体”和“窗”图层相同，故只需将墙体所运用的图层样式复制到该图层即可（操作步骤与为“窗”图层添加图层样式相同）。效果如图 12-77 所示。

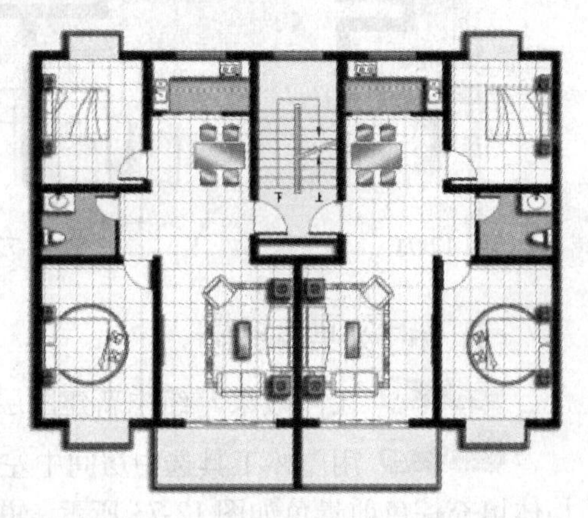

图 12-77

（4）床体效果的绘制

步骤 1 在“效果”图层组中新建图层“床”。

步骤 2 用魔棒工具选中图像左半部分床上的枕头并将其填充为前景亮黄色，颜色如图 12-78a 所示。填充效果如图 12-78b 所示。

步骤 3 用魔棒工具选中床上的布角和抱枕并将其填充为前景浅红色，颜色如图 12-79a 所示，填充效果如图 12-79b 所示。

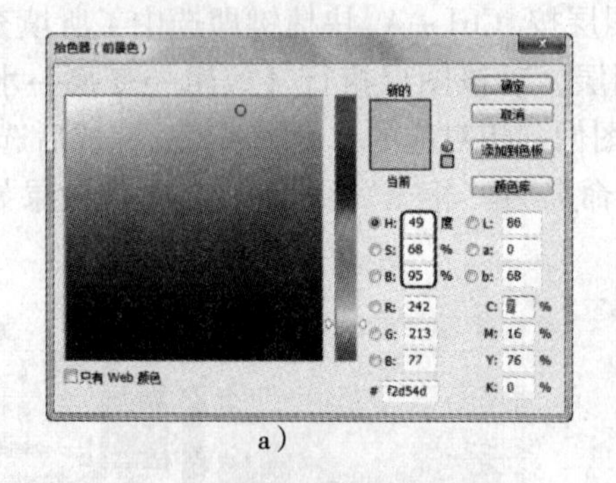

a）

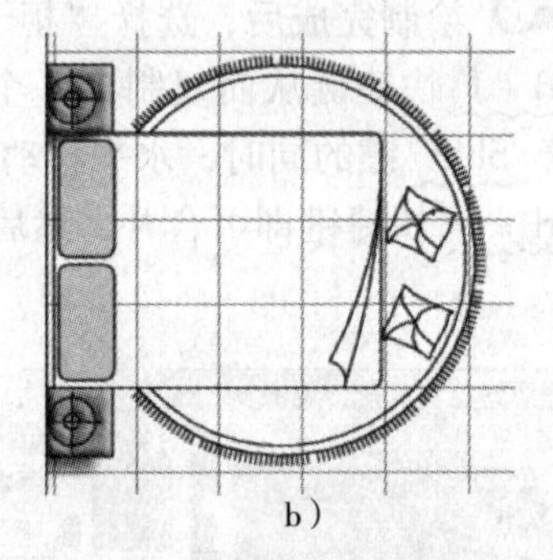

b）

图 12-78

步骤 4 用魔棒工具选中中床边的抱枕和上部的床的一个折角并将其填充为白色，如图 12-80a、b 所示。

步骤 5 为床面添加一个颜色渐变的效果，首先要调整渐变的前景色和背景色颜色，如图 12-81a、b 所示。

步骤 6 用魔棒工具选择床面，然后选择渐变工具的线性渐变选项，分别对左半部分的两个床面执行线性渐变。效果如图 12-82a、b 所示。

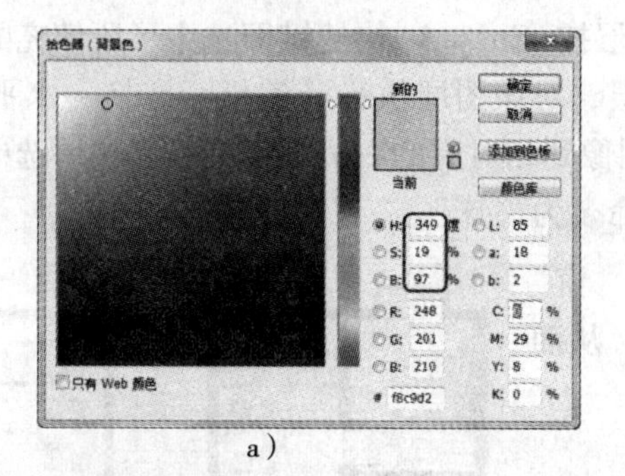

a）

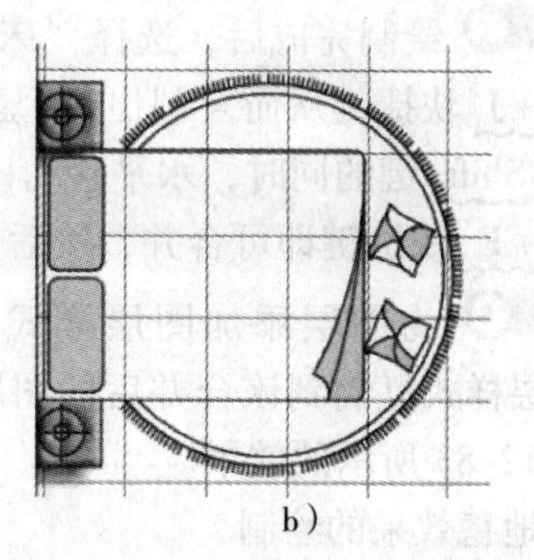

b）

图 12-79

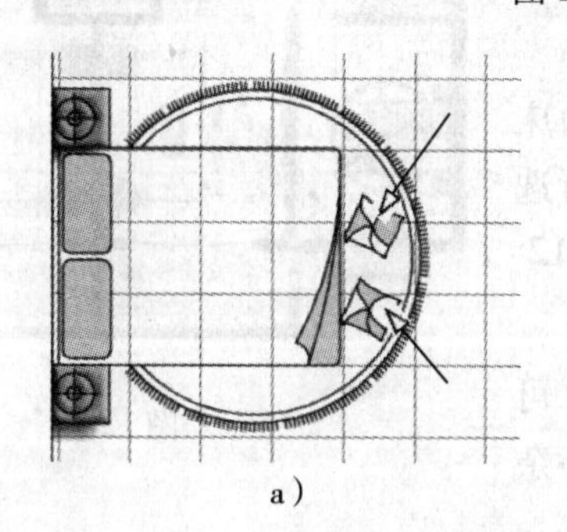

a）

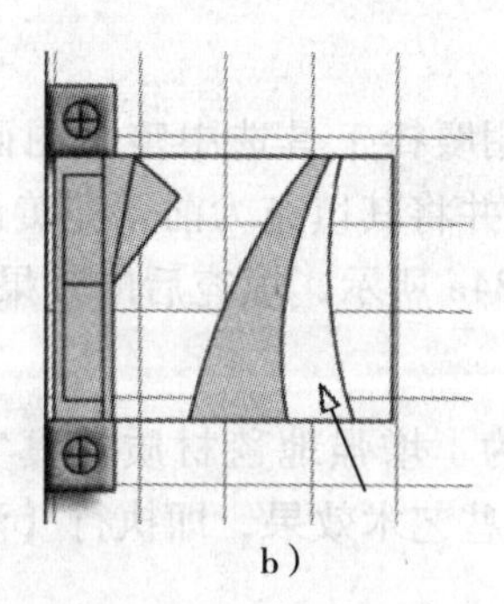

b）

图 12-80

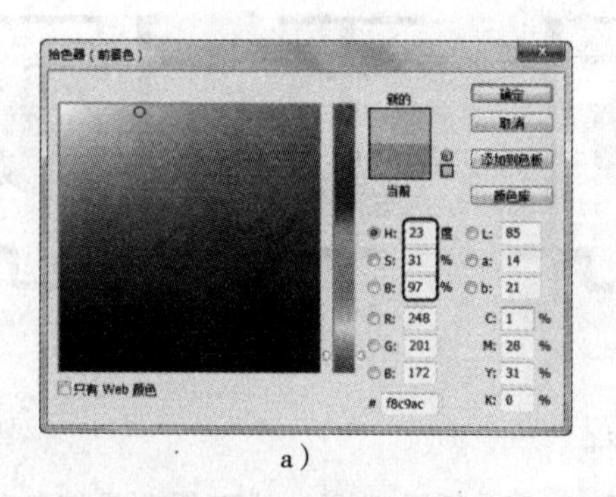

a）

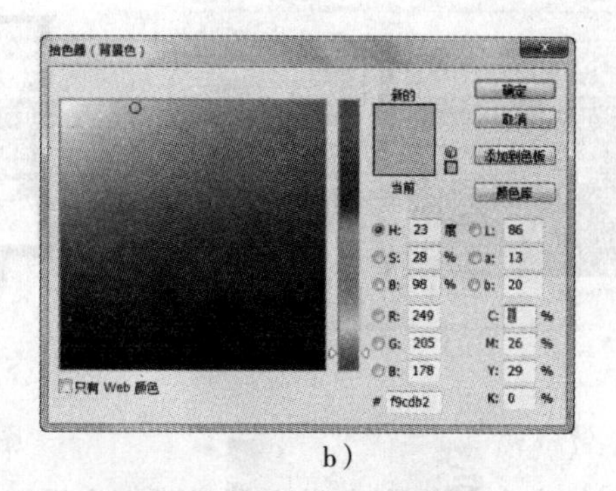

b）

图 12-81

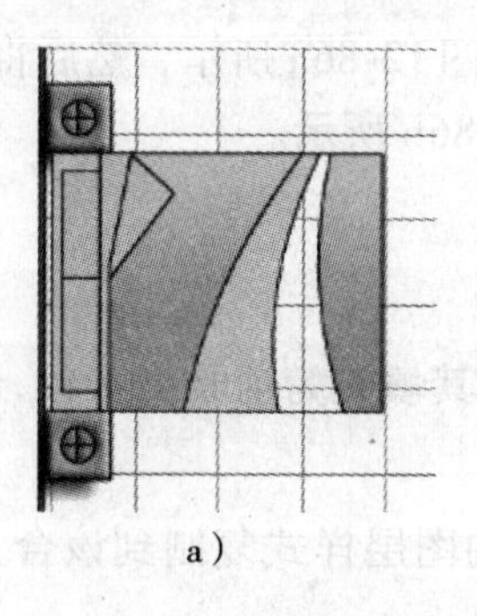

a）

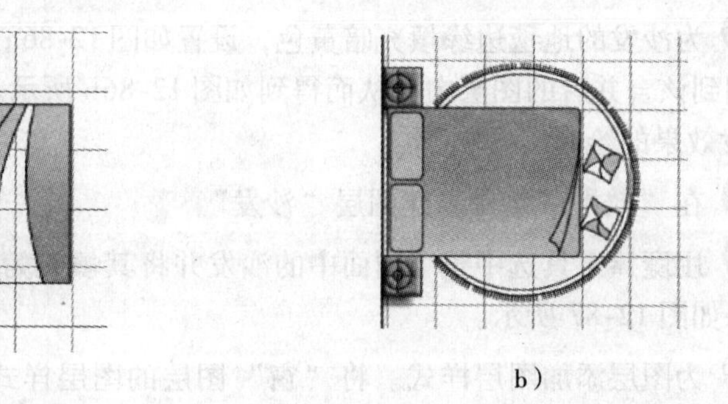

b）

图 12-82

步骤7 绘制完成后，选择“床”图层按〖Ctrl + A〗快捷键即选中了所填充的效果，然后按〖Ctrl + J〗快捷键从而复制出一个新图层，对该图层执行【编辑→变换→水平翻转】命令，按着〖Shift〗键的同时，水平移动该层图像到相对应的右侧图线处，完成后选中这两个图层按〖Ctrl + E〗快捷键即可合并，然后重新命名为“床”。

步骤8 为图层添加图层样式。将“窗”图层的图层样式复制到该合并后的图层中，从而得到如图 12-83 所示的效果。

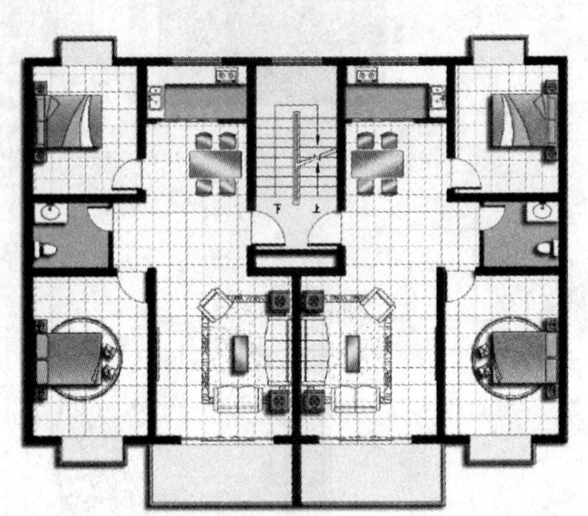

图 12-83

（5）地毯效果的绘制

步骤1 在“效果”组中新建图层“地毯”。

步骤2 用魔棒工具选中整个图面中的床地毯和沙发地毯并将其填充为前景亮黄色，所选前景色如图 12-84a 所示，填充后的效果如图 12-84b 所示。

步骤3 为了增强地毯材质的真实感，可为该图层添加一些艺术效果，即执行【滤镜→杂色→添加杂色】命令在弹出的对话框中设置如图 12-85a 所示选项，从而得到最终效果如图 12-85b、c 所示。

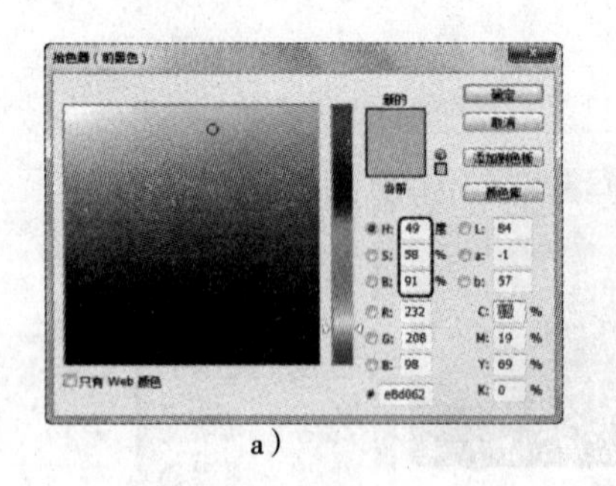

a）

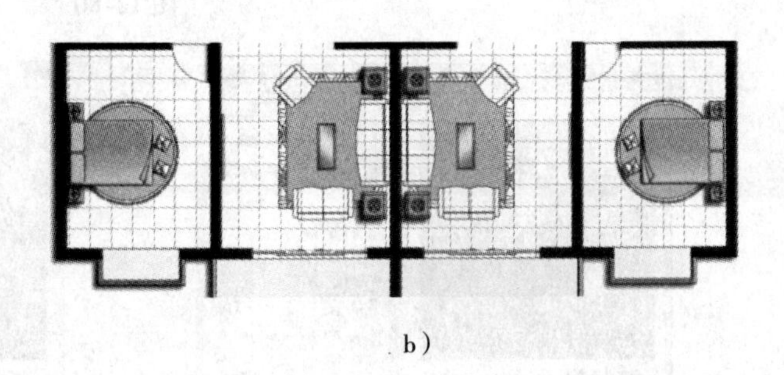

b）

图 12-84

步骤4 为沙发的地毯边缘填充暗黄色，设置如图 12-86a 所示，然后将“窗”图层的图层样式复制到该合并后的图层中，从而得到如图 12-86b 所示。

（6）沙发效果的绘制

步骤1 在“效果”组中新建图层“沙发”。

步骤2 用魔棒工具选中整个图面中的沙发并将其填充为前景亮灰色，所选前景色和填充后的效果如图 12-87 所示。

步骤3 为图层添加图层样式。将“窗”图层的图层样式复制到该合并后的图层中，从而得到如图 12-88 所示的效果。

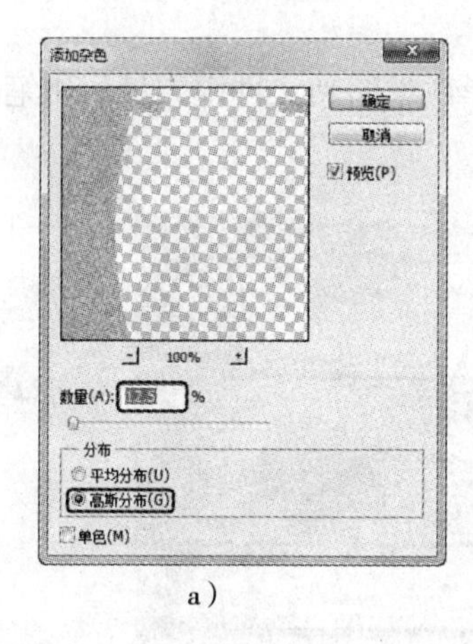

a）

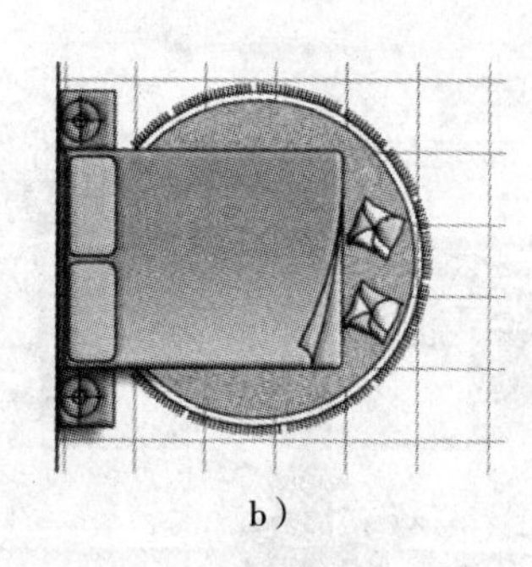

b）

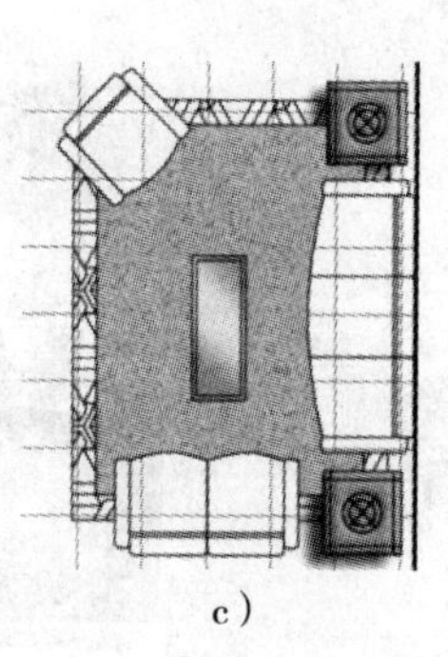

c）

图 12-85

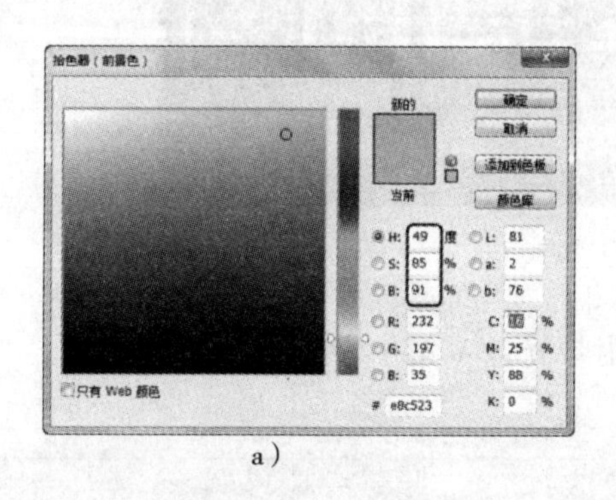

a）

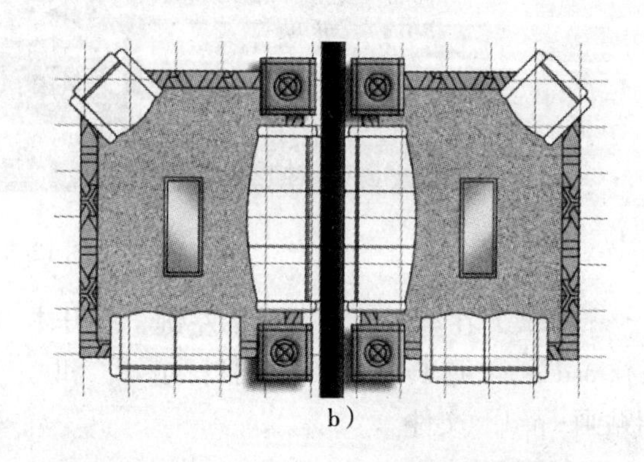

b）

图 12-86

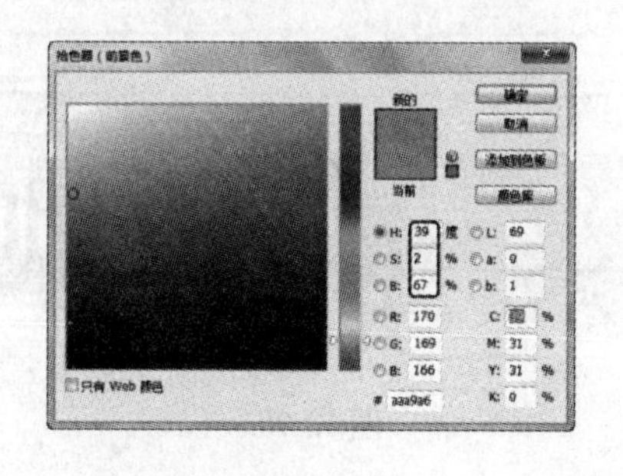

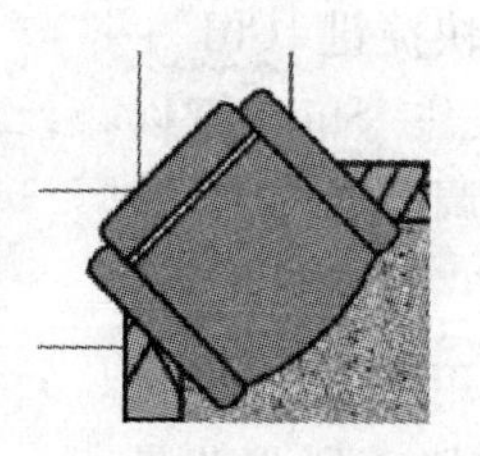

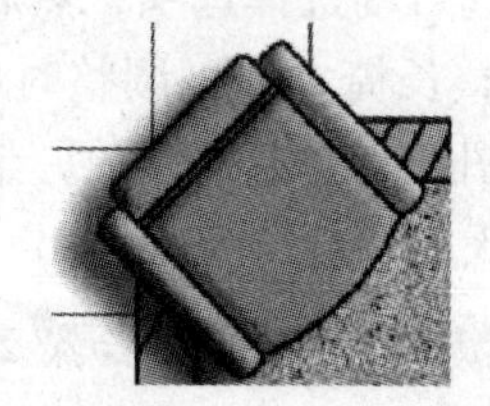

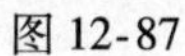

图 12-87

图 12-88

完成以上步骤后得到经过修饰后的住宅平面效果图的最终效果，参照本书附带光盘\第 12 章\“住宅效果图. psd”文件。

12. 4　招贴画制作

制作招贴画，如图 12-89 所示。

学习要点：图片组合，选择性粘贴的方法，使用笔刷。

创作思路：首先将图片组合在一起，然后将招贴画选择性粘贴到文件中，最后用笔刷刷出小草。

图 12-89

步骤 1 在空白处双击鼠标左键，打开本书附带光盘\第 12 章\“背景 . jpg”、“小素材 . psd”、“绳子 . jpg”、“树叶 . psd” 和 “招贴画 . psd” 文件。

步骤 2 使用移动工具将“小素材 . psd”中的长椅图层移动到“背景 . jpg”文件中，并将文档另存为“Spring. psd”，注意应勾选自动选择选项，然后按快捷键〖Ctrl + T〗调整长椅大小，调整时应按住〖Shift〗键以保持图像正常比例缩放，最后调至如图 12-90 所示大小。

图 12-90

步骤 3 重复步骤 2 使用移动工具将“小素材 . psd”中的其余素材移动到“背景 . jpg”文件中，调整其大小与位置，如图 12-91 所示。

步骤 4 使用移动工具将“树叶 . psd”中的树叶图层移动到“背景 . jpg”文件中，调整其大小与位置，最终效果如图 12-92 所示。

图 12-91

图 12-92

步骤 5 在“绳子 . psd”文件中，使用“魔棒工具”选择绳子。使用移动工具将绳子图层移动到“背景 . jpg”文件中，命名为“绳子”并调整绳子大小与位置，最终如图 12-93 所示。

图 12-93

双击“绳子”图层空白处，在弹出的“图层样式对话框”中设置其样式如图 12-94 所示，图像最终效果如图 12-95所示。

步骤 6 用移动工具将“招贴画 1. psd”中的“背景”图层移动到“背景 . jpg”文件中，调整其大小与位置，最终效果如图 12-96 所示。

步骤 7 使用“魔棒工具”选择黑色区域，形成选区；在“招贴画 1. psd”中全选“照片”图层，按下〖Ctrl ＋C〗快捷键；在“背景 . psd”中执行【编辑→选择性粘贴→贴入】命令，效果如图 12-97 所示；按〖Ctrl ＋T〗快捷键调整照片的大小和方向，最终效果如图 12-98 所示。

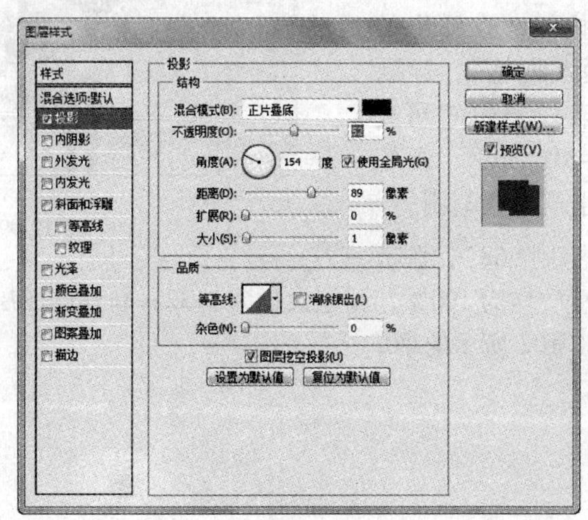

图 12-94

图 12-95

图 12-96

图 12-97

图 12-98

步骤 8 重复步骤 6，完成“招贴画 2”、“招贴画 3”的操作，最终效果如图 12-99 所示。

图 12-99

步骤 9 在“画笔工具”状态下，在其工具栏中依次单击如图 12-100 所示的两个三角按钮，在弹出的下拉菜单中选择“载入画笔”选项，选择本书附带光盘 \ 第 12 章 \ “可爱小草笔刷”，如图 12-101 所示，画笔笔刷面板中出现新的小草形状笔刷。

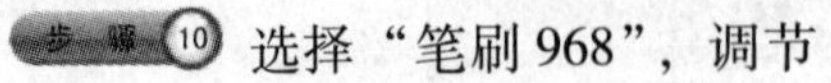

步骤 10 选择“笔刷 968”，调节其“不透明度”、“流量”均为 100%，画笔大小为 1132；新建的图层命名为“小草”，用设置好的画笔画上如图 12-102 所示的小草。

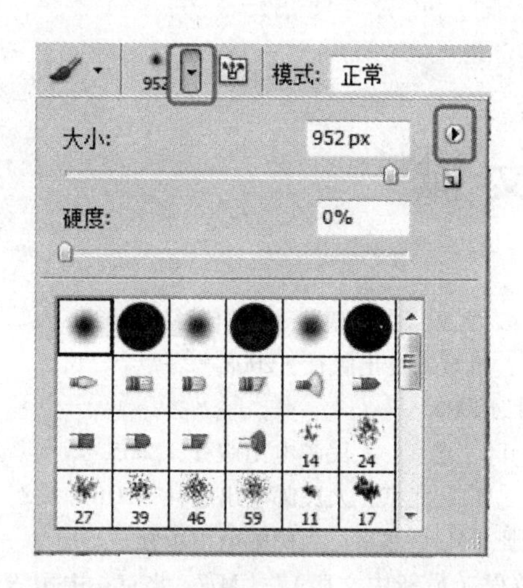

图 12-100

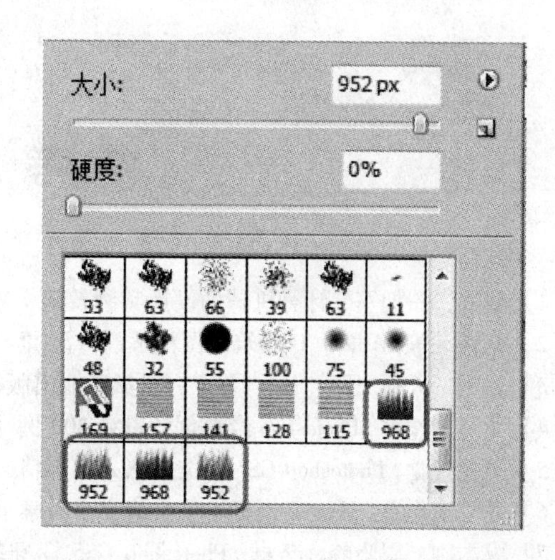

图 12-101

步骤 11　使用“文字工具”创建文字如图 12-103 所示，字体可根据情况自行更改，最终效果如图 12-103 所示。

图 12-102

图 12-103

【小结】

通过本章的实例学习可以让读者了解 Photoshop 图像处理的整个流程，把前面章节所学知识综合利用，学会举一反三，以便制作出精美的图像。

参考文献

[1] 赵武，霍拥军. 计算机辅助设计实例教程［M］. 北京：中国建材工业出版社，2008.
[2] 赵武，等. AutoCAD 建筑绘图精解［M］. 北京：机械工业出版社，2008.
[3] 赵鹏. 大师之路［M］. 北京：机械工业出版社，2006.
[4] 龙马工作室. Photoshop 经典创意设计 300 例［M］. 北京：人民邮电出版社，2005.
[5] 腾龙视觉. Photoshop CS5 中文版从入门到精通［M］. 北京：人民邮电出版社，2010.
[6] 龙马工作室. Photoshop CS5 中文版完全自学手册［M］. 北京：人民邮电出版社，2010.
[7] 冯志刚，周晓峰，李卓. Photoshop CS5 标准教程（最新中文版）［M］. 北京：中国青年出版社，2011.
[8] 龙飞. Photoshop CS5 完全自学手册（中文版）［M］. 北京：清华大学出版社，2011.
[9] Adobe 公司. Adobe Photoshop CS4 中文版经典教程（彩色版）［M］. 北京：人民邮电出版社，2010.
[10] 赵博，艾萍，王春鹏. 从零开始：Photoshop CS4 中文版基础培训教程［M］. 北京：人民邮电出版社，2010.